丛书主编　柯　洪

全国一级造价工程师职业资格考试十年真题·九套模拟

建设工程技术与计量
（土木建筑工程）
上册　十年真题

主编　李毅佳

中国建筑工业出版社
中国城市出版社

图书在版编目（CIP）数据

建设工程技术与计量．土木建筑工程／李毅佳主编．—北京：中国城市出版社，2024.4

全国一级造价工程师职业资格考试十年真题·九套模拟／柯洪主编

ISBN 978-7-5074-3706-5

Ⅰ．①建…　Ⅱ．①李…　Ⅲ．①土木工程-建筑造价管理-资格考试-习题集　Ⅳ．①TU723.3-44

中国国家版本馆 CIP 数据核字（2024）第 083539 号

本书由“十年真题”和“九套模拟”上下两册组成，分别对考生复习备考起到不同的指导和帮助作用。

其中，“十年真题”通过关注高频考点、常见考试题型、考题中干扰项的选择等三方面的研读层层推进，带动考生深刻了解考试的内涵及发展趋势，不仅帮助考生牢固掌握知识点，还可以帮助考生对考试的各项要求了如指掌、成竹于胸，使考生具备深厚的考试基础知识的沉淀。同时，在通过“十年真题”牢固掌握基础知识、熟悉考试规律的基础上，通过“九套模拟”不断训练及提升考生运用知识及应对考试的能力。与其他的模拟试卷相比，九套模拟试题具有循序渐进、循环提高、关注新版教材中新增及修订的知识点、配合解析、掌握易错考点等特色。

责任编辑：朱晓瑜　张智芊
责任校对：张惠雯

全国一级造价工程师职业资格考试十年真题·九套模拟
丛书主编　柯　洪
建设工程技术与计量（土木建筑工程）
主编　李毅佳
*
中国建筑工业出版社、中国城市出版社出版、发行（北京海淀三里河路9号）
各地新华书店、建筑书店经销
北京鸿文瀚海文化传媒有限公司制版
建工社（河北）印刷有限公司印刷
*
开本：787毫米×1092毫米　1/16　印张：26½　字数：625千字
2024年5月第一版　2024年5月第一次印刷
定价：**76.00**元（上、下册）
ISBN 978-7-5074-3706-5
（904732）

前　言

一、一级造价工程师职业资格考试的要求及特点分析

1. 自2022年起造价工程师的报考条件发生了变化，《人力资源社会保障部关于降低或取消部分准入类职业资格考试工作年限要求有关事项的通知》（人社部发〔2022〕8号）将一级造价工程师的报考条件调整为：

（1）具有工程造价专业大学专科（或高等职业教育）学历，从事工程造价、工程管理业务工作满4年；具有土木建筑、水利、装备制造、交通运输、电子信息、财经商贸大类大学专科（或高等职业教育）学历，从事工程造价、工程管理业务工作满5年。

（2）具有工程造价、通过工程教育专业评估（认证）的工程管理专业大学本科学历或学位，从事工程造价、工程管理业务工作满3年；具有工学、管理学、经济学门类大学本科学历或学位，从事工程造价、工程管理业务工作满4年。

（3）具有工学、管理学、经济学门类硕士学位或者第二学士学位，从事工程造价、工程管理业务工作满2年。

（4）具有工学、管理学、经济学门类博士学位。

（5）具有其他专业相应学历或者学位的人员，从事工程造价、工程管理业务工作年限相应增加1年。

随着报考条件中对工作年限要求的进一步降低，必然带来考生数量大幅度增加。为保证职业资格考试的水平，一级造价工程师的考试难度有总体提升的趋势。如何复习备考才能顺利获取职业资格，也是广大考生重点关心的问题。

2. 2024年继续采用2019年版《造价工程师职业资格考试大纲》，“建设工程造价管理”“建设工程技术与计量”“建设工程计价”课程满分为100分，考试时间为150分钟；“建设工程造价案例分析”课程满分为120分，考试时间为240分钟。

3. 2024年依然沿用2023年的考试指定教材。在《建设工程工程量清单计价规范》以及《建设项目总投资费用项目组成》等重要文件可能在2024年

颁布并实施的大背景下，2025 年必然迎来教材及考试内容的大调整，从而给各位考生带来更大的不确定性。因此，抓住 2024 年教材未修订的机会争取考试合格，取得一级造价工程师的职业资格就显得尤为紧迫和重要。

二、考生在复习备考时遇到的困难

经过长期以来对考生复习状况的跟踪调研，以及“十年真题·九套模拟”系列自 2019 年出版以来各位主编通过线上直播和线下授课方式与部分考生代表的沟通，大部分积极备考的考生普遍反映教材的内容并不难理解和掌握，但在考试时还是会不断出现判断、选择或计算错误。造成这些应考困境的主要原因是：

1. 造价工程师职业资格考试的教材内容就专业知识层面来说并不是很深，大多是从事专业领域工作应具备的基础知识。很多考生学习起来并不是很吃力，但经常出现顾此失彼的现象。因为同时进行四门课程的备考，不免在时间和精力分配上力不从心。并且各门课程的内容容易相互干扰，每一个知识点都不难掌握，但把四门课的知识点都集中在一起不免有顾此失彼之感。

2. 经过二十多年的发展，造价工程师职业资格考试已经形成了比较稳定的模式。也就是不仅仅要求考生能够学会教材中的各个知识点，还必须能够牢固掌握并灵活运用。造价工程师职业资格考试的题目有时可能在一个相对简单的知识点上设计一些难度较大的题目，考生如不能掌握考试规律，很难取得理想的分数。

3. 考生备考时有时会有无从下手之感。面对厚厚的几百页教材，考生往往会抓不住重点，不了解主要的考点，不了解主要的题型，不了解主要的考试方式。如果在复习备考中不辅助以大量的高质量习题训练，可能最终会有事倍功半的结果。

三、本书的主要特点

本书由“十年真题”和“九套模拟”两部分组成，分别对考生复习备考起到不同的指导和帮助作用。

1. “十年真题”部分。对真题的详细研读永远是复习备考的不二法门，但很多考生只满足于用历年真题测试自己的知识掌握程度，殊不知这种方法的帮助是很有限的。有时用某一年真题自行测试效果较为理想，用另一年真题自行测试却成绩较差。因此直接采用真题进行模拟考核并不是效率很高的学习方法，即使测试效果较好也并不能必然表示今年的考核就可以顺利通过。再加上教材更新比较频繁，很多考生并不了解历次教材的修订情况，反而会被过去的知识点所影响，对目前教材的内容产生理解困惑。基于这些困境，本书“十年真题”部分主要通过真题研读的方式帮助考生掌握每门课程的核心考点和要求，同时避免常犯的考试错误：

（1）研读要点一：关注高频考点。虽然在十年中，教材已多次更新，既包括知识点范畴的更新，也包括某知识点具体内容的更新，但是在历次变化中，高频考点表现出相对的稳定性，通过“十年真题”中各考点的出现频次，可以准确掌握全书的考试重点，事半功倍。

（2）研读要点二：关注常见考试题型。在掌握高频考点的基础上，还应进一步熟悉各考点在历次考核中的常见题型。从历年真题的情况来看，通常每一高频考点会有两到三种常见的考试题型，包括计算题、概念填选题、综合理解题、比较选择题（对于案例来说，可以掌握在一道大题中常见的考核小点），掌握了常见题型，就可以应对考试时可能出现的各种变化。

（3）研读要点三：关注考题中干扰项的选择。这是广大考生最容易忽略的一点，恰恰也是最重要的一点。很多考生在看历年真题时，重点关注的都是正确答案的选择，鲜有关注其他干扰项的设置。其实干扰项的设置是大有道理的，都是根据考生对知识点的常见错误理解而设计的，并且对于大多数考点来说，干扰项的选择也有其规律性，很多干扰项的重复使用率也非常高。熟悉常见考点的常用干扰项，避免众多考生常犯的错误（对于案例来说，就是在计算时经常出现的计算遗漏、计算错误或者考虑欠缺等情况），才能真正做到知己知彼，百战不殆。

“十年真题”通过以上三方面的研读层层推进，带动考生深刻了解考试的内涵及发展趋势，不仅帮助考生对知识点的掌握更加牢固，还可以对考试的各项要求了如指掌，成竹于胸。使考生具备深厚的考试基础知识的沉淀。

2. “九套模拟”部分。在通过“十年真题”牢固掌握基础知识，熟悉考试规律的基础上，本书通过“九套模拟”不断训练及提升考生运用知识及应对考试的能力。与其他模拟试卷相比，本书独具以下特点：

（1）循序渐进，循环提高。本书主要针对参加土建和安装专业的考生，各专业课程都准备了九套模拟题，并创新性地将其分为逆袭卷（五套）、黑白卷（三套）和定心卷（一套）。逆袭卷用于考前45~60天的阶段，主要特点是全面覆盖所有知识点和考点，以帮助考生深入掌握教材内容；黑白卷用于考前30天的阶段，主要特点是模拟题集中于教材的重点、难点及高频考点，帮助考生以最快速度最大程度掌握考试中分值占比最大的知识点；定心卷用于考前7~15天的阶段，主要特点是全真模拟考题难度，考生可以更加真实地测定出知识的掌握程度。

（2）关注考试的发展趋势。虽然2024年考核依然沿用2023年版教材，但2023年版教材基于以往教材的修订在2024年依然会成为考试的重点内容。

本书的各套真题针对这些知识点亦重点关注，反复用不同题型进行训练，提高考生掌握的熟练程度。

(3) 配合解析，掌握易错考点。考生往往面临“知其然不知其所以然”的困境。针对这一难题，本书选择了部分真题进行详细解析，详尽深入阐述各易错考点，同时还在一些重要题目上配备了视频或音频讲解。考生可举一反三，避免在考试中被类似题型迷惑，可以取得更好的成绩。

“十年真题·九套模拟”系列辅导用书自发行以来受到了广大考生的欢迎，同时也提出了很多建设性批评意见，编写者针对这些意见对该辅导用书进行了完整修订。相信通过对本书的学习，考生可以大幅提高对各知识点的掌握程度，取得理想的考试成绩。由于编者水平有限，书中难免会有疏漏，还请各位考生体谅并提出宝贵意见。

目　录

上册　十年真题

下册　九套模拟

第一章　工程地质

2024 年一级造价工程师土建计量科目备考指导 001

2024 年一级造价工程师土建计量科目备考指导 002

2024 年一级造价工程师土建计量科目备考指导 003

一、本章概览

参见图 1-1。

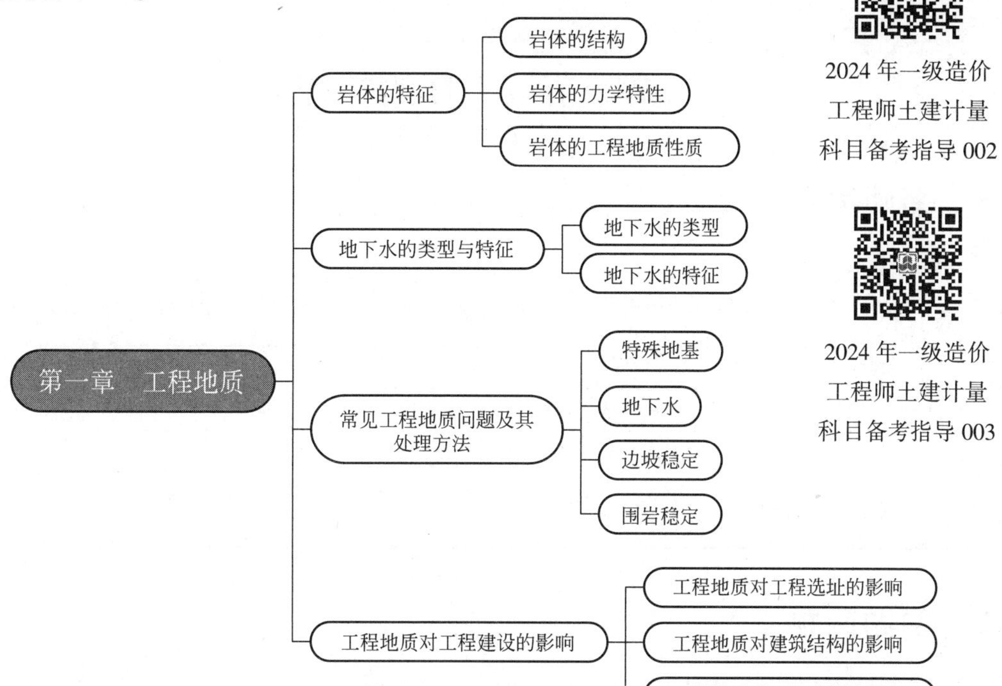

图 1-1　本章知识概览

二、考情分析

参见表 1-1。

表 1-1　本章考情分析

考试年度	2023 年				2022 年				2021 年			
题目类型	单选题		多选题		单选题		多选题		单选题		多选题	
第一节　岩体的特征	3 道	3 分	0 道	0 分	1 道	1 分	1 道	2 分	1 道	1 分	1 道	2 分
第二节　地下水的类型与特征	0 道	0 分	1 道	2 分	1 道	1 分	0 道	0 分	1 道	1 分	0 道	0 分

续表

考试年度	2023年				2022年				2021年			
题目类型	单选题		多选题		单选题		多选题		单选题		多选题	
第三节 常见工程地质问题及其处理方法	2道	2分	1道	2分	3道	3分	1道	2分	3道	3分	1道	2分
第四节 工程地质对工程建设的影响	1道	1分	0道	0分	1道	1分	0道	0分	1道	1分	0道	0分
本章小计	6道	6分	2道	4分	6道	6分	2道	4分	6道	6分	2道	4分
本章得分	10分				10分				10分			

第一节 岩体的特征

一、名师考点

参见表1-2。

表1-2 本节考点

教材点		知识点
一	岩体的结构	岩体的构成、岩体结构特征
二	岩体的力学特性	岩体的变形特征、岩体的强度性质
三	岩体的工程地质性质	岩体的工程地质性质、土体的工程地质性质、结构面的工程地质性质、地震的震级与烈度

二、真题回顾

Ⅰ 岩体的结构

（一）单选题

1. 某基岩被3组较规则的X形裂隙切割成大块状，对数为构造裂隙，间距0.5~1.0m，裂隙多密闭少有充填物，此基岩的裂隙对基础工程（　　）。（2014年）

真题讲解

A. 无影响　　B. 影响不大

C. 影响很大　　D. 影响很严重

2. 对岩石钻孔作业难度和定额影响较大的矿物成分是（　　）。（2015年）

真题讲解

A. 云母　　B. 长石

C. 石英　　D. 方解石

3. 构造裂隙可分为张性裂隙和扭性裂隙，张性裂隙主要发育在背斜和向斜的（　　）。（2017年）

A. 横向　　B. 纵向
C. 轴部　　D. 底部

4. 正常情况下，岩浆中的侵入岩与喷出岩相比，其显著特性为（　　）。(2018 年)
A. 强度低　　B. 强度高
C. 抗风化能力强　　D. 岩性不均匀

5. 方解石作为主要矿物成分常出现于（　　）。(2019 年)
A. 岩浆岩与沉积岩中　　B. 岩浆岩与变质岩中
C. 沉积岩与变质岩中　　D. 火成岩与水成岩中

6. 下列造岩矿物硬度最高的是（　　）。(2020 年)
A. 方解石　　B. 长石
C. 萤石　　D. 磷灰石

7. 粒径大于 2mm 的颗粒含量超过全重 50%的土称为（　　）。(2022 年)
A. 碎石土　　B. 砂土
C. 黏性土　　D. 粉土

8. 下列矿物在岩石中含量越多，钻孔难度越大的是（　　）。(2022 年补考)
A. 方解石　　B. 滑石
C. 石英　　D. 萤石

9. 在鉴定矿物类别时，作为主要依据的物理性质是（　　）。(2023 年)
A. 自色　　B. 他色
C. 光泽　　D. 硬度

10. 下列关于岩石的成因类型及特征的说法，正确的是（　　）。(2023 年)
A. 流纹岩、安山岩、脉岩均为喷出岩
B. 石灰岩、白云岩和大理岩均为化学岩及生物化学岩
C. 沉积岩生物成因构造包括生物礁体、虫迹、虫孔、叠层构造等
D. 石英岩矿物均匀分布，呈定向排列

（二）多选题

1. 岩体中的张性裂隙主要发生在（　　）。(2015 年)
A. 向斜褶皱的轴部　　B. 向斜褶皱的翼部
C. 背斜褶皱的轴部　　D. 背斜褶皱的翼部
E. 软弱夹层中

2. 工程岩体分类有（　　）。(2016 年)
A. 稳定岩体　　B. 不稳定岩体
C. 地基岩体　　D. 边坡岩体
E. 地下工程围岩

3. 整个土体构成上的不均匀性包括（　　）。(2017 年)
A. 层理　　B. 松散
C. 团聚　　D. 絮凝
E. 结核

4. 以下矿物可用玻璃刻划的有（ ）。(2018 年)

A. 方解石　　B. 滑石

C. 刚玉　　D. 石英

E. 石膏

5. 现实岩体在形成过程中经受的主要地质破坏及改造类型有（ ）。(2021 年)

A. 人类破坏　　B. 构造变动

C. 植被破坏　　D. 风化作用

E. 卸荷作用

Ⅱ 岩体的力学特性

（一）单选题

暂无。

（二）多选题

暂无。

Ⅲ 岩体的工程地质性质

（一）单选题

1. 岩石稳定性定量分析的主要依据是（ ）。(2021 年)

A. 抗压强度和抗拉强度　　B. 抗压强度和抗剪强度

C. 抗拉强度和抗剪强度　　D. 抗拉强度和抗折强度

2. 抗震设防烈度为 7 度时，高 26m 的丙类钢筋混凝土框架结构房屋的抗震等级和震后影响分别是（ ）。(2023 年)

A. 二级较严重　　B. 二级严重

C. 三级较严重　　D. 三级严重

（二）多选题

1. 结构面对岩体工程性质影响较大的物理力学性质主要是结构面的（ ）。(2014 年)

A. 产状　　B. 岩性

C. 延续性　　D. 颜色

E. 抗剪强度

2. 结构面的物理力学性质中，对岩体物理力学性质影响较大的有（ ）。(2019 年)

A. 抗压强度　　B. 产状

C. 平整度　　D. 延续性

E. 抗剪强度

3. 地震的建筑场地烈度相对于基本烈度，进行调整的原因有场地内的（ ）。(2022 年)

A. 地质条件　　B. 地貌地形条件

C. 植被条件　　D. 水文地质条件

E. 建筑物结构

4. 判断地震烈度，应考虑的因素有（ ）。(2022 年补考)

A. 震级　　B. 震源所在地
C. 震源深度　　D. 距震中距离
E. 介质条件

三、真题解析

I 岩体的结构

（一）单选题

1. 【答案】B

【解析】裂隙发育程度等级在较发育的情况下，对基础工程影响不大，对其他工程可能产生一定的影响。

2. 【答案】C

【解析】岩石中的石英含量越多，钻孔难度就越大，钻头、钻机等消耗量就越多。

3. 【答案】C

【解析】张性裂隙主要发育在背斜和向斜的轴部。

4. 【答案】B

【解析】喷出岩是指喷出地表形成的岩浆岩。一般呈原生孔隙和节理发育，产状不规则，厚度变化大，岩性很不均匀，比侵入岩强度低、透水性强、抗风能力差。喷出岩：流纹岩、粗面岩、安山岩、玄武岩、火山碎屑岩。

5. 【答案】C

【解析】参见表 1-3。

表 1-3　　岩浆岩、沉积岩和变质岩的地质特征表

岩类	岩浆岩	沉积岩	变质岩
主要矿物成分	全部为从岩浆岩中析出的原生矿物，成分复杂，但较稳定。浅色的矿物有石英、长石、白云母等；深色的矿物有黑云母、角闪石、辉石、橄榄石等	次生矿物占主要地位，成分单一，一般多不固定。常见的有石英、长石、白云母、方解石、白云石、高岭石等	除具有变质前原来岩石的矿物，如石英、长石、云母、角闪石、辉石、方解石、白云石、高岭石等外，尚有经变质作用产生的矿物，如石榴子石、滑石、绿泥石、蛇纹石等

6. 【答案】B

【解析】参见表 1-4。

表 1-4　　矿物硬度表

硬度	1	2	3	4	5	6	7	8	9	10
矿物	滑石	石膏	方解石	萤石	磷灰石	长石	石英	黄玉	刚玉	金刚石

7. 【答案】A

【解析】根据颗粒级配和塑性指数分为碎石土、砂土、黏性土和粉土。碎石土是粒径大于 2mm 的颗粒含量超过全重 50%的土，根据颗粒级配和颗粒形状分为漂石、块石、卵石、碎石、圆砾和角砾；砂土是粒径大于 2mm 的颗粒含量不超过全重 50%，且粒径大于

0.075mm 的颗粒含量超过全重 50%的土；黏性土是塑性指数大于 10 的土，分为粉质黏土和黏土；粉土是粒径大于 0.075 的颗粒含量不超过全重 50%，且塑性指数小于或等于 10 的土。

8. 【答案】C

【解析】岩石中的石英含量越多，钻孔的难度就越大，钻头、钻机等消耗量也就越多。

9. 【答案】D

【解析】由于成分和结构的不同，每种矿物都有自己特有的物理性质，如颜色、光泽、硬度等。物理性质是鉴别矿物的主要依据。矿物的颜色分为自色、他色和假色，自色可以作为鉴别矿物的特征，而他色和假色则不能。例如，依据颜色鉴定矿物的成分和结构，依据光泽鉴定风化程度，依据硬度鉴定矿物类别。

10. 【答案】C

【解析】A 选项错，脉岩属于浅成岩。B 选项错，大理岩属于变质岩。D 选项错，石英岩矿物均匀分布，呈无定向排列。

（二）多选题

1. 【答案】AC

【解析】按裂隙的力学性质，可将构造裂隙分为张性裂隙和扭（剪）性裂隙。张性裂隙主要发育在背斜和向斜的轴部，裂隙张开较宽。

2. 【答案】CDE

【解析】工程岩体有地基岩体、边坡岩体和地下工程围岩三类。

3. 【答案】AE

【解析】整个土体构成上的不均匀性包括：层理、夹层、透镜体、结核、组成颗粒大小悬殊及裂隙特征与发育程度等。这种构成上的不均匀性是由于土的矿物成分及结构变化所造成的。一般土体的构造在水平方向或竖直方向变化往往较大，受成因控制。

4. 【答案】ABE

【解析】在实际工作中常用可刻划物品来大致测定矿物的相对硬度，如指甲为 2~2.5 度，小刀为 5~5.5 度，玻璃为 5.5~6 度，钢刀为 6~7 度。

5. 【答案】BDE

【解析】岩体可能由一种或多种岩石组合，且在形成现实岩体的过程中经受了构造变动、风化作用、卸荷作用等各种内力和外力地质作用的破坏及改造。

Ⅱ 岩体的力学特性

（一）单选题

暂无。

（二）多选题

暂无。

Ⅲ 岩体的工程地质性质

（一）单选题

1. 【答案】B

【解析】岩石的抗压强度和抗剪强度，是评价岩石（岩体）稳定性的指标，是对岩石

（岩体）的稳定性进行定量分析的依据。

2.【答案】B

【解析】抗震等级分为四个等级，以表示其很严重（一级）、严重（二级）、较严重（三级）及一般（四级）四个级别（表 1-5）。

表 1-5 丙类混凝土结构房屋的抗震等级

结构类型		设防烈度						
		6 度		7 度		8 度		9 度
框架	高度（m）	≤24	25~60	≤24	25~50	≤24	25~40	≤24
	框架	四	三	三	二	二	一	一
	跨度不小于 18m 的框架	三		二		一		一

注：1. 当房屋高度超过本表相应规定的上限时，应采取更有效的抗震措施。
2. 当房屋高度接近或等于本表的高度分界时，应结合房屋不规则程度及场地、地基条件确定合适的抗震等级。

（二）多选题

1.【答案】ACE

【解析】对岩体影响较大的结构面的物理力学性质主要是结构面的产状、延续性和抗剪强度。

2.【答案】BDE

【解析】对岩体影响较大的结构面的物理力学性质，主要是结构面的产状、延续性和抗剪强度。

3.【答案】ABD

【解析】基本烈度代表一个地区的最大地震烈度。建筑场地烈度也称小区域烈度，是建筑场地内因地质条件、地貌地形条件和水文地质条件的不同而引起的相对基本烈度有所降低或提高的烈度，一般降低或提高半度至一度。

4.【答案】ACDE

【解析】地震烈度是指某一地区的地面和建筑物遭受一次地震破坏的程度。其不仅与震级有关，还和震源深度、距震中距离以及地震波通过介质条件（岩石性质、地质构造、地下水埋深）等多种因素有关。

第二节 地下水的类型与特征

一、名师考点

参见表 1-6。

表 1-6 本节考点

教材点		知识点
一	地下水的类型	包气带水、潜水、承压水、裂隙水、岩溶水
二	地下水的特征	包气带水的特征、潜水的特征、承压水的特征、裂隙水的特征、岩溶水的特征

二、真题回顾

Ⅰ 地下水的类型

（一）单选题

1. 地下水补给区与分布区不一致的是（　　）。（2015 年）

A. 基岩上部裂隙中的潜水

B. 单斜岩融化岩层中的承压水

C. 黏土裂隙中季节性存在的无压水

D. 裸露岩层中的无压水

2. 常处于第一层隔水层以上的重力水为（　　）。（2016 年）

A. 包气带水　　B. 潜水

C. 承压水　　D. 裂隙水

3. 当构造应力分布较均匀且强度足够时，在岩体中形成张开裂隙，这种裂隙常赋存（　　）。（2017 年）

A. 成岩裂隙水　　B. 风化裂隙水

C. 脉状构造裂隙水　　D. 层状构造裂隙水

4. 以下岩石形成的溶隙或溶洞中，常赋存岩溶水的是（　　）。（2018 年）

A. 安山岩　　B. 玄武岩

C. 流纹岩　　D. 石灰岩

5. 基岩上部裂隙中的潜水常为（　　）。（2020 年）

A. 包气带水　　B. 承压水

C. 无压水　　D. 岩溶水

6. 地下水，补给区和分布区不一致的是（　　）。（2021 年）

A. 包气带水　　B. 潜水

C. 承压水　　D. 裂隙水

7. 受气象水文要素影响，季节性变化比较明显的地下水是（　　）。（2022 年）

A. 潜水　　B. 自流盆地中的水

C. 承压水　　D. 自流斜地中的水

真题讲解

（二）多选题

1. 下列地下水中，属于无压水的有（　　）。（2021 年）

A. 包气带水　　B. 潜水

C. 承压水　　D. 裂隙水

E. 岩溶水

2. 下列关于潜水特征，说法正确的有（　　）。（2023 年）

A. 多数存在于第四纪松散岩层中

B. 常为无压水，大部分由渗入形成

C. 充满于两个隔水层之间，无自由水面
D. 岩层风化壳裂隙中季节性存在的水
E. 补给区与分布区一致

Ⅱ　地下水的特征

（一）单选题

1. 有明显季节性煦暖交替的裂隙水为（　　）。(2014 年)

A. 风化裂隙水　　B. 成岩裂隙水
C. 层状构造裂隙水　　D. 脉状构造裂隙水

2. 地下水在自流盆地易形成（　　）。(2019 年)

A. 包气带水　　B. 承压水
C. 潜水　　D. 裂隙水

3. 泉水通常是由地下水中（　　）形成。(2022 年补考)

A. 包气带水　　B. 水位较高的潜水
C. 风化裂隙水　　D. 承压水

（二）多选题

1. 下列关于承压水特性的说法，正确的是（　　）。(2022 年)

A. 承压水压力来自于隔水层的限制
B. 承压水压力来自于隔水顶板的重力
C. 承压水压力来自于顶板和底板间的压力
D. 若有裂隙穿越上下含水层，下部含水层的水可补给上层
E. 若有裂隙穿越上下含水层，上部含水层的水可补给下层

2. 下列地下水中，属于承压水的有（　　）。(2022 年补考)

A. 包气带水
B. 自流盆地内的水
C. 潜水
D. 裂隙水
E. 单斜构造层自留水

三、真题解析

Ⅰ　地下水的类型

（一）单选题

1. **【答案】** B

【解析】 承压水的补给区与分布区不一致。

2. **【答案】** B

【解析】 潜水是埋藏在地表以下第一层较稳定的隔水层以上具有自由水的重力水。

3. **【答案】** D

【解析】 当构造应力分布比较均匀且强度足够时，则在岩体中形成比较密集均匀且相

互连通的张开性构造裂隙，这种裂隙常赋存层状构造裂隙水。当构造应力分布不均匀时，岩体中张开性构造裂隙分布不连续，则赋存脉状构造裂隙水。

4.【答案】D

【解析】岩溶水赋存和运移于可溶岩的溶隙、溶洞（洞穴、管道、暗河）中。我国的岩溶分布比较广，特别是在南方地区。其中 ABC 均为岩浆岩，D 为沉积岩。

5.【答案】C

6.【答案】C

7.【答案】A

【解析】潜水是埋藏在地表以下第一层较稳定的隔水层以上具有自由水面的重力水，其自由表面承受大气压力，受气候条件影响，季节性变化明显。

（二）多选题

1.【答案】AB

【解析】包气带水属于无压水；潜水常为无压水；选项 DE 有无压水，也有承压水。

2.【答案】ABE

【解析】选项 C，潜水是埋藏在地表以下第一层较稳定的隔水层以上具有自由水面的重力水，其自由表面承受大气压力，受气候条件影响，季节性变化明显。选项 D 是包气带水。

Ⅱ 地下水的特征

（一）单选题

1.【答案】A

【解析】风化裂隙水主要受大气降水的补给，有明显季节性循环交替，常以泉水的形式排泄于河中。

2.【答案】B

【解析】一般来说，适宜形成承压水的地质构造有两种：一为向斜构造盆地，也称为自流盆地；二为单斜构造自流斜地。

3.【答案】C

【解析】风化裂隙水主要受大气降水的补给，有明显季节性循环交替，常以泉水的形式排泄于河流中。

（二）多选题

1.【答案】AC

【解析】承压水是因为限制在两个隔水层之间而具有一定压力，承压性是承压水的重要特征，选项 B 错误；当地形和构造一致时，即为正地形，下部含水层压力高，若有裂隙穿越上下含水层，下部含水层的水通过裂隙补给上部含水层。反之，含水层通过一定的通道补给下部的含水层，这是因为下部含水层的补给与排泄区常位于较低的位置，选项 E 错误。

2.【答案】BE

【解析】本题考查的是地下水的特征。适宜形成承压水的地质构造有两种：一为向斜构造盆地，也称为自流盆地；二为单斜构造自流斜地。

第三节　常见工程地质问题及其处理方法

一、名师考点

参见表 1-7。

表 1-7　本节考点

教材点		知识点
一	特殊地基	松散、软弱土层、风化、破碎岩层、断层、泥化软弱夹层、岩溶与土洞
二	地下水	地下水对土体和岩体的软化、地下水位下降引起软土地基沉降、动水压力产生流砂和潜蚀、地下水的浮托作用、承压水对基坑的作用、地下水对钢筋混凝土的腐蚀
三	边坡稳定	影响边坡稳定的因素、不稳定边坡的防治措施
四	围岩稳定	地下工程位置选择的影响因素、围岩的工程地质分析、提高围岩稳定性的措施

二、真题回顾

Ⅰ　特殊地基

（一）单选题

1. 加固断层破碎带地基最常用的方法是（　　）。(2016 年)

A. 灌浆　　B. 锚杆

C. 抗滑桩　　D. 灌注桩

2. 对建筑地基中深埋的水平状泥化夹层通常（　　）。(2020 年)

A. 不必处理　　B. 采用抗滑桩处理

C. 采用锚杆处理　　D. 采用预应力锚索处理

3. 对埋深 1m 左右的松散砂砾石地层地基进行处理应优先考虑的方法为（　　）。(2021 年)

A. 挖除　　B. 预制桩加固

C. 沉井加固　　D. 地下连续墙加固

4. 对于埋藏较深的断层破碎带，提高其承载力和抗渗力的处理方法，优先考虑（　　）。(2021 年)

A. 打土钉　　B. 打抗滑桩

C. 打锚杆　　D. 水泥浆灌浆

5. 对于深层的淤泥及淤泥质土，技术可行、经济合理的处理方式是（　　）。(2022 年)

A. 挖除　　B. 水泥灌浆加固

C. 振冲置换　　D. 预制桩或灌注桩

（二）多选题

1. 加固不满足承载力要求的砂砾石地层，常有的措施有（　　）。(2016 年)

A. 喷混凝土　　B. 沉井

C. 黏土灌浆　　D. 灌注桩

E. 碎石置换

2. 风化、破碎岩层边坡加固，常用的结构形式有（　　）。（2018 年）

A. 木挡板　　B. 喷混凝土

C. 挂网喷混凝土　　D. 钢筋混凝土格构

E. 混凝土格构

3. 在岩溶地区进行地基处理施工时，对深埋溶（土）洞宜采用的处理方法有（　　）。（2023 年）

A. 桩基法　　B. 注浆法

C. 跨越法　　D. 夯实法

E. 充填法

Ⅱ　地下水

（一）单选题

1. 在渗流水力坡度小于临界水力坡度的土层中施工建筑物基础时，可能出现（　　）。（2014 年）

A. 轻微流砂　　B. 中等流砂

C. 严重流砂　　D. 机械潜蚀

2. 仅发生机械潜蚀的原因是（　　）。（2017 年）

A. 渗流水力坡度小于临界水力坡度

B. 地下水渗流产生的水力压力大于土颗粒的有效重度

C. 地下连续墙接头的质量不佳

D. 基坑围护桩间隙处隔水措施不当

3. 开挖基槽局部突然出现严重流砂时，可立即采取的处理方式是（　　）。（2019 年）

A. 抛入大块石　　B. 迅速降低地下水位

C. 打板桩　　D. 化学加固

4. 建筑物基础位于黏性土地基上的，其地下水的浮托力（　　）。（2020 年）

A. 按地下水位 100%计算　　B. 按地下水位 50%计算

C. 结合地区的实际经验考虑　　D. 不须考虑和计算

5. 处治流砂优先采用的施工方法为（　　）。（2021 年）

A. 灌浆　　B. 降低地下水位

C. 打桩　　D. 化学加固

6. 由于动水压力造成的潜蚀，适宜采用的处理方式有（　　）。（2023 年）

A. 打板桩　　B. 设置反滤层

C. 人工降水　　D. 化学加固

（二）多选题

1. 基础设计时，必须以地下水位 100%计算浮托力的底层有（　　）。（2015 年）

A. 节理不发育的岩石　　B. 节理发育的岩石
C. 碎石土　　D. 粉土
E. 黏土

2. 工程地基防止地下水机械潜蚀常用的方法有（　　）。(2019 年)
A. 取消反滤层　　B. 设置反滤层
C. 提高渗流水力坡度　　D. 降低渗流水力坡度
E. 改良土的性质

3. 地下水对地基土体的影响有（　　）。(2020 年)
A. 风化作用　　B. 软化作用
C. 引起沉降　　D. 引起流砂
E. 引起潜蚀

Ⅲ　边坡稳定

（一）单选题

1. 边坡易直接发生崩塌的岩层是（　　）。(2015 年)
A. 泥灰岩　　B. 凝灰岩
C. 泥岩　　D. 页岩

2. 下列导致滑坡的因素中最普遍、最活跃的因素是（　　）。(2016 年)
A. 地层岩性　　B. 地质构造
C. 岩体结构　　D. 地下水

3. 地层岩性对边坡稳定性的影响很大，稳定程度较高的边坡岩体一般是（　　）。(2017 年)
A. 片麻岩　　B. 玄武岩
C. 安山岩　　D. 角砾岩

4. 大型滑坡体上做截水的作用是（　　）。(2022 年)
A. 截断流向滑坡体的水　　B. 排除滑坡体内的水
C. 使滑坡体内的水流向下部透水岩层　　D. 防止上部积水

5. 下列影响边坡稳定的因素中，属于内在因素的是（　　）。(2022 年补考)
A. 地应力　　B. 地表水
C. 地下水　　D. 风化作用

6. 削坡对于防治不稳定边坡的作用是（　　）。(2022 年补考)
A. 防止渗透到滑坡体内　　B. 排出滑坡体内的积水
C. 减轻滑坡体重量　　D. 改变滑坡体走向

7. 关于用抗滑桩进行边坡处理的有关规定和要求，正确的是（　　）。(2023 年)
A. 适用于中厚层或厚层滑坡体　　B. 桩径通常为 1~6m
C. 平行于滑动方向布置一排或两排　　D. 滑动面以下桩长占全桩长的 1/4~1/3

（二）多选题

暂无。

Ⅳ 围岩稳定

(一) 单选题

1. 隧道选线应尽可能避开（　　）。(2014 年)

A. 褶皱核部　　B. 褶皱两侧

C. 与岩层走向垂直　　D. 有裂隙垂直

2. 对地下工程围岩出现的拉应力区多采用的加固措施是（　　）。(2014 年)

A. 混凝土支撑　　B. 锚杆支护

C. 喷混凝土　　D. 挂网喷混凝土

3. 为提高围岩本身的承载力和稳定性，最有效的措施是（　　）。(2017 年)

A. 锚杆支护　　B. 钢筋混凝土衬砌

C. 喷层+钢丝网　　D. 喷层+锚杆

4. 隧道选线时，应优先布置在（　　）。(2018 年)

A. 褶皱两侧　　B. 向斜核部

C. 背斜核部　　D. 断层带

5. 地下工程开挖后，对软弱围岩优先选用的支护方式为（　　）。(2018 年)

A. 锚索支护　　B. 锚杆支护

C. 喷射混凝土支护　　D. 喷锚支护

真题讲解

6. 对于新开挖的围岩及时喷混凝土的目的是（　　）。(2018 年)

A. 提高围岩抗压强度　　B. 防止碎块脱落改善应力状态

C. 防止围岩渗水　　D. 防止围岩变形

7. 隧道选线尤其应该注意避开褶皱构造的（　　）。(2019 年)

A. 向斜核部　　B. 背斜核部

C. 向斜翼部　　D. 背斜翼部

8. 爆破后对地下工程围岩面及时喷混凝土，对围岩稳定的首要和内在本质作用是（　　）。(2020 年)

A. 阻止碎块松动脱落引起应力恶化　　B. 充填裂隙增加岩体的整体性

C. 与围岩紧密结合提高围岩抗剪强度　　D. 与围岩紧密结合提高围岩抗拉强度

9. 为了防止坚硬整体围岩开挖后表面风化，喷混凝土护壁的厚度一般为（　　）cm。(2022 年)

A. 1~3　　B. 3~5

C. 5~7　　D. 7~9

10. 在地下工程开挖之后，为阻止围岩向洞内变形，采用喷锚支护时，混凝土附着厚度一般为（　　）cm。(2022 年补考)

A. 1~5　　B. 5~20

C. 20~35　　D. 35~50

(二) 多选题

1. 对于软弱、破碎围岩中的隧洞开挖后喷混凝土的主要作用在于（　　）。(2014 年)

A. 及时填补裂缝阻止碎块松动　　B. 防止地下水渗入隧洞

C. 改善开挖面的平整度　　D. 与围岩紧密结合形成承载拱

E. 防止开挖面风化

2. 围岩变形与破坏的形式多种多样，主要形式及其状况是（　　）。(2017 年)

A. 脆性破裂，常在储存有很大塑性应变能的岩体开挖后发生

B. 块体滑移，常以结构面交汇切割组合成不同形状的块体滑移形式出现

C. 岩层的弯曲折断，是层状围岩应力重分布的主要形式

D. 碎裂结构岩体在洞顶产生崩落，是由于张力和振动力的作用

E. 风化、构造破碎，在重力、围岩应力作用下产生冒落及塑性变形

三、真题解析

Ⅰ　特殊地基

（一）单选题

1. **【答案】** A

【解析】 破碎岩层有的较浅，也可以挖除；有的埋藏较深，如断层破碎带，可以用水泥浆灌浆加固或防渗。

2. **【答案】** A

【解析】 对充填胶结差，影响承载力或抗渗要求的断层，浅埋的尽可能清除回填，深埋的灌水泥浆处理；泥化夹层影响承载能力，浅埋的尽可能清除回填，深埋的一般不影响承载能力。所以，不需要进行处理。

3. **【答案】** A

【解析】 对不满足承载力要求的松散土层，如砂和砂砾石地层等，可挖除，也可采用固结灌浆、预制桩或灌注桩、地下连续墙或沉井等加固。

4. **【答案】** D

【解析】 风化、破碎岩层，岩体松散，强度低，整体性差，抗渗性差，有的不能满足建筑物对地基的要求。风化一般在地基表层，可以挖除。破碎岩层有的较浅，也可以挖除。有的埋藏较深，如断层破碎带，可以用水泥浆灌浆加固或防渗。

5. **【答案】** C

【解析】 对不满足承载力的软弱土层，如淤泥及淤泥质土，浅层的挖除，深层的可以采用振冲等方法用砂、砂砾、碎石或块石等置换。

（二）多选题

1. **【答案】** BD

【解析】 松散、软弱土层强度、刚度低，承载力低，抗渗性差。对不满足承载力要求的松散土层，如砂和砂砾石地层等，可挖除，也可采用固结灌浆、预制桩或灌注桩、地下连续墙或沉井等加固；对不满足抗渗要求的，可灌水泥浆或水泥黏土浆，或地下连续墙防渗，对于影响边坡稳定的，可喷混凝土护面和打土钉支护。

2. **【答案】** BC

【解析】风化、破碎处于边坡影响稳定的，可根据情况采用喷混凝土或挂网喷混凝土护面，必要时配合灌浆和锚杆加固，甚至采用砌体、混凝土和钢筋混凝土等格构方式的结构护坡。

3. **【答案】**ABE

【解析】对塌陷或浅埋溶（土）洞宜采用挖填夯实法、跨越法、充填法、垫层法进行处理；对深埋溶（土）洞宜采用注浆法、桩基法、充填法进行处理。对落水洞及浅埋的溶沟（槽）、溶蚀（裂隙、漏斗）等，宜采用跨越法、充填法进行处理。

Ⅱ 地下水

（一）单选题

1. **【答案】**D

【解析】渗流水力坡度小于临界水力坡度，虽然不会产生流砂现象，但是土中细小颗粒仍有可能穿过粗颗粒之间的孔隙被渗流携带而走。时间长了，将在土层中形成管状空洞，使土体系结构破坏，强度降低，压缩性增加，这种现场称为机械潜蚀。

2. **【答案】**A

【解析】地下水渗流产生的动水压力小于土颗粒的有效重度，即渗流水力坡度小于临界水力坡度。那么，虽然不会发生流砂现象，但是土中细小颗粒仍有可能穿过粗颗粒之间的孔隙被渗流携带而走。时间长了，在土层中将形成管状空洞，使土体结构破坏，强度降低，压缩性增加，这种现象称为机械潜蚀。

3. **【答案】**A

【解析】在基槽开挖的过程中局部地段突然出现严重流砂时，可立即抛入大块石等阻止流砂。

4. **【答案】**C

【解析】当建筑物基础底面位于地下水位以下时，地下水对基础底面产生静水压力，即产生浮托力。如果基础位于粉土、砂土、碎石土和节理裂隙发育的岩石地基上，则按地下水位100%计算浮托力；如果基础位于节理裂隙不发育的岩石地基上，则按地下水位50%计算浮托力；如果基础位于黏性土地基上，其浮托力较难确切地确定，应结合地区的实际经验考虑。

5. **【答案】**B

【解析】流砂常用的处置方法有人工降低地下水位和打板桩等，特殊情况下也可采取化学加固法、爆炸法及加重法等。在基槽开挖的过程中局部地段突然出现严重流砂时，可立即抛入大块石等阻止流砂。

6. **【答案】**B

【解析】对潜蚀的处理可以采用堵截地表水流入土层、阻止地下水在土层中流动、设置反滤层、改良土的性质、减小地下水流速及水力坡度等措施。

（二）多选题

1. **【答案】**BCD

【解析】当建筑物基础底面位于地下水位以下时，地下水对基础底面产生静水压力，即产生浮托力。如果基础位于粉土、砂土、碎石土和节理裂隙发育的岩石地基上，则按地下水位100%计算浮托力；如果基础位于节理裂隙不发育的岩石地基上，则按地下水位50%计算浮托力；如果基础位于黏性土地基上，其浮托力较难确切地确定，应结合地区的实际经验考虑。

2. **【答案】** BDE

【解析】 对潜蚀的处理可以采用堵截地表水流入土层、阻止地下水在土层中流动、设置反滤层、改良土的性质、减小地下水流速及水力坡度等措施。

3. **【答案】** BCDE

【解析】 地下水最常见的问题主要是对岩体的软化、侵蚀和静水压力、动水压力作用及其渗透破坏等：①地下水对土体和岩体的软化；②地下水位下降引起软土地基沉降；③动水压力产生流砂和潜蚀；④地下水的浮托作用；⑤承压水对基坑的作用；⑥地下水对钢筋混凝土的锈蚀。

Ⅲ 边坡稳定

（一）单选题

1. **【答案】** B

【解析】 对于喷出岩边坡，如玄武岩、凝灰岩、火山角砾岩、安山岩等，其原生的节理，尤其是柱状节理发育时，易形成直立边坡并易发生崩塌。

2. **【答案】** D

【解析】 地下水是影响边坡稳定最重要、最活跃的外在因素，绝大多数滑坡都与地下水的活动有关。

3. **【答案】** A

【解析】 对于深成侵入岩、厚层坚硬的沉积岩以及片麻岩、石英岩等构成的边坡，一般稳定程度是较高的。只有在节理发育、有软弱结构面穿插且边坡高陡时，才易发生崩塌或滑坡现象。

4. **【答案】** A

【解析】 防渗和排水是整治滑坡的一种重要手段，只要布置得当、合理，一般均能取得较好效果。为了防止大气降水向岩体中渗透，一般是在滑坡体外围布置截水沟槽，以截断流至滑坡体上的水流。大的滑坡体尚应在其上布置一些排水沟，同时要整平坡面，防止有积水的坑洼，以利于降水迅速排走。针对已渗入滑坡体的水，通常是采用地下排水廊道，利用它可截住渗透的水流或将滑坡体中的积水排出滑坡体以外。

5. **【答案】** A

【解析】 影响边坡稳定性的因素有内在因素与外在因素两个方面。内在因素有边坡的岩土性质、地质构造、岩体结构、地应力等，它们常常起着主要的控制作用。外在因素有地表水和地下水的作用、地震、风化作用、人工挖掘、爆破以及工程荷载等。

6. **【答案】** C

【解析】 本题考查的是边坡稳定。削坡是将陡倾的边坡上部的岩体挖除，一部分使边坡变缓，同时也可使滑体重量减轻，以达到稳定的目的。削减下来的土石，可填在坡脚，起反压作用，更有利于稳定。采用这种方法时，要注意滑动面的位置；否则，不仅效果不显著，甚至更会促使岩体不稳。

7.【答案】D

【解析】抗滑桩适用于浅层或中厚层的滑坡体。它是在滑坡体的中、下部开挖竖井或大口径钻孔，然后浇灌钢筋混凝土而成。一般垂直于滑动方向布置一排或两排，桩径通常为1~3m，深度一般要求滑动面以下桩长占全桩长的1/4~1/3。除上述几项较多采用的防治措施外，还可采用混凝土护面、灌浆及改善滑动带土石的力学性质等措施。一般而言，在进行边坡防治处理时，如数种措施同时采用，效果更为显著。

（二）多选题

暂无。

Ⅳ 围岩稳定

（一）单选题

1.【答案】A

【解析】在布置地下工程时，原则上应避开褶皱核部。

2.【答案】B

【解析】当地下工程围岩中出现拉应力区时，应采用锚杆稳定围岩。

3.【答案】D

【解析】喷锚支护能使混凝土喷层与围岩紧密结合，并且喷层本身具有一定的柔性和变形特性，因而能及时有效地控制和调整围岩应力的重分布，最大限度地保护岩体的结构和力学性质，防止围岩的松动和坍塌。如果喷混凝土再配合锚杆加固围岩，则会更有效地提高围岩自身的承载力和稳定性。

4.【答案】A

【解析】若必须在褶皱岩层地段修建地下工程，可以将地下工程放在褶皱的两侧。

5.【答案】D

【解析】对于软弱围岩，相当于围岩分类中的Ⅳ类和Ⅴ类围岩，一般指强度低、成岩不牢固的软岩、破碎及强烈风化的岩石。该类围岩在地下工程开挖后一般都不能自稳，所以必须立即喷射混凝土，有时还要加钢筋网，然后打锚杆才能稳定围岩。

6.【答案】B

【解析】喷混凝土具备以下几方面的作用：首先，它能紧跟工作面，速度快，因而缩短了开挖与支护的间隔时间，及时填补了围岩表面的裂缝和缺损，阻止裂隙切割的碎块脱落松动，使围岩的应力状态得到改善；其次，由于有高的喷射速度和压力，浆液能充填张开的裂隙，起着加固岩体的作用，提高了岩体整体性；最后，喷层与围岩紧密结合，有较高的粘结力和抗剪强度，能在结合面上传递各种应力，可以起到承载拱的作用。

7.【答案】A

【解析】向斜核部往往是承压水储存的场所，顶部被开挖时地下水会突然涌入洞室，因此，向斜核部不宜修建地下工程。在布置地下工程时，原则上应避开褶皱核部。

8.【答案】A

【解析】喷混凝土具备以下几方面的作用：首先，它能紧跟工作面，速度快，因而缩短了开挖与支护的间隔时间，及时填补了围岩表面的裂缝和缺损，阻止裂隙切割的碎块脱落松动，使围岩的应力状态得到改善；其次，由于有较高的喷射速度和压力，浆液能充填张开的裂隙，起着加固岩体的作用，提高了岩体整体性；此外，喷层与围岩紧密结合，有较高的粘结力和抗剪强度，能在结合面上传递各种应力，可以起到承载拱的作用。

9.【答案】B

【解析】对于坚硬的整体围岩，岩块强度高，整体性好，在地下工程井挖后自身稳定性好，基本上不存在支护问题。这种情况下喷混凝土的作用主要是防止围岩表面风化，消除开挖后表面的凹凸不平及防止个别岩块掉落，其喷层厚度一般为3~5cm。

10.【答案】B

【解析】本题考查的是围岩稳定。喷锚支护是在地下工程开挖后，及时向围岩表面喷一薄层混凝土（一般厚度为5~20cm），有时再增加一些锚杆，从而部分地阻止围岩向洞内变形，以达到支护的目的。

（二）多选题

1.【答案】AD

2.【答案】BD

【解析】A脆性破裂，经常产生于高地应力地区，其形成的机理是复杂的，它是储存有很大弹性应变能的岩体。B块体滑移，是块状结构围岩常见的破坏形式，常以结构面交汇切割组合成不同形状的块体滑移、塌落等形式出现。C岩层的弯曲折断，是层状围岩变形失稳的主要形式，当岩层很薄或软硬相间时，顶板容易下沉弯曲折断。D碎裂结构岩体在张力和振动力作用下容易松动、解脱，在洞顶则产生崩落，在边墙上则表现为滑塌或碎块的坍塌。E一般强烈风化、强烈构造破碎或新近堆积的土体，在重力、围岩应力和地下水作用下常产生冒落及塑性变形。

第四节　工程地质对工程建设的影响

一、名师考点

参见表1-8。

表1-8　本节考点

教材点		知识点
一	工程地质对工程选址的影响	裂隙（裂缝）对工程选址的影响、断层对工程选址的影响
二	工程地质对建筑结构的影响	工程地质对建筑结构的影响
三	工程地质对工程造价的影响	工程地质对工程造价的影响

二、真题回顾

Ⅰ 工程地质对工程选址的影响

（一）单选题

1. 对路基稳定最不利的是（ ）。（2014 年）

A. 岩层倾角小于坡面倾角的逆向坡
B. 岩层倾角大于坡面倾角的逆向坡
C. 岩层倾角小于坡面倾角的顺向坡
D. 岩层倾角大于坡面倾角的顺向坡

2. 隧道选线无法避开断层时，应尽可能使隧道轴向与断层走向（ ）。（2015 年）

A. 方向一致
B. 方向相反
C. 交角大些
D. 交角小些

3. 裂隙或裂缝对工程地基的影响主要在于破坏地基的（ ）。（2015 年）

A. 整体性
B. 抗渗性
C. 稳定性
D. 抗冻性

4. 隧道选线应尽可能使（ ）。（2016 年）

A. 隧道轴向与岩层走向平行
B. 隧道轴向与岩层走向夹角较小
C. 隧道位于地下水位以上
D. 隧道位于地下水位以下

5. 道路选线应特别注意避开（ ）。（2016 年）

A. 岩层倾角大于坡面倾角的顺向坡
B. 岩层倾角小于坡面倾角的顺向坡
C. 岩层倾角大于坡面倾角的逆向坡
D. 岩层倾角小于坡面倾角的逆向坡

6. 大型建设工程的选址，对工程地质的影响还要特别注意考查（ ）。（2017 年）

A. 区域性深大断裂交汇
B. 区域地质构造形成的整体滑坡
C. 区域的地震烈度
D. 区域内潜在的陡坡崩塌

7. 隧道选线与断层走向平行，应优先考虑（ ）。（2018 年）

A. 避开与其破碎带接触
B. 横穿其破碎带
C. 灌浆加固断层破碎带
D. 清除断层破碎带

8. 隧道选线应优先考虑避开（ ）。（2020 年）

A. 裂隙带
B. 断层带
C. 横穿断层
D. 横穿张性裂隙

9. 在地下工程选址时，应考虑较多的地质问题为（ ）。（2021 年）

A. 区域稳定性
B. 边坡稳定性
C. 泥石流
D. 斜坡滑动

10. 工程选址时，最容易发生建筑边坡坍塌的地质情况是（ ）。（2023 年）

A. 裂隙的主要发育方向与边坡走向平行，裂隙密度小
B. 裂隙的主要发育方向与边坡走向平行，裂隙间距小
C. 裂隙的主要发育方向与边坡走向垂直，裂隙密度大

D. 裂隙的主要发育方向与边坡走向垂直，裂隙间距大

（二）多选题

1. 与大型建设工程的选址相比，一般中小型建设工程选址不太注重的工程地质问题是（　　）。（2014 年）

A. 土体松软　　B. 岩石风化

C. 区域地质构造　　D. 边坡稳定

E. 区域地质岩性

2. 工程地质对建设工程选址的影响主要在于（　　）。（2016 年）

A. 地质岩性对工程造价的影响　　B. 地质缺陷对工程安全的影响

C. 地质缺陷对工程造价的影响　　D. 地质结构对工程造价的影响

E. 地质构造对工程造价的影响

Ⅱ　工程地质对建筑结构的影响

（一）单选题

工程地质情况影响建筑结构的基础选型。在多层住宅基础选型中，出现较多的情况是（　　）。（2019 年）

A. 按上部荷载本可选片筏基础的，因地质缺陷而选用条形基础

B. 按上部荷载本可选条形基础的，因地质缺陷而选用片筏基础

C. 按上部荷载本可选箱形基础的，因地质缺陷而选用片筏基础

D. 按上部荷载本可选桩基础的，因地质缺陷而选用条形基础

（二）多选题

地层岩性和地质构造主要影响房屋建筑的（　　）。（2015 年）

A. 结构选型　　B. 建筑造型

C. 结构尺寸　　D. 构造柱的布置

E. 圈梁的布置

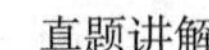
真题讲解

Ⅲ　工程地质对工程造价的影响

（一）单选题

以下对造价起决定性作用的是（　　）。（2022 年）

A. 准确的勘察资料　　B. 过程中对不良地质的处理

C. 选择有利的线路　　D. 工程设计资料的正确性

（二）多选题

暂无。

三、真题解析

Ⅰ　工程地质对工程选址的影响

（一）单选题

1. **【答案】** C

【解析】道路选线过程中，避开岩层倾向与坡面倾向一致的顺向坡，尤其是岩层倾角小于坡面倾角。

2. 【答案】C

【解析】对于地下工程的选址，注意避免工程走向与岩层走向交角太小甚至近乎平行。

3. 【答案】A

【解析】裂隙（裂缝）对工程建设的影响主要表现在破坏岩体的整体性，促使岩体风化加快，增强岩体的透水性，使岩体的强度和稳定性降低。

4. 【答案】C

【解析】A 选项错误，应当是隧道轴向与岩层走向垂直；B 选项错误，应当是隧道轴向与岩层走向夹角较大；D 选项错误，隧道横穿断层时，虽然只是个别段落受断层影响，但因地质及水文地质条件不良，必须预先考虑措施，保证施工安全。特别当岩层破碎带规模很大，或者穿越断层带时，会使施工十分困难，在确定隧道平面位置时，应尽量设法避开。

5. 【答案】B

【解析】道路选线应尽量避开岩层倾向与坡面倾向一致的顺向坡，尤其是岩层倾角小于坡面倾角的顺向坡。易引起斜坡岩层发生大规模的顺层滑动，破坏路基稳定。

6. 【答案】B

【解析】对于大型建设工程的选址，工程地质的影响还要考虑区域地质构造和地质岩性形成的整体滑坡，以及地下水的性质、状态和活动对地基的危害。

7. 【答案】A

【解析】当隧道轴线与断层走向平行时，应尽量避免与断层破碎带接触。隧道横穿断层时，虽然只是个别段落受断层影响，但因地质及水文地质条件不良，必须预先考虑措施，保证施工安全。特别当岩层破碎带规模很大，或者穿越断层带时，会使施工十分困难，在确定隧道平面位置时，应尽量设法避开。

8. 【答案】B

【解析】解析同上题。

9. 【答案】A

【解析】对于地下工程的选址，工程地质的影响要考虑区域稳定性的问题。

10. 【答案】B

【解析】裂隙（裂缝）对工程建设的影响主要表现在破坏岩体的整体性，促使岩体风化加快，增强岩体的透水性，使岩体的强度和稳定性降低。裂隙（裂缝）的主要发育方向与建筑边坡走向平行的，边坡易发生坍塌。裂隙（裂缝）的间距越小，密度越大，对岩体质量的影响越大。

（二）多选题

1. 【答案】CE

【解析】一般中小型建设工程的选址，工程地质的影响主要考虑在工程建设一定影响范围内，地质构造和地层岩性形成的土体松软、湿陷、湿胀、岩体破碎、岩石风化和潜在的斜坡滑动、陡坡崩塌、泥石流等地质问题对工程建设的影响和威胁。大型建设工程的选址，工程地质的影响还要考虑区域地质构造和地质岩性形成的整体滑坡，以及地下水的性质、状态和活动对地基的危害。

2. **【答案】** BC

【解析】 工程地质对建设工程选址的影响，主要是各种地质缺陷对工程安全和工程技术经济的影响。

Ⅱ　工程地质对建筑结构的影响

（一）单选题

【答案】 B

【解析】 对基础选型和结构尺寸的影响。由于地基土层松散软弱或岩层破碎等工程地质原因，不能采用条形基础，而要采用筏形基础甚至箱形基础。对较深松散地层有的要采用桩基础加固。还要根据地质缺陷的不同程度，加大基础的结构尺寸。

（二）多选题

【答案】 AC

【解析】 对建筑结构选型和建筑材料选择的影响，对基础选型和结构尺寸的影响，对结构尺寸和钢筋配置的影响。工程所在区域的地震烈度越高，构造柱和圈梁等抗震结构的布置密度、断面尺寸和配筋率要相应增大，不属于地层岩性和地质构造影响的主要因素。

Ⅲ　工程地质对工程造价的影响

（一）单选题

【答案】 C

【解析】 对工程造价的影响可归结为三个方面：一是选择工程地质条件有利的路线，对工程造价起着决定作用；二是勘察资料的准确性直接影响工程造价；三是由于对特殊不良工程地质问题认识不足导致的工程造价增加。

（二）多选题

暂无。

第二章 工程构造

一、本章概览

参见图 2-1。

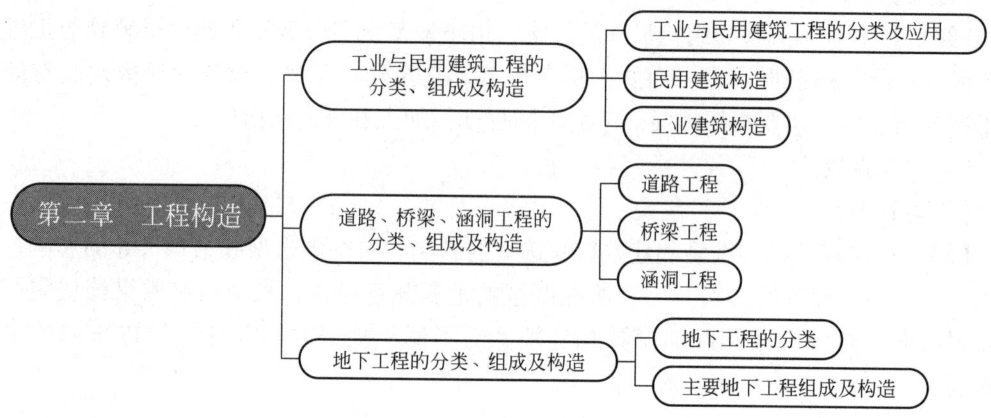

图 2-1 本章知识概览

二、考情分析

参见表 2-1。

表 2-1 **本章考情分析**

考试年度	2023 年				2022 年				2021 年			
题目类型	单选题		多选题		单选题		多选题		单选题		多选题	
第一节 工业与民用建筑工程的分类、组成及构造	5 道	5 分	3 道	6 分	5 道	5 分	3 道	6 分	5 道	5 分	4 道	8 分
第二节 道路、桥梁、涵洞工程的分类、组成及构造	4 道	4 分	1 道	2 分	4 道	4 分	1 道	2 分	4 道	4 分	0 道	0 分
第三节 地下工程的分类、组成及构造	2 道	2 分	0 道	0 分	2 道	2 分	0 道	0 分	2 道	2 分	0 道	0 分
本章小计	11 道	11 分	4 道	8 分	11 道	11 分	4 道	8 分	11 道	11 分	4 道	8 分
本章得分	19 分				19 分				19 分			

第一节　工业与民用建筑工程的分类、组成及构造

一、名师考点

参见表 2-2。

表 2-2　本节考点

教材点		知识点
一	工业与民用建筑工程的分类及应用	工业建筑分类、民用建筑分类
二	民用建筑构造	基础、墙、楼板与地面、阳台与雨篷、楼梯、门与窗、屋顶、装饰构造
三	工业建筑构造	单层厂房的结构组成、单层厂房承重结构构造

二、真题回顾

Ⅰ　工业与民用建筑工程的分类及应用

（一）单选题

1. 力求节省钢材且截面最小的大型结构应采用（　　）。（2014 年）

A. 钢结构　　B. 型钢混凝土组合结构

C. 钢筋混凝土结构　　D. 混合结构

2. 高层建筑抵抗水平荷载最有效的结构是（　　）。（2014 年）

A. 剪力墙结构　　B. 框架结构

C. 筒体结构　　D. 混合结构

3. 设计跨度为 120m 的展览馆，应优先采用（　　）。（2015 年）

A. 桁架结构　　B. 筒体结构

C. 网架结构　　D. 悬索结构

4. 建飞机库应优先考虑的承重体系是（　　）。（2017 年）

A. 薄壁空间结构体系　　B. 悬索结构体系

C. 拱式结构体系　　D. 网架结构体系

5. 建筑物与构筑物的主要区别在于（　　）。（2016 年）

A. 占地大小　　B. 体量大小

C. 满足功能要求　　D. 提供活动空间

6. 型钢混凝土组合结构比钢结构（　　）。（2016 年）

A. 防火性能好　　B. 节约空间

C. 抗震性能好　　D. 变形能力强

7. 对于地基软弱土层厚、荷载大和建筑面积不太大的一些重要高层建筑物，最常采用的基础构造形式为（　　）。（2017 年）

A. 独立基础　　B. 柱下十字交叉基础

C. 片筏基础 D. 箱形基础

8. 房间多为开间 3m、进深 6m 的四层办公楼常用的结构形式为（　　）。(2018 年)

A. 木结构 B. 砖木结构

C. 砖混结构 D. 钢结构

9. 墙下肋条式条形基础与无肋式相比，其优点在于（　　）。(2018 年)

A. 减少基础材料 B. 减少不均匀沉降

C. 减少基础占地 D. 增加外观美感

10. 柱与屋架铰接连接的工业建筑结构是（　　）。(2019 年)

A. 网架结构 B. 排架结构

C. 刚架结构 D. 空间结构

11. 按建筑物承重结构形式分类，网架结构属于（　　）。(2020 年)

A. 排架结构 B. 刚架结构

C. 混合结构 D. 空间结构

12. 目前多层住宅楼房多采用（　　）。(2020 年)

A. 砖木结构 B. 砖混结构

C. 钢筋混凝土结构 D. 木结构

13. 与建筑物相比，构筑物的主要特征为（　　）。(2021 年)

A. 供生产使用 B. 供非生产性使用

C. 满足功能要求 D. 占地面积小

14. 下列装配式建筑中，适用于软弱地基，经济环保的是（　　）。(2022 年)

A. 全预制装配式混凝土结构 B. 预制装配整体式混凝土结构

C. 装配式钢结构 D. 装配式木结构

15. 下列结构体系中，适用于超高层民用建筑的是（　　）。(2022 年)

A. 混合结构体系 B. 框架结构体系

C. 剪力墙结构体系 D. 筒体结构体系

16. 下列结构中，适用于超高层较大空间的公共建筑的是（　　）。(2022 年补考)

A. 混合结构 B. 框架结构

C. 剪力墙结构 D. 框架-剪力墙结构

17. 下列关于全预制装配式混凝土结构的特点，正确的是（　　）。(2023 年)

A. 通常采用刚性连接技术 B. 少部分构件在工厂生产

C. 连接部位抗弯能力强 D. 震后恢复性能好

（二）多选题

1. 网架结构体系的特点是（　　）。(2014 年)

A. 空间受力体系，整体性好 B. 杆件轴向受力合理，节约材料

C. 高次超静定，稳定性差 D. 杆件适于工业化生产

E. 结构刚度小，抗震性能差

2. 由主要承受轴向力的杆件组成的结构体系有（　　）。(2019 年)

A. 框架结构体系

B. 桁架结构体系（此选项 2023 年版教材删除）
C. 拱式结构体系
D. 网架结构体系
E. 悬索结构体系

3. 在满足一定功能的前提下，与钢筋混凝土结构相比，型钢混凝土结构的优点在于（　　）。(2020 年)

A. 造价低　　B. 承载力大
C. 节省钢材　　D. 刚度大
E. 抗震性能好

4. 下列房屋结构中，抗震性能好的是（　　）。(2021 年)

A. 砖木结构　　B. 砖混结构
C. 现代木结构　　D. 钢结构
E. 型钢混凝土组合结构

5. 下列结构体系中，构件主要承受轴向力的有（　　）。(2022 年)

A. 砖混结构　　B. 框架结构
C. 桁架结构（此选项 2023 年版教材删除）　　D. 网架结构
E. 拱式结构

6. 保持被动式节能建筑舒适温度的热量来源有（　　）。(2022 年)

A. 燃煤　　B. 供暖
C. 人体　　D. 家电
E. 热回收装置

7. 下列关于工业建筑的说法，正确的有（　　）。(2023 年)

A. 热处理车间属于生产辅助厂房
B. 锅炉房、水泵房属于动力用厂房
C. 排架结构是目前单层厂房中最基本的结构形式
D. 一般重型单层厂房多采用刚架结构
E. 空间结构体系充分发挥了建筑材料的强度潜力

8. 下列关于各种民用建筑结构体系特点的说法，正确的有（　　）。(2023 年)

A. 框架结构体系层数较多时，会产生较大侧移，易引起结构性构件破坏
B. 框架—剪力墙结构侧向刚度较大，平面布置灵活
C. 框架—剪力墙结构中，剪力墙主要承受水平荷载，其变形为弯曲型变形
D. 筒体结构抵抗水平荷载最为有效，不适用于高层建筑
E. 桁架结构的优点是可利用截面较小的杆件组成截面较大的构件

Ⅱ　民用建筑构造

（一）单选题

1. 平屋面的涂膜防水构造有正置式和倒置式之分，所谓正置式是指（　　）。(2014 年)

A. 隔热保温层在涂膜防水层之上　　B. 隔热保温层在找平层之上

C. 隔热保温层在涂膜防水层之下　　D. 隔热保温层在找平层之下

2. 地下室墙体垂直防水卷材外侧一般做完水泥砂浆保护层后再做（　　）。(2014 年)

A. 500mm 宽隔水层　　B. 500mm 宽滤水层

C. 一道冷底子油和两道热沥青　　D. 砖保护墙

3. 坡屋顶的钢筋混凝土折板结构一般是（　　）。(2014 年)

A. 有屋架支承的　　B. 有檩条支承的

C. 整体现浇的　　D. 由托架支承的

4. 三层砌体办公室的墙体一般设置圈梁（　　）。(2015 年)

A. 一道　　B. 二道

C. 三道　　D. 四道

5. 井字形密肋楼板的肋高一般为（　　）。(2015 年)

A. 90~120mm　　B. 120~150mm

C. 150~180mm　　D. 180~250mm

6. 将楼梯段与休息平台组成一个构件再组合的预制钢筋混凝土楼梯是（　　）。(2015 年)

A. 大型构件装配式楼梯　　B. 中型构件装配式楼梯

C. 小型构件装配式楼梯　　D. 悬挑装配式楼梯

7. 平屋顶装配式混凝土板上的细石混凝土找平层厚度一般是（　　）。(2016 年)

A. 15~20mm　　B. 20~25mm

C. 25~30mm　　D. 30~35mm

8. 叠合楼板是由预制板和现浇钢筋混凝土层叠合而成的装配整体式楼板，现浇叠合层内设置的钢筋主要是（　　）。(2017 年)

A. 构造钢筋　　B. 正弯矩钢筋

C. 负弯矩钢筋　　D. 下部受力钢筋

9. 地下室底板和四周墙体需做防水处理的基本条件，地坪以下位于（　　）。(2018 年)

真题讲解

A. 最高设计地下水位以下　　B. 常年地下水位以下

C. 当年地下水位以上　　D. 最高设计地下水位以上

10. 建筑物的伸缩缝、沉降缝、防震缝的根本区别在于（　　）。(2018 年)

A. 伸缩缝和沉降缝比防震缝宽度小

B. 伸缩缝和沉降缝比防震缝宽度大

C. 伸缩缝不断开基础，沉降缝和防震缝断开基础

D. 伸缩缝和防震缝不断开基础，沉降缝断开基础

11. 建筑物楼梯段跨度较大时，为了经济合理，通常不宜采用（　　）。(2018 年)

A. 预制装配墙承式　　B. 预制装配梁承式楼梯

C. 现浇钢筋混凝土梁式楼梯　　D. 现浇钢筋混凝土板式楼梯

12. 采用箱形基础较多的建筑是（　　）。(2019 年)

A. 单层建筑　　B. 多层建筑

C. 高层建筑　　D. 超高层建筑

13. 对荷载较大、管线较多的商场，比较适合采用的现浇钢筋混凝土楼板为（　　）。（2019 年）

A. 板式楼板　　B. 梁板式肋形楼板

C. 井字形肋楼板　　D. 无梁楼板

14. 高层建筑的屋面排水应优先选择（　　）。（2019 年）

A. 内排水　　B. 外排水

C. 无组织排水　　D. 天沟排水

15. 所谓倒置式保温屋顶指的是（　　）。（2019 年）

A. 先做保温层，后做找平层　　B. 先做保温层，后做防水层

C. 先做找平层，后做保温层　　D. 先做防水层，后做保温层

16. 相对刚性基础而言，柔性基础的本质在于（　　）。（2020 年）

A. 基础材料的柔性　　B. 不受刚性角的影响

C. 不受混凝土强度的影响　　D. 利用钢筋抗拉承受弯矩

17. 将房间楼板直接向外悬挑形成阳台板，该阳台承重支承方式为（　　）。（2020 年）

A. 墙承式　　B. 挑梁式

C. 挑板式　　D. 板承式

18. 关于多层砌体工程工业房屋的圈梁设置位置，正确的为（　　）。（2021 年）

A. 在底层设置一道　　B. 在檐沟标高处设置一道

C. 在纵横墙上隔层设置　　D. 在每层和檐口标高处设置

19. 外墙外保温层采用厚壁面层结构时正确的做法为（　　）。（2021 年）

A. 在保温层外表面抹水泥砂浆　　B. 在保温层外表面涂抹聚合物砂浆

C. 在底涂层和面层抹聚合物水泥砂浆　　D. 在底涂层中设置玻化纤维网格

20. 在以下工程结构中，适宜采用现浇钢筋混凝土井字形密肋楼板的为（　　）。（2021 年）

A. 厨房　　B. 会议厅

C. 储藏室　　D. 仓库

21. 在外墙内保温结构中，为防止冬季采暖房间形成水蒸气渗入保温层，通常采用的做法为（　　）。（2022 年）

A. 在保温层靠近室内一侧设防潮层　　B. 在保温层与主体结构之间设防潮层

C. 在保温层靠近室内一侧设隔汽层　　D. 在保温层与主体结构之间设隔汽层

22. 与外墙外保温相比，外墙内保温优点是（　　）。（2022 年补考）

A. 减少夏季晚上闷热感　　B. 热桥保温处理方便

C. 便于安装空调　　D. 保温层不易出现裂缝

真题讲解

23. 严寒地区保温构造方法中，将直接与土壤接触的节能保温地面设置在（　　）。（2022 年补考）

A. 与外墙接触的地面　　B. 房屋中间地面

C. 起居室地面　　D. 外墙 2m 范围内地面

24. 可以防止太阳辐射影响防水的平屋面的是（　　）。(2022 年补考)

A. 高效保温材料　　B. 正置型屋面保温

C. 保温找坡结合型　　D. 倒置型屋面保温

25. 锥形或阶梯形墩基垂直面最小宽度应为（　　）mm。(2023 年)

A. 100　　B. 120

C. 150　　D. 200

26. 荷载较大、地基软弱土层厚度为 6.5m 的民用建筑，当人工处理软弱土层难度大且工期较紧时，宜采用的基础形式为（　　）。(2023 年)

A. 独立基础　　B. 井格基础

C. 箱形基础　　D. 桩基础

27. 跨度为 9m，净空高要求较大，平面为正方形的会议厅，宜优先采用的现浇钢筋混凝土楼板类型为（　　）。(2023 年)

A. 板式楼板　　B. 无梁楼板

C. 井字形肋楼板　　D. 梁板式肋形楼板

28. 与现浇钢筋混凝土板式楼梯相比，梁式楼梯的主要特点是（　　）。(2023 年)

A. 便于支撑施工　　B. 梯段底面平整，外形简洁

C. 当梯段跨度较大时，不经济　　D. 当荷载较大时，较为经济

（二）多选题

1. 承受相同荷载条件下，相对刚性基础而言柔性基础的特点是（　　）。(2014 年)

A. 节约基础挖方量　　B. 节约基础钢筋用量

C. 增加基础钢筋用量　　D. 减小基础埋深

E. 增加基础埋深

2. 坡屋顶的承重屋架，常见形式有（　　）。(2015 年)

A. 三角形　　B. 梯形

C. 矩形　　D. 多边形

E. 弧形

3. 现浇钢筋混凝土楼梯按楼梯段传力特点划分有（　　）。(2016 年)

A. 墙承式楼梯　　B. 梁式楼梯

C. 悬挑式楼梯　　D. 板式楼梯

E. 梁板式楼梯

4. 坡屋顶承重结构划分有（　　）。(2016 年)

A. 硬山搁檩　　B. 屋架承重

C. 钢架结构　　D. 梁架结构

E. 钢筋混凝土梁板承重

5. 坡屋面的槽口形式主要有两种，其一是挑出檐口，其二是女儿墙檐口，以下说法正确的有（　　）。(2017 年)

A. 砖挑檐的砖可平挑出，也可把砖斜放，挑檐砖上方瓦伸出 80mm

B. 砖挑檐一般不超过墙体厚度的1/2，且不大于240mm

C. 当屋面有椽木时，可以用椽木出挑，支撑挑出部分屋面

D. 当屋面集水面积大、降雨量大时，檐口可设钢筋混凝土天沟

E. 对于不设置屋架的房屋，可以在其纵向承重墙内压砌挑檐木并外挑

6. 与外墙内保温相比，外墙外保温的优点是（　　）。(2018年)

A. 有良好的建筑节能效果　　B. 有利于提高室内温度的稳定性

C. 有利于降低建筑物造价　　D. 有利于减少温度波动对墙体损坏

E. 有利于延长建筑物使用寿命

7. 预制装配式钢筋混凝土楼板与现浇钢筋混凝土楼板相比，其主要优点在于（　　）。(2018年)

A. 促进工业化水平　　B. 节约工期

C. 整体性能好　　D. 劳动强度低

E. 节约模板

8. 关于平屋顶排水方式的说法，正确的有（　　）。(2018年)

A. 高层建筑屋面采用外排水

B. 多层建筑屋面采用有组织排水

C. 低层建筑屋面采用无组织排水

D. 汇水面积较大屋面采用天沟排水

E. 多跨屋面采用天沟排水

9. 提高墙体抗震性能的细部构造主要有（　　）。(2019年)

A. 圈梁　　B. 过梁

C. 构造柱　　D. 沉降缝

E. 防震缝

10. 设置圈梁的主要意义在于（　　）。(2020年)

A. 提高建筑物空间刚度　　B. 提高建筑物的整体性

C. 传递墙体荷载　　D. 提高建筑物的抗震性

E. 增加墙体的稳定性

11. 现浇钢筋混凝土楼板主要分为（　　）。(2020年)

A. 板式楼板　　B. 梁式楼板

C. 梁板式肋形楼板　　D. 井字形肋楼板

E. 无梁式楼板

12. 地面中起传递分散载荷的是（　　）。(2021年)

A. 底面层　　B. 基层

C. 中间面层　　D. 表面层

E. 垫层

13. 按楼梯段传力的特点区分，预制装配式钢筋混凝土中型楼梯的主要类型包括（　　）。(2021年)

A. 墙承式　　B. 梁式

C. 梁承式　　D. 板式

E. 悬挑式

14. 楼梯踏步防滑条常用的材料有（　　）。(2022 年)

A. 金刚砂　　B. 马赛克

C. 橡皮条　　D. 金属材料

E. 玻璃

15. 下列关于设置平屋顶卷材防水找平层的说法，正确的有（　　）。(2022 年补考)

A. 整体现浇混凝土板上用水泥砂浆找平，厚度 15~20mm

B. 装配式混凝土板上用混凝土找平，厚度 20~25m

C. 整体材料保温层上用水泥砂浆找平，厚度 20~25mm

D. 装配式混凝土板上用混凝土找平，厚度 10~15mm

E. 板状材料保温板上用混凝土找平，厚度 30~35m

16. 为提高建筑物的使用功能，下列管线及其装置需安装在天棚上的有（　　）。(2022 年补考)

A. 空调管　　B. 给水排水管

C. 灭火喷淋　　D. 广播设备

E. 燃气管

17. 影响建筑物基础埋深的因素有（　　）。(2023 年)

A. 地下水位的高低　　B. 建筑面积的大小

C. 地基土质的好坏　　D. 散水宽度与坡度

E. 新旧建筑物的相邻交接

Ⅲ　工业建筑构造

（一）单选题

1. 单层工业厂房柱间支撑的作用是（　　）。(2020 年)

A. 提高厂房局部竖向承载能力　　B. 方便检修维护吊车梁

C. 提升厂房内部美观效果　　D. 加强厂房纵向刚度和稳定性

2. 某单层厂房设计柱距 6m，跨度 30m，最大起重量 12t，其钢筋混凝土吊车梁的形式应优先选用（　　）。(2021 年)

A. 非预应力 T 形　　B. 预应力工字形

C. 预应力鱼腹式　　D. 预应力空鱼腹式

（二）多选题

1. 关于单层厂房屋架布置原则的说法，正确的有（　　）。(2017 年)

A. 天窗上弦水平支撑一般设置于天窗两端开间和中部有屋架上弦横向水平支撑的开间处

B. 天窗两侧的垂直支撑一般与天窗上弦水平支撑位置一致

C. 有檩体系的屋架必须设置上弦横向水平支撑

D. 屋顶垂直支撑一般应设置于屋架跨中和支座的水平平面内

E. 纵向系杆应设在有天窗的屋架上弦节点位置

2. 单层工业厂房屋盖常见的承重构件有（　　）。(2019 年)

A. 钢筋混凝土屋面板　　B. 钢筋混凝土屋架

C. 钢筋混凝土屋面梁　　D. 钢屋架

E. 钢木屋架

3. 属于工业厂房承重结构的有（　　）。(2022 年补考)

A. 柱　　B. 屋架

C. 吊车梁　　D. 柱间支撑

E. 外墙

三、真题解析

Ⅰ　工业与民用建筑工程的分类及应用

（一）单选题

1. **【答案】** B

【解析】 型钢混凝土组合结构应用于大型结构中，力求截面最小化，承载力最大，可节约空间，但是造价比较高。

2. **【答案】** C

【解析】 在高层建筑中，特别是超高层建筑中，水平荷载越来越大，起着控制作用，筒体结构是抵抗水平荷载最有效的结构体系。

3. **【答案】** D

【解析】 悬索结构是比较理想的大跨度结构形式之一。目前，悬索屋盖结构的跨度已达 160m，主要用于体育馆、展览馆中。

4. **【答案】** A

【解析】 薄壳结构常用于大跨度的屋盖结构，如展览馆、俱乐部、飞机库等。薄壳结构多采用现浇钢筋混凝土，费模板、费工时。薄壁空间结构的曲面形式很多。

5. **【答案】** D

【解析】 建筑一般包括建筑物和构筑物，满足功能要求并提供活动空间和场所的建筑称为建筑物；仅满足功能要求的建筑称为构筑物，如水塔、纪念碑。

6. **【答案】** A

【解析】 型钢混凝土组合结构与钢结构相比，具有防火性能好、结构局部和整体稳定性好、节省钢材的优点。

7. **【答案】** D

【解析】 箱形基础一般由钢筋混凝土建造，减少了基础底面的附加应力，因而适用于地基软弱土层厚、荷载大和建筑面积不太大的一些重要建筑物，目前高层建筑中多采用箱形基础。

8. **【答案】** C

【解析】 砖混结构适合开间进深较小，房间面积小，多层或低层的建筑。

9. **【答案】** B

【解析】墙下条形基础。条形基础是承重墙基础的主要形式，常用砖、毛石、三合土或灰土建造。当上部结构荷载较大而土质较差时，可采用钢筋混凝土建造，墙下钢筋混凝土条形基础一般做成无肋式，如地基在水平方向上压缩性不均匀，为了增加基础的整体性，减少不均匀沉降，也可做成肋式的条形基础。

10. 【答案】B

【解析】排架结构：柱顶和屋架或屋面梁作铰接连接。刚架结构：柱与基础的连接通常为铰接。

11. 【答案】D

【解析】空间结构是一种屋面体系为空间结构的结构体系。这种结构体系充分发挥了建筑材料的强度潜力，使结构由单向受力的平面结构，成为能多向受力的空间结构体系，提高了结构的稳定性。一般常见的有膜结构、网架结构、薄壳结构、悬索结构等。

12. 【答案】B

【解析】砖混结构是指建筑物中竖向承重结构的墙、柱等采用砖或砌块砌筑，横向承重的梁、楼板、屋面板等采用钢筋混凝土结构。砖混结构是以小部分钢筋混凝土及大部分砖墙承重的结构。适合开间进深较小、房间面积小、多层或低层的建筑。

13. 【答案】C

【解析】仅满足功能要求的建筑称为构筑物，如水塔、纪念碑等。

14. 【答案】C

【解析】装配式钢结构建筑适用于构件的工厂化生产，可以实现设计、生产、施工、安装一体化。具有自重轻、基础造价低、安装容易、施工快、施工污染环境少、抗震性能好、可回收利用、经济环保等特点，适用于软弱地基。

15. 【答案】D

【解析】在高层建筑中，特别是超高层建筑中，水平荷载越来越大，起着控制作用。筒体结构是抵抗水平荷载最有效的结构体系。它的受力特点是：整个建筑犹如一个固定于基础上的封闭空心的筒式悬臂梁来抵抗水平力。

16. 【答案】D

【解析】混合结构不宜建造大空间的房屋；框架结构其主要优点是建筑平面布置灵活，可形成较大的建筑空间，建筑立面处理也比较方便；缺点是侧向刚度较小，当层数较多时，会产生较大的侧移，易引起非结构性构件（如隔墙、装饰等）破坏，而影响使用；剪力墙体系不适用于大空间的公共建筑。框架-剪力墙结构是在框架结构中设置适当剪力墙的结构，框架结构平面布置灵活，具有较大空间且侧向刚度较大。

17. 【答案】D

【解析】全预制装配式混凝土结构，是指所有结构构件均在工厂内生产，运至现场进行装配。全预制装配式混凝土结构通常采用柔性连接技术，所谓柔性连接是指连接部位抗弯能力比预制构件低，因此，地震作用下弹塑性变形通常发生在连接处，而梁柱构件本身不会被破坏，或者是变形在弹性范围内。因此，全预制装配式混凝土结构的恢复性能好，震后只需对连接部位进行修复即可继续使用，具有较好的经济效益。全预制装配式建筑的围护结构可以采用现场砌筑或浇筑，也可以采用预制墙板。它的主要优点是生产效率高，施工速度快，构件质量好，受季节性影响小，在建设量较大而又相对稳定的地区，采用工厂化生产可以取得较好的效果。

（二）多选题

1. **【答案】** ABD

【解析】 网架结构体系是高次超静定的空间结构。空间受力体系，杆件主要承受轴向力，受力合理，节约材料，整体性能好，刚度大，抗震性能好。杆件类型较少，适于工业化生产。

2. **【答案】** BD

【解析】 桁架结构的杆件只有轴向力，即受拉受压；网架结构中的平板网架主要承受轴向力，即受拉受压；拱式结构当中的拱是一种推力的结构，其主要内力是轴向压力，即只受压。

3. **【答案】** BDE

【解析】 型钢混凝土结构具备了比传统钢筋混凝土结构承载力大、刚度大、抗震性能好的优点。

4. **【答案】** DE

【解析】 钢结构的特点是强度高、自重轻、整体刚性好、变形能力强、抗震性能好，适用于建造大跨度和超高、超重型的建筑物。型钢混凝土组合结构具备了比传统的钢筋混凝土结构承载力大、刚度大、抗震性能好的优点。

5. **【答案】** CDE

【解析】 桁架是由杆件组成的结构体系，在进行内力分析时，节点一般假定为铰接点，当荷载作用在节点上时，杆件只有轴向力，其材料的强度可得到充分发挥。网架结构体系：网架是由许多杆件按照一定规律组成的网状结构，是高次超静定的空间结构。网架结构可分为平板网架和曲面网架，其中，平板网架使用情况较多，其优点是采用空间受力体系，杆件主要承受轴向力，受力合理，节约材料，整体性能好，刚度大，抗震性能好。拱式结构体系，拱是一种有推力的结构，其主要内力是轴向压力。

6. **【答案】** CDE

【解析】 被动式节能建筑不需要主动加热，基本上是依靠被动收集来的热量以使房屋本身保持一个舒适的温度，使用太阳、人体、家电及热回收装置等带来的热能，不需要主动热源供给。

7. **【答案】** CDE

【解析】 选项 A，热处理车间属于生产厂房；选项 B，水泵房属于其他建筑。

8. **【答案】** ABCE

【解析】 D 选项错，筒体结构在高层建筑中，特别是超高层建筑中，水平荷载越来越大，起着控制作用。筒体结构是抵抗水平荷载最有效的结构体系。

Ⅱ 民用建筑构造

（一）单选题

1. **【答案】** C

【解析】 正置式屋面，其构造一般为隔热保温层在防水层的下面。

2. **【答案】** D

【解析】参见图 2-2。

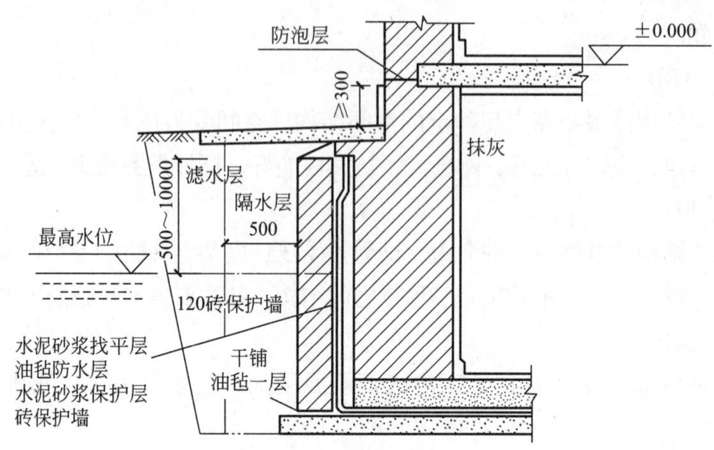

图 2-2 地下室墙体防水构造

3. 【答案】C

【解析】钢筋混凝土折板结构是目前坡屋顶建筑使用较为普遍的一种结构形式，这种结构形式无须采用屋架等结构构件，而且整个结构层整体现浇，提高了坡屋顶建筑的防水层、防渗层能力。

4. 【答案】B

【解析】宿舍、办公楼等多层砌体民用房屋，且层数为 3~4 层时，应在底层和檐口标高处各设置一道圈梁。当层数超过 4 层时，除应在底层和檐口标高处各设置一道圈梁外，至少应在所有纵、横墙上隔层设置。

5. 【答案】D

【解析】井字形密肋楼板没有主梁，都是次梁（肋），且肋与肋间的距离较小，通常只有 1.5~3m，肋高也只有 180~250mm，肋宽 120~200mm。

6. 【答案】A

【解析】大型构件装配式楼梯是将楼梯段与休息平台组成一个构件，每层由第一跑及中间休息平台和第二跑及楼层休息平台板两大构件组成。

7. 【答案】D

【解析】参见表 2-3。

表 2-3 找平层厚度及技术要求

找平层分类	适用的基层	厚度（mm）	技术要求
水泥砂浆	整体现浇混凝土板	15~20	1∶2.5 水泥砂浆
	整体材料保温层	20~25	
细石混凝土	装配式混凝土板	30~35	C20 混凝土宜加钢筋网片
	板状材料保温板		C20 混凝土

8.【答案】C

【解析】叠合楼板是由预制板和现浇钢筋混凝土层叠合而成的装配整体式楼板。预制板既是楼板结构的组成部分，又是现浇钢筋混凝土叠合层的永久性模板，现浇叠合层内应设置负弯矩钢筋，并可在其中敷设水平设备管线。

9.【答案】A

【解析】当地下室地坪位于最高设计地下水位以下时，地下室四周墙体及底板均受水压影响，应有防水功能。

10.【答案】D

【解析】基础因受温度变化影响较小，伸缩缝不必断开。防震缝一般从基础顶面开始，沿房屋全高设置。

11.【答案】D

【解析】钢筋混凝土楼梯构造，板式楼梯的梯段底面平整，外形简洁，便于支撑施工。当梯段跨度不大时采用；当梯段跨度较大时，梯段板厚度增加，自重较大，不经济。

12.【答案】C

【解析】适用于地基软弱土层厚、荷载大和建筑面积不太大的一些重要建筑物，目前高层建筑中多采用箱形基础。

13.【答案】D

【解析】无梁楼板的底面平整，增加了室内的净空高度，有利于采光和通风，但楼板厚度较大，这种楼板比较适用于荷载较大、管线较多的商店和仓库等。

14.【答案】A

【解析】高层建筑屋面宜采用内排水，多层建筑屋面宜采用有组织外排水，低层建筑及檐高小于 10m 的屋面，可采用无组织排水。多跨及汇水面积较大的屋面宜采用天沟排水；天沟找坡较长时，宜采用中间内排水和两端外排水。

15.【答案】D

【解析】倒置式做法即把传统屋面中防水层和隔热层的层次颠倒一下，防水层在下面，保温隔热层在上面。

16.【答案】D

【解析】刚性基础受刚性角的限制，构造上通过限制刚性基础宽高比来满足刚性角的要求。在混凝土基础底部配置受力钢筋，利用钢筋抗拉，这样基础可以承受弯矩，也就不受刚性角的限制，所以钢筋混凝土基础也称为柔性基础。

17.【答案】C

【解析】挑板式，是将阳台板悬挑，一般有两种做法：一种是将阳台板和墙梁现浇在一起，利用梁上部的墙体或楼板来平衡阳台板，以防止阳台倾覆。这种做法阳台底部平整，外形轻巧，阳台宽度不受房间开间限制，但梁受力复杂，阳台悬挑长度受限，一般不宜超过 1.2m。另一种是将房间楼板直接向外悬挑形成阳台板。

18.【答案】D

【解析】宿舍、办公楼等多层砌体民用房屋，且层数为 3~4 层时，应在底层和檐口标高处各设置一道圈梁。当层数超过 4 层时，除应在底层和檐口标高处各设置一道圈梁外，至少应在所有纵、横墙上隔层设置。多层砌体工业房屋，应每层设置现浇混凝土圈梁。设置墙梁的多层砌体结构房屋，应在托梁、墙梁顶面和檐口标高处设置现浇钢筋混凝土圈梁。

19. 【答案】A

【解析】保温层的面层具有保护和装饰作用，其做法各不相同，薄面层一般为聚合物水泥胶浆抹面，厚面层则采用普通水泥砂浆抹面，有的则在龙骨上吊挂板材或在水泥砂浆层上贴瓷砖覆面。

20. 【答案】B

【解析】井字形密肋楼板具有顶棚整齐、美观，有利于提高房屋的净空高度等优点，常用于门厅、会议厅等处。

21. 【答案】C

【解析】通常的处理方法是在保温层靠室内的一侧加设隔汽层，让水蒸气不要进入保温层内部。

22. 【答案】A

【解析】外墙内保温的优点有：一是外墙内保温的保温材料在楼板处被分割，施工时仅在一个层高内进行保温施工，施工时不用脚手架或高空吊篮，施工比较安全方便，不损害建筑物原有的立面造型，施工造价相对较低。二是由于绝热层在内侧，在夏季的晚上，墙的内表面温度随空气温度的下降而迅速下降，减少闷热感。三是耐久性好于外墙外保温，增加了保温材料的使用寿命。四是有利于安全防火。五是施工方便，受风、雨天影响小。

23. 【答案】D

【解析】对于直接与土壤接触的地面，由于建筑室内地面下部土壤温度的变化情况与地面的位置有关，对建筑室内中部地面下的土壤层、温度的变化范围不太大。在严寒地区的冬季，靠近外墙周边地区下土壤层的温度很低。因此，对这部分地面必须进行保温处理，否则大量的热能会由这部分地面损失掉，同时使这部分地面出现冷凝现象。常见的保温构造方法是在距离外墙周边 2m 的范围内设保温层。

24. 【答案】D

【解析】倒置型保温屋顶可以减轻太阳辐射和室外高温对屋顶防水层不利影响，提高防水层的使用年限。

25. 【答案】D

【解析】对于锥形或阶梯形基础断面，应保证两侧有不小于 200mm 的垂直面。

26. 【答案】D

【解析】桩基础：桩基由桩身和桩承台组成。桩基是按设计的点位将桩身置入土中的，桩的上端浇筑钢筋混凝土承台，承台上接柱或墙体，使荷载均匀地传递给桩基。当建筑物荷载较大，地基的软弱土层厚度在 5m 以上，基础不能埋在软弱土层内，或对软弱土层进行人工处理困难和不经济时，常采用桩基础。采用桩基础能节省材料，减少挖填土方工程量，改善工人的劳动条件，缩短工期。

27. 【答案】C

【解析】井字形肋楼板：井字形密肋楼板没有主梁，都是次梁（肋），且肋与肋间的距离较小，通常只有 1.5~3.0m，肋高也只有 180~250mm，肋宽为 120~200mm。当房间的平面形状近似正方形，跨度在 10m 以内时，常采用这种楼板。井字形密肋楼板具有天棚整齐美观，有利于提高房屋的净空高度等优点，常用于门厅、会议厅等处。

28. 【答案】D

【解析】板式楼梯：梯段底面平整，外形简洁，便于支撑施工；当梯段跨度不大时采用。当梯段跨度较大时，梯段板厚度增加，自重较大，不经济。梁式楼梯：当荷载或梯段跨度较大时，采用梁式楼梯比较经济。

（二）多选题

1. 【答案】ACD

【解析】相同条件下，采用钢筋混凝土基础比混凝土基础可节省大量的混凝土材料和挖土工程量。

2. 【答案】ABCD

【解析】屋架承重屋顶搁置屋架，用来搁置檩条以支承屋面荷载。通常屋架搁置在房屋的纵向外墙或柱上，使房屋有一个较大的使用空间。屋架的形式较多，有三角形、梯形、矩形、多边形等。

3. 【答案】BD

【解析】现浇钢筋混凝土楼梯按楼梯段传力的特点可以分为板式和梁式两种。

4. 【答案】ABDE

【解析】坡屋顶的承重结构包括：砖墙承重（又叫硬山搁檩）、屋架承重、梁架结构、钢筋混凝土梁板承重。

5. 【答案】BCD

【解析】①砖挑檐。砖挑檐一般不超过墙体厚度的 1/2，且不大于 240mm。每层砖挑长为 60mm，砖可平挑出，也可把砖斜放，用砖角挑出，挑檐砖上方瓦伸出 50mm。②椽木挑檐。当屋面有椽木时，可以用椽木出挑，以支承挑出部分的屋面。挑出部分的椽条，外侧可钉封檐板，底部可钉木条并油漆。③对于不设屋架的房屋，可以在其横向承重墙内压砌挑檐木并外挑，用挑檐木支承挑出的檐口。

6. 【答案】ABDE

【解析】外墙外保温的特点。与内保温墙体比较，外保温墙体有下列优点：一是外墙外保温系统不会产生热桥，因此具有良好的建筑节能效果。二是外保温对提高室内温度的稳定性有利。三是外保温墙体能有效地减少温度波动对墙体的破坏，保护建筑物的主体结构，延长建筑物的使用寿命。四是外保温墙体构造可用于新建的建筑物墙体，也可以用于旧建筑外墙的节能改造。在旧房的节能改造中，外保温结构对居住者影响较小。五是外保温有利于加快施工进度，室内装修不致破坏保温层。

7. 【答案】ABE

【解析】预制装配式钢筋混凝土楼板是在工厂或现场预制好的楼板，然后人工或机械吊装到房屋上经坐浆灌缝而成。此做法可节省模板，改善劳动条件，提高效率，缩短工期，促进工业化水平。但预制楼板的整体性不好，灵活性也不如现浇板，更不宜在楼、板上穿洞。

8. 【答案】BCDE

【解析】高层建筑屋面宜采用内排水；多层建筑屋面宜采用有组织外排水；低层建筑及檐高小于 10m 的屋面，可采用无组织排水。多跨及汇水面积较大的屋面宜采用天沟排水；天沟找坡较长时，宜采用中间内排水和两端外排水。

9. 【答案】ACE

【解析】提高抗震性能的构造包括圈梁、构造柱和防震缝。

10. 【答案】ABDE

【解析】圈梁可以提高建筑物的空间刚度和整体性，增加墙体稳定，减少由于地基不均匀沉降而引起的墙体开裂，并防止较大振动荷载对建筑物的不良影响。在抗震设防地区，设置圈梁是减轻震害的重要构造措施。

11. 【答案】ACDE

【解析】现浇钢筋混凝土楼板主要分为以下四种：板式楼板、梁板式肋形楼板、井字形肋楼板、无梁式楼板。

12. 【答案】BE

【解析】垫层是位于面层之下用来承受并传递荷载的部分，起到承上启下的作用。基层是地面的最下层，承受垫层传来的荷载。

13. 【答案】BD

【解析】现浇钢筋混凝土楼梯按楼梯段传力的特点可以分为板式和梁式两种。

14. 【答案】ABCD

【解析】为防止行人使用楼梯时滑倒，踏步表面应有防滑措施。表面光滑的楼梯必须对踏步表面进行处理，通常是在接近踏口处设置防滑条，防滑条的材料主要有金刚砂、马赛克、橡皮条和金属材料等。

15. 【答案】ACE

【解析】找平层厚度及技术要求如表 2-4 所示。

表 2-4 找平层厚度及技术要求

找平层分类	适用的基层	厚度（mm）	技术要求
水泥砂浆	整体现浇混凝土板	15~20	1∶2.5 水泥砂浆
	整体材料保温层	20~25	
细石混凝土	装配式混凝土板	30~35	C20 混凝土宜加钢筋网片
	板状材料保温板		C20 混凝土

16. 【答案】ACD

【解析】本题考查的是装饰构造。在现代建筑中，为提高建筑物的使用功能，除照明、给水排水管道、煤气管需要安装在楼板层外，空调管、灭火喷淋、感知器、广播设备等管线及其装置，均需安装在天棚上。为处理好这些设施，往往必须借助于吊棚来解决。

17. 【答案】ACE

【解析】建筑物上部荷载的大小、地基土质的好坏、地下水位的高低、土壤冰冻的深度以及新旧建筑物的相邻交接等，都影响基础的埋深。

Ⅲ 工业建筑构造

（一）单选题

1. 【答案】D

【解析】柱间支撑的作用是加强厂房纵向刚度和稳定性，将吊车纵向制动力和山墙抗风柱经屋盖系统传来的风力通过柱间支撑传至基础。

2. 【答案】B

【解析】预应力工字形吊车梁适用于厂房柱距为6m，厂房跨度为12~33m，吊车起重量为5~25t的厂房。预应力混凝土鱼腹式吊车梁适用于厂房柱距不大12m，厂房跨度为12~33m，吊车起重量为15~150t的厂房。

（二）多选题

1. 【答案】ABCD

【解析】天窗上弦水平支撑一般设置于天窗两端开间和中部有屋架上弦横向水平支撑的开间处，所以A正确；天窗两侧的垂直支撑一般与天窗上弦水平支撑位置一致，所以B正确；屋架上弦横向水平支撑，对于有檩体系必须设置；对于无檩体系，当厂房设有桥式吊车时，通常宜在变形缝区段的两端及有柱间支撑的开间设置，所以C正确；屋架垂直支撑一般应设置于屋架跨中和支座的垂直平面内，所以D正确；纵向系杆通常在设有天窗架的屋架上下弦中部节点设置，所以E错误。

2. 【答案】BCDE

【解析】单层工业厂房屋盖结构的主要承重构件，直接承受屋面荷载。按制作材料分为钢筋混凝土屋架或屋面梁、钢屋架、木屋架和钢木屋架。

3. 【答案】ABCD

【解析】选项E属于围护结构。

第二节 道路、桥梁、涵洞工程的分类、组成及构造

一、名师考点

参见表2-5。

表2-5 本节考点

教材点		知识点
一	道路工程	路的分类及组成、路基、路面、道路主要公用设施
二	桥梁工程	桥梁的组成与分类、桥梁上部结构、桥梁下部结构
三	涵洞工程	涵洞的分类、涵洞的组成

二、真题回顾

Ⅰ 道路工程

（一）单选题

1. 级配砾石可用于（　　）。（2014 年）

A. 高级公路沥青混凝土路面的基层
B. 高速公路水泥混凝土路面的基层
C. 一级公路沥青混凝土路面的基层
D. 各级沥青碎石路面的基层

2. 护肩路基的护肩高度一般应为（　　）。（2015 年）

A. 不小于 1. 0m
B. 不大于 1. 0m
C. 不小于 2. 0m
D. 不大于 2. 0m

3. 砌石路基的砌石高度最高可达（　　）。（2016 年）

A. 5m
B. 10m
C. 15m
D. 20m

4. 两个以上交通标志在一根支柱上并设时，其从左到右排列正确的顺序是（　　）。（2017 年）

A. 禁令、警告、指示
B. 指示、警告、禁令
C. 警告、指示、禁令
D. 警告、禁令、指示

5. 在少雨干燥地区，四级公路适宜使用的沥青路面面层是（　　）。（2017 年）

A. 沥青碎石混合料
B. 双层式乳化沥青碎石混合料
C. 单层式乳化沥青碎石混合料
D. 沥青混凝土混合料

6. 三级公路的面层多采用（　　）。（2018 年）

A. 沥青贯入式路面
B. 粒料加固土路面
C. 水泥混凝土路面
D. 沥青混凝土路面

7. 砌石路基沿线遇到基础地质条件明显变化时应（　　）。（2020 年）

A. 设置挡土墙
B. 将地基做成台阶形
C. 设置伸缩缝
D. 设置沉降缝

8. 三级公路应采用的面层类型是（　　）。（2020 年）

A. 沥青混凝土
B. 水泥混凝土
C. 沥青碎石
D. 半整齐石块

9. 在半填半挖土质路基填挖衔接处，应采用的施工措施为（　　）。（2021 年）

A. 防止超挖
B. 台阶开挖
C. 倾斜开挖
D. 超挖回填

10. 下列路基形式中，每隔 15~20m 应设置一道伸缩缝的是（　　）。（2022 年）

A. 填土路基
B. 填石路基
C. 砌石路基
D. 挖方路基

11. 为保证车辆在停车场内不因自重引起滑溜，要求停车场与通道垂直方向的最大纵坡为（　　）。（2022 年）

A. 1%　　B. 1.5%

C. 2%　　D. 3%

12. 下列材料中，可用于高速公路及一级公路路面的是（　　）。(2022 年补考)

A. 沥青混凝土混合料　　B. 乳化沥青碎石

C. 乳化沥青混合料　　D. 沥青碎石混合料

13. 支路采用混凝土预制块路面，其设计使用年限是（　　）。(2023 年)

A. 30 年　　B. 20 年

C. 15 年　　D. 10 年

(二) 多选题

1. 土基上的高级路面相对中级路面而言，道路的结构层中增设了（　　）。(2014 年)

A. 加强层　　B. 底基层

C. 垫层　　D. 联结层

E. 过渡层

2. 填隙碎石可用于（　　）。(2015 年)

A. 一级公路底基层　　B. 一级公路基层

C. 二级公路底基层　　D. 三级公路基层

E. 四级公路基层

真题讲解

3. 相对中级路面而言，高级路面的结构组成增加了（　　）。(2019 年)

A. 磨耗层　　B. 底基层

C. 保护层　　D. 联结层

E. 垫层

4. 单向机动车道数不小于三条的城市道路横断面必须设置（　　）。(2020 年)

A. 机动车道　　B. 非机动车道

C. 人行道　　D. 应急车道

E. 分车带

5. 适用于三级公路路面面层的有（　　）。(2023 年)

A. 级配碎石面层　　B. 水泥混凝土面层

C. 沥青灌入式面层　　D. 沥青表面处治面层

E. 粒石加固土面层

真题讲解

Ⅱ　桥梁工程

(一) 单选题

1. 地基承载力较低、台身较高、跨径加大的桥梁，应优先采用（　　）。(2014 年)

A. 重力式桥台　　B. 轻型桥台

C. 埋置式桥台　　D. 框架式桥台

2. 大跨径悬索桥一般优先考虑采用（　　）。(2016 年)

A. 平行钢丝束钢缆主缆索和预应力混凝土加劲梁

B. 平行钢丝束钢缆主缆索和钢结构加劲梁

C. 钢丝绳钢缆主缆索和预应力混凝土加劲梁

D. 钢丝绳钢缆主缆索和钢结构加劲梁

3. 大跨度悬索桥的加劲梁主要用于承受（　　）。(2017 年)

A. 桥面荷载　　B. 横向水平力

C. 纵向水平力　　D. 主缆索荷载

4. 柔性桥墩的主要技术特点在于（　　）。(2018 年)

A. 桥台和桥墩柔性化　　B. 桥墩支座固定化

C. 平面框架代替墩身　　D. 桥墩轻型化

5. 混凝土斜拉桥属于典型的（　　）。(2019 年)

A. 梁式桥　　B. 悬索桥

C. 刚架桥　　D. 组合式桥

6. 适用柔性排架桩墩的桥梁是（　　）。(2019 年)

A. 墩台高度 9m 的桥梁　　B. 墩台高度 12m 的桥梁

C. 跨径 10m 的桥梁　　D. 跨径 15m 的桥梁

7. 关于桥梁工程中的管柱基础，下列说法正确的是（　　）。(2019 年)

A. 可用于深水或海中的大型基础　　B. 所需机械设备较少

C. 适用于有严重地质缺陷的地区　　D. 施工方法和工艺比较简单

8. 桥面采用防水混凝土铺装的（　　）。(2020 年)

A. 要另设面层承受车轮荷载　　B. 可不另设面层而直接承受车轮荷载

C. 不宜在混凝土中铺设钢筋网　　D. 不宜在其上面铺筑沥青表面磨耗层

9. 悬臂梁桥的结构特点是（　　）。(2020 年)

A. 悬臂跨与挂孔跨交替布置　　B. 通常为偶数跨布置

C. 多跨在中间支座处连接　　D. 悬臂跨与挂孔跨分左右布置

10. 宽度较大的大跨度桥宜采用（　　）。(2021 年)

A. 箱形简支梁　　B. 悬臂简支梁

C. 板式简支梁　　D. 肋梁式简支梁

11. 在设计桥面较宽的预应力混凝土梁桥和跨度较大的斜交桥和弯桥时，宜采用的桥梁结构为（　　）。(2022 年)

A. 简支板桥　　B. 肋梁式简支梁桥

C. 箱形简支梁桥　　D. 悬索桥

12. 墩台高度 5 ~ 7m，跨径 10m 左右的多跨桥梁，中墩应优先考虑采用（　　）。(2022 年补考)

A. 实体桥墩　　B. 空心桥墩

C. 柱式桥墩　　D. 柔性桥墩

13. 浅层土层软弱，深层土层坚硬，采用桩基础加固是为了解决地基的（　　）问题。(2022 年补考)

A. 稳定性差　　B. 承载力不足

C. 抗渗性差　　D. 不均匀沉降

14. 当桥梁墩台处表层地基土承载力不足，一定深度内有好的持力层，但基础挖量大，支撑及围堰困难，基础优先考虑（ ）。(2022 年补考)

A. 钢管柱　　B. 连续墙基础

C. 钢筋混凝土管柱　　D. 沉井基础

15. 悬索桥最重要的构件是（ ）。(2023 年)

A. 锚锭　　B. 桥塔

C. 主缆索　　D. 加劲梁

16. 大跨度吊桥的主缆索多采用（ ）。(2023 年)

A. 钢绞线束钢缆　　B. 钢丝绳钢缆

C. 封闭性钢索　　D. 平行钢丝束钢缆

(二) 多选题

1. 桥梁按承重结构划分有（ ）。(2016 年)

A. 格构桥　　B. 梁式桥

C. 拱式桥　　D. 刚架桥

E. 悬索桥

2. 以下属于桥梁下部结构的有（ ）。(2022 年)

A. 桥墩　　B. 桥台

C. 桥梁支座　　D. 墩台基础

E. 桥面构造

真题讲解

Ⅲ 涵洞工程

(一) 单选题

1. 根据地形和水流条件，涵洞的洞底纵坡应为 12%，此涵洞的基础应（ ）。(2014 年)

A. 做成连续纵坡　　B. 在底部每隔 3~5m 设防滑横墙

C. 做成阶梯形状　　D. 分段做成阶梯形

2. 跨越深沟的高路堤公路涵洞，适用的形式是（ ）。(2018 年)

A. 圆管涵　　B. 盖板涵

C. 拱涵　　D. 箱涵

3. 关于涵洞，下列说法正确的是（ ）。(2019 年)

A. 洞身的截面形式仅有圆形和矩形两类

B. 涵洞的孔径根据地质条件确定

C. 圆形管涵不采用提高节

D. 圆管涵的过水能力比盖板涵大

4. 涵洞沉降缝适宜设置在（ ）。(2020 年)

A. 涵洞和翼墙交接处　　B. 洞身范围中段

C. 进水口外缘面　　D. 端墙中心线处

5. 路基顶面高程低于横穿沟渠的水面高程时，可优先考虑设置的涵洞形式为

（　　）。(2021 年)

A. 无压式涵洞　　B. 压力式涵洞

C. 倒虹吸管涵　　D. 半压力式涵洞

6. 承载潜力较大，砌筑技术容易掌握，适用于跨越深沟或高路堤的涵洞形式是（　　）。(2023 年)

A. 箱涵　　B. 拱涵

C. 盖板涵　　D. 圆管涵

（二）多选题

1. 涵洞工程，以下说法正确的有（　　）。(2017 年)

A. 圆管涵不需设置墩台　　B. 箱涵适用于高路堤河堤

C. 圆管涵适用于低路堤　　D. 拱涵适用于跨越深沟

E. 盖板涵在结构形式方面有利于低路堤使用

2. 下列属于涵洞附属工程的有（　　）。(2022 年补考)

A. 锥体护坡　　B. 沟床铺砌

C. 路基边坡铺砌　　D. 人工水道

E. 沉降缝

三、真题解析

Ⅰ　道路工程

（一）单选题

1. **【答案】** D

【解析】 级配砾石可用于二级和二级以下公路的基层及各级公路的底基层。

2. **【答案】** D

【解析】 护肩路基中的护肩应采用当地不易风化片石砌筑，高度一般不超过 2m。

3. **【答案】** C

【解析】 砌石路基是指用不易风化的开山石料外砌、内填而成的路堤。砌石顶宽采用 0.8mm，基底面以 1∶5 向内倾斜，砌石高度为 2~15m。

4. **【答案】** D

【解析】 交通标志应设置在驾驶人员和行人易于见到，并能准确判断的醒目位置。一般安设在车辆行进方向道路的右侧或车行道上方。为保证视认性，同一地点需要设置两个以上标志时，可安装在一根立柱上，但最多不应超过四个；标志板在一根支柱上并设时，应按警告、禁令、指示的顺序，先上后下、先左后右地排列。

5. **【答案】** C

【解析】 乳化沥青碎石混合料适用于三、四级公路的沥青面层，二级公路的罩面层施工以及各级公路沥青路面的联结层或整平层。乳化沥青碎石混合料路面的沥青面层宜采用双层式，单层式只宜在少雨干燥地区或半刚性基层上使用。

6. **【答案】** A

【解析】二、三级公路为次高级路面，面层多采用沥青贯入式路面。

7.【答案】D

【解析】砌石路基当基础地质条件变化时，应分段砌筑，并设沉降缝。当地基为整体岩石时，可将地基做成台阶形。

8.【答案】C

【解析】三级公路可采用的面层类型：沥青贯入式、沥青碎石、沥青表面处治。

9.【答案】D

【解析】土质路基填挖衔接处应采取超挖回填措施。

10.【答案】C

【解析】砌石路基应每隔 15~20m 设伸缩缝一道。当基础地质条件变化时，应分段砌筑，并设沉降缝。当地基为整体岩石时，可将地基做成台阶形。

11.【答案】D

【解析】为了保证车辆在停车场停入时不致因自重分力引起滑溜，导致交通事故，要求停车场最大纵坡与通道平行方向为 1%，与通道垂直方向为 3%。出入通道的最大纵坡为 7%，一般以小于或等于 2% 为宜。

12.【答案】A

【解析】高速公路、一级公路沥青面层均应采用沥青混凝土混合料铺筑，沥青碎石混合料仅适用于过渡层及整平层。

13.【答案】D

【解析】支路采用混凝土预制块路面，其设计使用年限为 10 年。

（二）多选题

1.【答案】BD

【解析】低、中级路面一般分为土基、垫层、基层和面层四个部分。高级道路由土基、垫层、底基层、基层、联结层和面层等六部分组成。

2.【答案】ACDE

【解析】填隙碎石基层用单一尺寸的碎石作主骨料，形成嵌锁作用，用石屑填满碎石间的空隙，增加密实度和稳定性，这种结构称为填隙碎石，可用于各级公路的底基层和二级以下公路的基层。

3.【答案】BD

【解析】高级道路的结构由路基、垫层、底基层、基层、联结层和面层六部分组成。比低、中级路面多了联结层和底基层。

4.【答案】ABCE

【解析】城市道路横断面宜由机动车道、非机动车道、人行道、分车带、设施带、绿化带等组成，特殊断面还可包括应急车道、路肩和排水沟等。当快速路单向机动车道数小于 3 条时，应设不小于 3.0m 的应急车道。

5.【答案】CD

【解析】碎、砾石（泥结或级配）面层适用于四级公路中级路面。水泥混凝土面层适用于高速以及一、二级公路高级路面。沥青灌入式面层、沥青表面处治面层适用于三、四级公路次高级路面。粒石加固土面层适用于四级公路低级路面。

Ⅱ 桥梁工程

（一）单选题

1.【答案】D

【解析】框架式桥台适用于地基承载力较低、台身较高、跨径加大的桥梁。

2.【答案】B

【解析】主缆索是悬索桥的主要承重构件，可采用钢丝绳钢缆或平行钢丝束钢缆，大跨度吊桥的主缆索多采用后者。加劲梁是承受风载和其他横向水平力的主要构件。大跨度悬索桥的加劲梁均为钢结构，通常采用桁架梁和箱形梁。预应力混凝土加劲梁仅适用于跨径500mm以下的悬索桥，大多采用箱形梁。

3.【答案】B

【解析】加劲梁是承受风载和其他横向水平力的主要构件。大跨度悬索桥的加劲梁均为钢结构，通常采用桁架梁和箱形梁。

4.【答案】D

【解析】柔性墩是桥墩轻型化的途径之一，它是在多跨桥的两端设置刚性较大的桥台，中墩均为柔性墩。

5.【答案】D

【解析】斜拉桥是典型的悬索结构和梁式结构组合而成的，由主梁、拉索及索塔组成的组合结构体系。

6.【答案】C

【解析】典型的柔性墩为柔性排架桩墩，是由成排的预制钢筋混凝土沉入桩或钻孔灌注桩顶端连以钢筋混凝土盖梁组成。多用在墩台高度5~7m，跨径一般不宜超过13m的中、小型桥梁上。

7.【答案】A

【解析】管柱基础因其施工方法和工艺较为复杂，所需机械设备较多，所以较少采用。但当桥址处的地质水文条件十分复杂，如大型的深水或海中基础，特别是深水岩面不平、流速大或有潮汐影响等自然条件下，不宜修建其他类型基础时，可采用管柱基础。

8.【答案】B

【解析】在需要防水的桥梁上，当不设防水层时，可在桥面板上以厚80~100mm且带有横坡的防水混凝土作铺装层，其强度不低于行车道板混凝土强度等级，其上一般可不另设面层而直接承受车轮荷载。

9.【答案】A

【解析】悬臂梁桥结构特点是悬臂跨与挂孔跨交替布置，通常为奇数跨布置。

10.【答案】A

【解析】箱形简支梁桥主要用于预应力混凝土梁桥，尤其适用于桥面较宽的预应力混凝土桥梁结构和跨度较大的斜交桥和弯桥。

11.【答案】C

【解析】箱形简支梁桥主要用于预应力混凝土梁桥，尤其适用于桥面较宽的预应力混凝土桥梁结构和跨度较大的斜交桥和弯桥。

12.【答案】D

【解析】典型的柔性墩为柔性排架桩墩，是由成排的预制钢筋混凝土沉入桩或钻孔灌注桩顶端连以钢筋混凝土盖梁组成。多用在墩台高度 5~7m，跨径一般不宜超过 13m 的中、小型桥梁上。

13.【答案】B

【解析】当地基浅层地质较差，持力土层埋藏较深，需要采用深基础才能满足结构物对地基强度、变形和稳定性要求时，可用桩基础。

14.【答案】D

【解析】本题考查的是桥梁下部结构。当桥梁结构上部荷载较大，而表层地基土的容许承载力不足，但在一定深度下有好的持力层，扩大基础开挖工作量大，施工围堰支撑有困难，或采用桩基础受水文地质条件限制时，采用沉井基础与其他深基础相比，经济上较为合理。

15.【答案】B

【解析】桥塔是悬索桥最重要的构件。桥塔的高度主要由桥面标高和主缆索的垂跨比 f/L 确定，通常垂跨比 f/L 为 1/12~1/9。大跨度悬索桥的桥塔主要采用钢结构和钢筋混凝土结构。其结构形式可分为桁架式、刚架式和混合式三种。刚架式桥塔通常采用箱形截面。

16.【答案】D

【解析】主缆索是悬索桥的主要承重构件，可采用钢丝绳钢缆或平行钢丝束钢缆，大跨度吊桥的主缆索多采用后者。

（二）多选题

1.【答案】BCDE

【解析】桥梁的承重结构包括：梁式桥、拱式桥、刚架桥、悬索桥、组合式桥。

2.【答案】ABD

【解析】桥梁的组成与分类：（1）上部结构（也称桥跨结构）。上部结构是指桥梁结构中直接承受车辆和其他荷载，并跨越各种障碍物的结构部分。一般包括桥面构造（行车道、人行道、栏杆等）、桥梁跨越部分的承载结构和桥梁支座。（2）下部结构。下部结构是指桥梁结构中设置在地基上用于支承桥跨结构，将其荷载传递至地基的结构部分。一般包括桥墩、桥台及墩台基础。

Ⅲ　涵洞工程

（一）单选题

1.【答案】D

【解析】当洞底纵坡大于 10%时，涵洞洞身及基础应分段做成阶梯形，而且前后两段涵洞盖板或拱圈的搭接高度不得小于其厚度的 1/4。

2.【答案】C

【解析】拱涵适用于跨越深沟或高路堤。一般超载潜力较大，砌筑技术容易掌握，是一种普遍采用的涵洞形式。

3. 【答案】C

【解析】交通涵、灌水涵和涵前不允许有过高积水时，不采用提高节。圆形截面不便设置提高节，所以圆形管涵不采用提高节。

4. 【答案】A

【解析】为防止由于荷载分布不均及基底土壤性质不同引起的不均匀沉陷而导致涵洞不规则地断裂，将涵洞全长分为若干段，每段之间以及洞身与端墙之间设置沉降缝，使各段可以独自沉落而互不影响。

5. 【答案】C

【解析】新建涵洞应采用无压式涵洞；当涵前允许积水时，可采用压力式或半压力式涵洞；当路基顶面高程低于横穿沟渠的水面高程时，也可设置倒虹吸管涵。

6. 【答案】B

【解析】拱涵适用于跨越深沟或高路堤。一般超载潜力较大，砌筑技术容易掌握，是一种普遍采用的涵洞形式。

（二）多选题

1. 【答案】ADE

【解析】圆管涵受力情况和适应基础的性能较好，两端仅需设置端墙，不需设置墩台，故圬工数量少，造价低，但低路堤使用受到限制。盖板涵在结构形式方面有利于在低路堤上使用。拱涵适用于跨越深沟或高路堤。钢筋混凝土箱涵适用于软土地基。

2. 【答案】ABCD

【解析】涵洞的附属工程包括锥体护坡、河床铺砌、路基边坡铺砌及人工水道等。

第三节 地下工程的分类、组成及构造

一、名师考点

参见表 2-6。

表 2-6 本节考点

教材点		知识点
一	地下工程的分类	按地下工程的用途分类，按地下工程的存在环境及建造方式分类
二	主要地下工程组成及构造	地下交通工程、地下市政管线工程、地下工业工程、地下公共建筑工程、地下贮库工程

二、真题回顾

Ⅰ 地下工程的分类

（一）单选题

地下油库的埋深一般不少于（ ）。(2016 年)

A. 10m　　B. 15m

C. 20m　　D. 30m

（二）多选题

暂无。

Ⅱ　主要地下工程组成及构造

（一）单选题

1. 综合考虑形成和排水与通风，地下道路隧道的纵坡 i 应是（　　）。（2014 年）

A. $0.1\% \leqslant i \leqslant 1\%$　　B. $0.3\% \leqslant i \leqslant 3\%$

C. $0.4\% \leqslant i \leqslant 4\%$　　D. $0.5\% \leqslant i \leqslant 5\%$

2. 街道宽度大于 60m 时，自来水和污水管道应埋设于（　　）。（2014 年）

A. 分车带　　B. 街道内两侧

C. 人行道　　D. 行车道

3. 影响地下铁路建设决策的主要因素是（　　）。（2015 年）

A. 城市交通现状　　B. 城市规模

C. 人口数量　　D. 经济实力

4. 一般地下食品贮库应布置在（　　）。（2015 年）

A. 距离城区 10km 以外　　B. 距离城区 10km 以内

C. 居住区内的城市交通干道上　　D. 居住区外的城市交通干道上

5. 一般圆管涵的纵坡不超过（　　）。（2016 年）

A. 0.4%　　B. 2%

C. 5%　　D. 10%

6. 在我国，无论是南方还是北方，市政管线埋深均超过 1.5m 的是（　　）。（2016 年）

A. 给水管道　　B. 排水管道

C. 热力管道　　D. 电力管道

7. 优先发展道路交叉口型地下综合体，其主要目的是考虑（　　）。（2017 年）

A. 商业设施布点与发展　　B. 民防因素

C. 市政道路改造　　D. 解决人行过街交通

8. 地铁车站的通过能力应按该站远期超高峰设计客流量确定。超高峰设计客流量为该站预测远期高峰小时客流量的（　　）。（2017 年）

A. 1.1~1.4 倍　　B. 1.1~1.5 倍

C. 1.2~1.4 倍　　D. 1.2~1.5 倍

9. 地铁的土建工程可一次建成，也可分期建设，但以下设施中，宜一次建成的是（　　）。（2018 年）

A. 地面车站　　B. 地下车站

C. 高架车站　　D. 地面建筑

10. 城市地下综合管廊建设中，明显增加工程造价的管线布置为（　　）。（2018 年）

A. 电力、电信线路　　B. 燃气管路

C. 给水管路　D. 污水管路

11. 城市交通建设地下铁路的根本决策依据是（　　）。（2019 年）

A. 地形与地质条件　B. 城市交通现状

C. 公共财政预算收入　D. 市民的广泛诉求

12. 市政支线共同沟应设置于（　　）。（2019 年）

A. 道路中央下方　B. 人行道下方

C. 非机车道下方　D. 分隔带下方

13. 地铁车站中不宜分期建成的是（　　）。（2020 年）

A. 地面站的土建工程　B. 高架车站的土建工程

C. 车站地面建筑物　D. 地下车站的土建工程

14. 地下批发总贮库的布置应优先考虑（　　）。（2020 年）

A. 尽可能靠近铁路干线　B. 与铁路干线有一定距离

C. 尽可能接近生活居住区中心　D. 尽可能接近地面销售分布密集区域

15. 地铁车站的主体除站台、站厅外，还应包括的内容为（　　）。（2021 年）

A. 设备用房　B. 通风道

C. 地面通风亭　D. 出入口及通道

16. 将地面交通枢纽与地下交通枢纽有机组合，联合开发建设的大型地下综合体，其类型属于（　　）。（2021 年）

A. 道路交叉口型　B. 站前广场型

C. 副都心型　D. 中心广场型

17. 设计城市地下管网时，常规做法是在人行道下方设置（　　）。（2022 年）

A. 热力管网　B. 自来水管道

C. 污水管道　D. 煤气管道

18. 市政的缆线共同沟应埋设在街道的（　　）。（2022 年）

A. 建筑物与红线之间地带下方　B. 分车带下方

C. 中心线下方　D. 人行道下方

19. 下列城市管线中，进入共同沟将增加共同沟工程造价的是（　　）。（2022 年补考）

A. 煤气管道　B. 电信管线

C. 空调管线　D. 雨水管道

20. 下列地下贮库中，大多设在郊区或码头附近的是（　　）。（2022 年补考）

A. 地下冷库　B. 一般食品库

C. 一般性综合贮库　D. 危险品库

21. 以下属于地下道路的建筑限界指标的为（　　）。（2023 年）

A. 富余量　B. 人行道净高

C. 施工允许误差　D. 照明设备所需空间

22. 按照其功能定位，浅埋在人行道下，空间断面较小，不设通风、监控等设备的共同沟是（　　）。（2023 年）

A. 干线共同沟　B. 支线共同沟

C. 缆线共同沟　　D. 主线共同沟

（二）多选题

暂无。

三、真题解析

Ⅰ　地下工程的分类

（一）单选题

【答案】D

【解析】按开挖深度分为三类：浅层地下工程（地表至-10m）、中层地下工程（-30~-10m）和深层地下工程（-30m 以下）。深层地下工程主要是指在-30m 以下建设的地下工程，如高速地下交通轨道、危险品仓库、冷库、油库等。

（二）多选题

暂无。

Ⅱ　主要地下工程组成及构造

（一）单选题

1.【答案】B

【解析】综合排水、通风等各方面要求，地下道路隧道的纵坡通常应不小于 0.3%，并不大于 3%。

2.【答案】B

【解析】街道宽度超过 60m 时，自来水和污水管道都应设在街道内两侧。

3.【答案】D

【解析】地铁的建设投资巨大，真正制约地下铁路建设的因素是经济性问题。

4.【答案】D

【解析】一般地下食品贮库布置的基本要求是：应布置在城市交通干道上，不要设置在居住区。

5.【答案】C

【解析】洞底应有适当的纵坡，其最小值为 0.4%，一般不宜大于 5%，特别是圆管涵的纵坡不宜过大，以免管壁受急流冲刷。

6.【答案】B

【解析】按管线覆土深度分类。一般以管线覆土深度超过 1.5m 作为划分深埋和浅埋的分界线。在北方寒冷地区，由于冰冻线较深，给水、排水以及含有水分的煤气管道，需深埋敷设；而热力管道、电力、电信线路不受冰冻的影响，可以采用浅埋敷设。在南方地区，由于冰冻线不存在或较浅，给水等管道也可以浅埋，而排水管道需要有一定的坡度要求，排水管道往往处于深埋状况。

7.【答案】D

【解析】道路交叉口型。即在城市中心区路面交通繁忙的道路交叉地带，以解决人行过街交通为主，适当设置一些商业设施，考虑民防因素，综合市政道路的改造，建设中小型初级的地下综合体。

8. 【答案】A

【解析】超高峰设计客流量为该站预测远期高峰小时客流量，或客流控制时期的高峰小时客流量的 1.1~1.4 倍。

9. 【答案】B

【解析】地下车站的土建工程宜一次建成。地面车站、高架车站及地面建筑可分期建设。

10. 【答案】D

【解析】共同沟中收容的各种管线是共同沟的核心和关键，共同沟发展的早期，以收容电力、电信、煤气、供水、污水为主，目前原则上各种城市管线都可以进入共同沟，如空调管线、垃圾真空运输管线等，但对于雨水管、污水管等各种重力流管线，进入共同沟将增加共同沟的造价，应慎重对待。

11. 【答案】C

【解析】地铁主要服务于城市中心城区和城市总体规划确定的重点地区，申报建设地铁的城市，一般公共财政预算收入应在 300 亿元以上，地区生产总值在 3000 亿元以上，市区常住人口在 300 万人以上。申报条件将根据经济社会发展情况按程序适时调整。

12. 【答案】B

【解析】支线共同沟主要收容城市中的各种供给支线，为干线共同沟和终端用户之间联系的通道，设于人行道下，管线为通信、有线电视、电力、燃气、自来水等，结构断面以矩形居多。特点为有效断面较小，施工费用较少，系统稳定性和安全性较高。

13. 【答案】D

【解析】地下车站的土建工程宜一次建成。地面车站、高架车站及地面建筑可分期建设。

14. 【答案】B

【解析】贮库最好布置在居住用地之外，离车站不远，以便把铁路支线引至贮库所在地。大库区以及批发和燃料总库，必须考虑铁路运输。贮库不应直接沿铁路干线两侧布置，尤其是地下部分，最好布置在生活居住区的边缘地带，同铁路干线有一定的距离。

15. 【答案】A

【解析】地铁车站通常由车站主体（站台、站厅、设备用房、生活用房）、出入口及通道、通风道及地面通风亭三大部分组成。

16. 【答案】B

【解析】站前广场型是在大城市的大型交通枢纽地带，结合该区域的改造、更新，进行整体设计、联合开发建设的大中型地下综合体。在综合体内，可将地面交通枢纽与地下交通枢纽有机组合，适当增设商业设施，充分利用商业赢利来补贴其他市政公用设施，通过加设一些供乘客休息、娱乐、观赏的小型防灾广场等，以满足地下活动人员的各种需要。

17. 【答案】A

【解析】一些常规做法如下：建筑物与红线之间的地带，用于敷设电缆；人行道用于敷设热力管网或通行式综合管道；分车带用于敷设自来水、污水、煤气管及照明电缆；

街道宽度超过 60m 时，自来水和污水管道都应设在街道内两侧；在小区范围内，地下工程管网多数应走专门的地方。

18. 【答案】D

【解析】缆线共同沟：埋设在人行道下，管线有电力、通信、有线电视等，直接供应各终端用户。

19. 【答案】D

【解析】本题考查的是地下市政管线工程。对于雨水管、污水管等各种重力流管线，进入共同沟将增加共同沟的造价，应慎重对待。

20. 【答案】A

【解析】本题考查的是主要地下工程组成及构造。一般食品库布置的基本要求是：应布置在城市交通干道上，不要在居住区内设置；地下贮库洞口（或出入口）的周围，不能设置对环境有污染的各种贮库；性质类似的食品贮库，尽量集中布置在一起；冷库的设备多、容积大，需要铁路运输，一般多设在郊区或码头附近。

21. 【答案】B

【解析】地下道路的建筑限界包括车道、路肩、路缘带、人行道等的宽度以及车道、人行道的净高。

22. 【答案】C

【解析】缆线共同沟埋设在人行道下，管线有电力、通信、有线电视等，直接供应各终端用户。其特点为空间断面较小，埋深浅，建设施工费用较少，不设通风、监控等设备，在维护及管理上较为简单。

（二）多选题

暂无。

第三章　工程材料

一、本章概览

参见图 3-1。

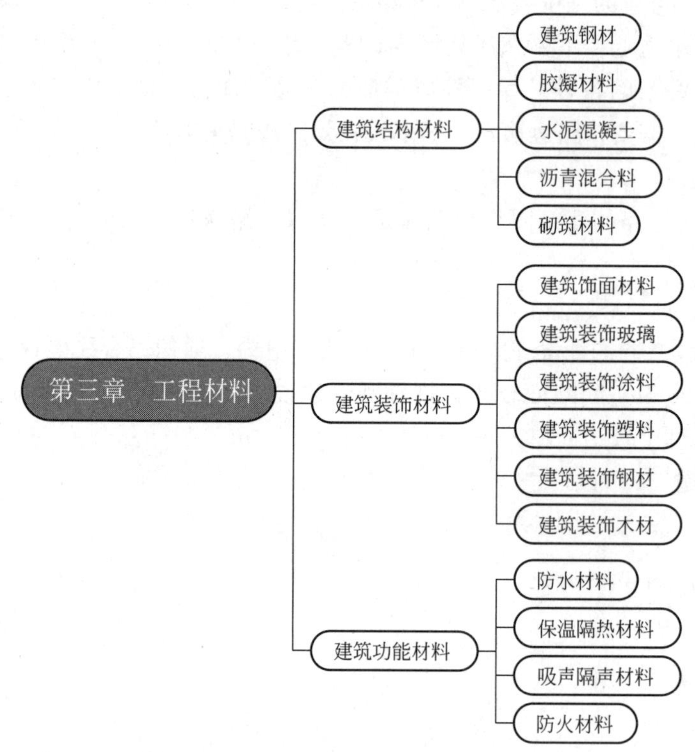

图 3-1　本章知识概览

二、考情分析

参见表 3-1。

表 3-1　本章考情分析

考试年度	2023 年				2022 年				2021 年			
题目类型	单选题		多选题		单选题		多选题		单选题		多选题	
第一节　建筑结构材料	5 道	5 分	2 道	4 分	5 道	5 分	2 道	4 分	5 道	5 分	2 道	4 分

续表

考试年度	2023 年				2022 年				2021 年			
题目类型	单选题		多选题		单选题		多选题		单选题		多选题	
第二节　建筑装饰材料	1 道	1 分	2 道	4 分	2 道	2 分	2 道	4 分	2 道	2 分	2 道	4 分
第三节　建筑功能材料	2 道	2 分	0 道	0 分	1 道	1 分	0 道	0 分	1 道	1 分	0 道	0 分
本章小计	8 道	8 分	4 道	8 分	8 道	8 分	4 道	8 分	8 道	8 分	4 道	8 分
本章得分	16 分				16 分				16 分			

第一节　建筑结构材料

一、名师考点

参见表 3-2。

表 3-2　本节考点

教材点		知识点
一	建筑钢材	常用的建筑钢材、钢材的性能及化学成分
二	胶凝材料	水泥、沥青
三	水泥混凝土	普通混凝土组成材料、普通混凝土的技术性质、普通混凝土配合比设计、特种混凝土
四	沥青混合料	材料组成与结构、沥青混合料的技术性质
五	砌筑材料	砖、砌块、砌筑砂浆

二、真题回顾

Ⅰ　建筑钢材

（一）单选题

1. 钢材的屈强比愈小，则（　　）。（2016 年）

A. 结构的安全性愈高，钢材的有效利用率愈低

B. 结构的安全性愈高，钢材的有效利用率愈高

C. 结构的安全性愈低，钢材的有效利用率愈低

D. 结构的安全性愈低，钢材的有效利用率愈高

2. 对于钢材的塑性变形及伸长率，以下说法正确的是（　　）。（2017 年）

A. 塑性变形在标距内分布是均匀的

B. 伸长率的大小与标距长度有关

C. 离颈缩部位越远变形越大

D. 同一种钢材，δ_5 应小于 δ_{10}

3. 大型屋架、大跨度桥梁等大负荷预应力混凝土结构中应优先选用（　　）。(2018 年)

A. 冷轧带肋钢筋　　B. 预应力混凝土钢绞线

C. 冷拉热轧钢筋　　D. 冷拔低碳钢丝

4. 钢材 CDW550 主要用于（　　）。(2019 年)

A. 地铁钢轨　　B. 预应力钢筋

C. 吊车梁主筋　　D. 构造钢筋

5. 制作预应力混凝土轨枕采用的预应力混凝土钢材应为（　　）。(2020 年)

A. 钢丝　　B. 钢绞线

C. 热处理钢筋　　D. 冷轧带肋钢筋

6. 钢筋强屈比越大，则（　　）。(2021 年)

A. 结构安全性越好　　B. 结构安全性越差

C. 利用率越高　　D. 冲击韧性越差

真题讲解

7. 下列冷轧带肋钢筋中，既可用于普通钢筋混凝土用钢筋，也可以用于预应力混凝土用结构钢筋的是（　　）。(2022 年)

A. CRB650　　B. CRB880

C. CRB680H　　D. CRB800H

8. 适用于大跨度屋架、薄腹梁、吊车梁等大型构件的钢材是（　　）。(2022 年补考)

A. 冷轧带肋钢筋　　B. 冷拔低碳钢筋

C. 预应力混凝土热处理钢筋　　D. 预应力钢丝与钢绞线

真题讲解

9. 下列技术指标中，影响钢材塑性变形能力的是（　　）。(2022 年补考)

A. 伸长率　　B. 抗拉强度

C. 屈服强度　　D. 布氏硬度值

10. 下列热轧钢筋中，抗拉强度最高的是（　　）。(2023 年)

A. HPB300　　B. HRB400

C. HRB600　　D. HRBF500E

11. 下列钢材的化学成分中，决定钢材性质的主要元素是（　　）。(2023 年)

A. 碳　　B. 硫

C. 磷　　D. 氧

（二）多选题

1. 预应力混凝土结构构件中，可使用的钢材包括各种（　　）。(2015 年)

A. 冷轧带肋钢筋　　B. 冷拔低碳钢丝

C. 热处理钢筋　　D. 冷拉钢丝

E. 消除应力钢丝

2. 常用于普通钢筋混凝土的冷轧带肋钢筋有（　　）。(2019 年)

A. CRB650　　B. CRB800

C. CRB550　　D. CRB600H

E. CRB680H

3. 表征钢材抗拉性能的技术指标主要有（　　）。(2020 年)

A. 屈服强度　　B. 冲击韧性

C. 抗拉强度　　D. 硬度

E. 伸长率

4. 以下哪些材料可以用于预应力钢筋（　　）。(2021 年)

A. CRB600H　　B. CRB680H

C. CRB800H　　D. CRB650

E. CRB800

5. 下列钢材性能技术指标，表示抗拉性能的有（　　）。(2023 年)

A. 伸长率　　B. 硬度值

C. 屈服强度　　D. 抗拉强度

E. 冲击韧性值

Ⅱ　胶凝材料

(一) 单选题

1. 受反复冰冻的混凝土结构应选用（　　）。(2014 年)

A. 普通硅酸盐水泥　　B. 矿渣硅酸盐水泥

C. 火山灰质硅酸盐水泥　　D. 粉煤灰硅酸盐水泥

2. 通常要求普通硅酸盐水泥的初凝时间和终凝时间（　　）。(2016 年)

A. >45mim 和>10h　　B. ≥45min 和≤10h

C. <45min 和<10h　　D. ≤45min 和≥10h

3. 配制冬期施工和抗硫酸盐腐蚀施工的混凝土的水泥宜采用（　　）。(2018 年)

A. 铝酸盐水泥　　B. 硅酸盐水泥

C. 普通硅酸盐水泥　　D. 矿渣硅酸盐水泥

4. 有耐火要求的混凝土应采用（　　）。(2019 年)

A. 硅酸盐水泥　　B. 普通硅酸盐水泥

C. 矿渣硅酸盐水泥　　D. 火山灰质硅酸盐水泥

5. 高等级公路路面铺筑应选用（　　）。(2019 年)

A. 树脂改性沥青　　B. SBS 改性沥青

C. 橡胶树脂改性沥青　　D. 矿物填充料改性沥青

6. 水泥强度是指（　　）。(2020 年)

A. 水泥净浆的强度　　B. 水泥胶浆的强度

C. 水泥混凝土的强度　　D. 水泥砂浆砂石强度

7. 耐酸、耐碱、耐热和绝缘的沥青制品应选用（　　）。(2020 年)

A. 滑石粉填充改性沥青　　B. 石灰石粉填充改性沥青

C. 硅藻土填充改性沥青　　D. 树脂改性沥青

8. 高温车间主体结构的混凝土配制优先选用的水泥品牌为（ ）。(2021 年)

A. 粉煤灰普通硅酸盐水泥　　B. 普通硅酸盐水泥

C. 硅酸盐水泥　　D. 矿渣硅酸盐水泥

9. 橡胶改性沥青中既具有良好的耐高温，又具有优异低温特性和耐疲劳性的是（ ）。(2021 年)

A. 丁基橡胶　　B. 氯丁橡胶

C. SBS 改性沥青　　D. 再生橡胶

10. 决定石油沥青温度敏感性和黏性的重要组分是（ ）。(2022 年)

A. 油分　　B. 树脂

C. 沥青质　　D. 沥青碳

11. 下列常见水泥中，耐热性较好的是（ ）。(2022 年补考)

A. 普通硅酸盐水泥　　B. 矿渣硅酸盐水泥

C. 火山灰质硅酸盐水泥　　D. 粉煤灰硅酸盐水泥

12. 反映沥青温度敏感性的重要指标是（ ）。(2023 年)

A. 延度　　B. 针入度

C. 相对黏度　　D. 软化点

（二）多选题

1. 有抗化学侵蚀要求的混凝土多使用（ ）。(2015 年)

A. 硅酸盐水泥　　B. 普通硅酸盐水泥

C. 矿渣硅酸盐水泥　　D. 火山灰质硅酸盐水泥

E. 粉煤灰硅酸盐水泥

2. 干缩性较小的水泥有（ ）。(2020 年)

A. 硅酸盐水泥　　B. 普通硅酸盐水泥

C. 矿渣硅酸盐水泥　　D. 火山灰质硅酸盐水泥

E. 粉煤灰硅酸盐水泥

3. 下列常用水泥中，适用于大体积混凝土工程的有（ ）。(2022 年)

A. 硅酸盐水泥　　B. 普通硅酸盐水泥

C. 矿渣硅酸盐水泥　　D. 火山灰硅酸盐水泥

E. 粉煤灰硅酸盐水泥

4. 水化热较小的硅酸盐水泥有（ ）。(2023 年)

A. 硅酸盐水泥　　B. 普通硅酸盐水泥

C. 粉煤灰硅酸盐水泥　　D. 矿渣硅酸盐水泥

E. 火山灰硅酸盐水泥

真题讲解

Ⅲ 水泥混凝土

（一）单选题

1. 用于普通混凝土的砂，最佳的细度模数为（ ）。(2015 年)

A. 3.7~3.1　　B. 3.0~2.3

C. 2.2~1.6　　D. 1.5~1.0

2. 分两层摊铺的碾压混凝土，下层碾压混凝土的最大粒径不应超过（　　）。（2015年）

A. 20mm　　B. 30mm

C. 40mm　　D. 60mm

3. 与普通混凝土相比，高强度混凝土的特点是（　　）。（2015年）

A. 早期强度低，后期强度高　　B. 徐变引起的应力损失大

C. 耐久性好　　D. 延展性好

4. 使用膨胀水泥主要是为了提高混凝土的（　　）。（2016年）

A. 抗压强度　　B. 抗碳化

C. 抗冻性　　D. 抗渗性

5. 对混凝土抗渗性起决定作用的是（　　）。（2017年）

A. 混凝土内部孔隙特性　　B. 水泥强度和品质

C. 混凝土水灰比　　D. 养护的温度和湿度

6. 在砂用量相同的情况下，若砂子过细，则拌制的混凝土（　　）。（2018年）

A. 黏聚性差　　B. 易产生离析现象

C. 易产生泌水现象　　D. 水泥用量大

7. 在正常的水量条件下，配制泵送混凝土宜掺入适量（　　）。（2018年）

A. 氯盐早强剂　　B. 硫酸盐早强剂

C. 高效减水剂　　D. 硫铝酸钙膨胀剂

8. 关于混凝土泵送剂，说法正确的是（　　）。（2020年）

A. 应用泵送剂温度不宜高于25℃

B. 过量掺入泵送剂不会造成堵泵现象

C. 宜用于蒸汽养护混凝土

D. 泵送剂包含缓凝及减水组分

9. 下列关于粗骨料颗粒级配说法正确的是（　　）。（2022年）

A. 混凝土间断级配比连续级配和易性好

B. 混凝土连续级配比间断级配易离析

C. 相比于间断级配，混凝土连续级配适用于机械振捣流动性低的干硬性拌合物

D. 连续级配是现浇混凝土最常用的级配形式

10. 既可以提高物理流变性能又可以提高耐久性的外加剂是（　　）。（2022年）

A. 速凝剂　　B. 引气剂

C. 缓凝剂　　D. 加气剂

11. 确定混凝土强度等级的依据是（　　）。（2022年补考）

A. 立方体抗压强度　　B. 立方体抗压强度标准值

C. 劈裂抗拉强度　　D. 立方体抗拉强度

12. 影响混凝土抗渗性的决定因素是（　　）。（2022年补考）

A. 水灰比　　B. 外加剂

C. 水泥品种　　D. 骨料的粒径

13. 在抢修工程和冬期施工用混凝土中宜加入的外加剂是（　　）。（2023 年）

A. 引气剂　　B. 早强剂

C. 防水剂　　D. 泵送剂

14. 设计工作年限为 50 年的钢筋混凝土构件，其混凝土强度等级不应低于（　　）。（2023 年）

A. C20　　B. C25

C. C30　　D. C40

（二）多选题

1. 混凝土的耐久性主要体现在（　　）。（2015 年）

A. 抗压强度　　B. 抗折强度

C. 抗冻等级　　D. 抗渗等级

E. 混凝土碳化

2. 高强混凝土与普通混凝土相比，说法正确的有（　　）。（2017 年）

A. 高强混凝土的延性比普通混凝土好

B. 高强混凝土的抗压能力优于普通混凝土

C. 高强混凝土抗拉强度与抗压强度的比值低于普通混凝土

D. 高强混凝土的最终收缩量与普通混凝土大体相同

E. 高强混凝土的耐久性优于普通混凝土

3. 提高混凝土耐久性的措施有（　　）。（2018 年）

A. 提高水泥用量　　B. 合理选用水泥品种

C. 控制水灰比　　D. 提高砂率

E. 掺用合适的外加剂

4. 与普通混凝土相比，高性能混凝土的明显特性有（　　）。（2018 年）

A. 体积稳定性好　　B. 耐久性好

C. 早期强度发展慢　　D. 抗压强度高

E. 自密实性差

5. 选定了水泥、砂子和石子的品种后，混凝土配合比设计实质上是要确定（　　）。（2019 年）

A. 石子颗粒级配　　B. 水灰比

C. 灰砂比　　D. 单位用水量

E. 砂率

6. 混凝土耐久性的主要性能指标包括（　　）。（2021 年）

A. 保水性　　B. 抗冻性

C. 抗渗性　　D. 抗侵蚀性

E. 抗碳化

7. 以下哪种材料适合于室内外环境（　　）。（2021 年）

A. 墙地砖　　B. 高档釉面砖

C. 一级釉面砖　　D. 陶瓷锦砖

E. 瓷质砖

8. 关于高性能混凝土，下列说法正确的有（　　）。(2022 年)

A. 体积稳定性好

B. 可减少结构断面，降低钢筋用量

C. 耐高温性好

D. 早期收缩率随着早期强度提高而增大

E. 具有较高的密实性和抗渗性

9. 可以改善混凝土拌合物流变性能的外加剂有（　　）。(2022 年补考)

A. 减水剂　　B. 防水剂

C. 缓凝剂　　D. 引气剂

E. 泵送剂

Ⅳ　沥青混合料

(一) 单选题

沥青路面的面层集料采用玄武岩碎石主要是为了保证路面的（　　）。(2020 年)

A. 高温稳定性　　B. 低温抗裂性

C. 抗滑性　　D. 耐久性

(二) 多选题

常用于测试评定沥青混合料高温稳定性的方法有（　　）。(2022 年补考)

A. 弯拉破坏试验法　　B. 马歇尔试验法

C. 低频疲劳试验法　　D. 史密斯三轴试验法

E. 无侧限抗压强度试验法

Ⅴ　砌筑材料

(一) 单选题

1. MU10 蒸压灰砂砖可用于的建筑部位是（　　）。(2018 年)

A. 基础底面以上　　B. 有酸性介质侵蚀

C. 冷热交替　　D. 防潮层以上

2. 烧结多孔砖的孔洞率不应小于（　　）。(2019 年)

A. 20%　　B. 25%

C. 30%　　D. 40%

3. 地下砖基础可以用哪种材料（　　）。(2021 年)

A. 蒸养砖　　B. 空心砖

C. 烧结空心砖　　D. 烧结实心砖

(二) 多选题

烧结普通砖的耐久性指标包括（　　）。(2016 年)

A. 抗风化性　　B. 抗侵蚀性

C. 抗碳化性　　D. 泛霜

E. 石灰爆裂

三、真题解析

I 建筑钢材

（一）单选题

1.【答案】A

【解析】屈服强度与抗拉强度的比称为屈强比。屈强比愈小，反映钢材受力超过屈服点工作时的可靠性愈大，因而结构的安全性愈高。但屈强比太小，则反映钢材不能有效地被利用。

2.【答案】B

【解析】伸长率表征了钢材的塑性变形能力。伸长率的大小与标距长度有关。塑性变形在标距内的分布是不均匀的，颈缩处的伸长较大，离颈缩部位越远变形越小。因此，原标距与试件的直径之比越大，颈缩处伸长值在整个伸长值中的比重越小，计算伸长率越小。对同一种钢材，δ_5 应大于 δ_{10}。

3.【答案】B

【解析】预应力钢丝与钢绞线均属于冷加工强化及热处理钢材，拉伸试验时无屈服点，但抗拉强度远远超过热轧钢筋和冷轧钢筋，并具有很好的柔韧性，应力松弛率低，适用于大荷载、大跨度及需要曲线配筋的预应力混凝土结构，如大跨度屋架、薄腹梁、吊车梁等大型构件的预应力结构。

4.【答案】D

【解析】冷拔低碳钢丝只有 CDW550 一个牌号，冷拔低碳钢丝宜作为构造钢筋使用，作为结构构件中纵向受力钢筋使用时应采用钢丝焊接网。冷拔低碳钢丝不得作预应力钢筋使用。

5.【答案】C

【解析】热处理钢筋主要用作预应力钢筋混凝土轨枕，也可以用于预应力混凝土板、吊车梁等构件。

6.【答案】A

【解析】强屈比越大，反映钢材受力超过屈服点工作时的可靠性越大，因而结构的安全性越高。但强屈比太大，则反映钢材不能有效地被利用。

7.【答案】C

【解析】根据现行国家标准《冷轧带肋钢筋》GB/T 13788 的规定，冷轧带肋钢筋分为 CRB550、CRB650、CRB800、CRB600H、CRB680H、CRB800H 六个牌号。CRB550、CRB600H 为普通钢筋混凝土用钢筋，CRB650、CRB800、CRB800H 为预应力混凝土用钢筋，CRB680H 既可作为普通钢筋凝土用钢筋，也可作为预应力混凝土用钢筋。

8.【答案】D

【解析】本题考查的是常用的建筑钢材。预应力钢丝与钢绞线均属于冷加工强化及热处理钢材，拉伸试验时无屈服点，但抗拉强度远远超过热轧钢筋和冷轧钢筋，并具有很好的柔韧性，应力松弛率低，适用于大荷载、大跨度及需要曲线配筋的预应力混凝土结构，如大跨度屋架、薄腹梁、吊车梁等大型构件的预应力结构。

9. **【答案】** A

【解析】 伸长率表征了钢材的塑性变形能力。

10. **【答案】** C

【解析】 热轧钢筋的品种及技术要求应符合表 3-3 的规定。

表 3-3　　热轧钢筋的技术要求

<table>
<tr><td rowspan="2">表面形状</td><td rowspan="2">牌号</td><td rowspan="2">公称直径
（mm）</td><td>下屈服强度 R_{eL}
（MPa）</td><td>抗拉强度 R_m
（MPa）</td><td>断后伸长率
A（%）</td><td>最大总伸长率
A_{gt}（%）</td><td rowspan="2">冷弯试验 180°
（d—弯心直径；
a—公称直径）</td></tr>
<tr><td colspan="4">不小于</td></tr>
<tr><td>光圆</td><td>HPB300</td><td>6.0~22</td><td>300</td><td>420</td><td>25</td><td>10</td><td>$d=a$</td></tr>
<tr><td rowspan="5">带肋</td><td>HRB400
HRBF400</td><td rowspan="2">6~25
28~40
>40~50</td><td rowspan="2">400</td><td rowspan="2">540</td><td>16</td><td>7.5</td><td rowspan="2">$d=4a$
$d=5a$
$d=6a$</td></tr>
<tr><td>HRB400E
HRBF400E</td><td>—</td><td>9.0</td></tr>
<tr><td>HRB500
HRBF500</td><td rowspan="2">6~25
28~40
>40~50</td><td rowspan="2">500</td><td rowspan="2">630</td><td>15</td><td>7.5</td><td rowspan="2">$d=6a$
$d=7a$
$d=8a$</td></tr>
<tr><td>HRB500E
HRBF500E</td><td>—</td><td>9.0</td></tr>
<tr><td>HRB600</td><td>6~25
28~40
>40~50</td><td>600</td><td>730</td><td>14</td><td>7.5</td><td>$d=6a$
$d=7a$
$d=8a$</td></tr>
</table>

11. **【答案】** A

【解析】 碳是决定钢材性质的重要元素。土木建筑工程用钢材含碳量一般不大于 0.8%。

（二）多选题

1. **【答案】** CDE

【解析】 热处理钢筋是钢厂将热轧的带肋钢筋（中碳低合金钢）经淬火和高温回火调制处理而成的，即以热处理状态交货，成盘供应，每盘长约 200m。热处理钢筋强度高，用材料省，锚固性好，预应力稳定，主要用作预应力钢筋混凝土轨枕，也可以用于预应力混凝土板、吊车梁等构件。预应力混凝土钢丝是用优质碳素结构钢经冷加工及时效处理或热处理等工艺过程制得的，具有很高的强度，安全可靠，便于施工，预应力混凝土用钢丝按照加工状态分为冷拉钢丝和消除应力钢丝。

2. **【答案】** CDE

【解析】 根据现行国家标准《冷轧带肋钢筋》GB/T 13788 规定，冷轧带肋钢筋分为 CRB550、CRB650、CRB800、CRB600H、CRB680H、CRB800H 六个牌号。CRB550、CRB600H 为普通钢筋混凝土用钢筋，CRB650、CRB800、CRB800H 为预应力混凝土用钢筋，CRB680H 既可作为普通钢筋混凝土用钢筋，也可作为预应力混凝土用钢筋。

3.【答案】ACE

【解析】抗拉性能是钢材的最主要性能，表征其性能的技术指标主要是屈服强度、抗拉强度和伸长率。

4.【答案】BCDE

【解析】冷轧带肋钢筋 CRB550、CRB600H 为普通钢筋混凝土用钢筋，CRB650、CRB800、CRB800H 为预应力混凝土用钢筋，CRB680H 既可作为普通钢筋混凝土用钢筋，也可作为预应力混凝土用钢筋。

5.【答案】ACD

【解析】抗拉性能是钢材的最主要性能，表征其性能的技术指标主要是屈服强度、抗拉强度和伸长率。

Ⅱ 胶凝材料

（一）单选题

1.【答案】A

【解析】普通硅酸盐水泥适用于早期强度较高、凝结快、冬期施工及严寒地区受反复冻融的工程。

2.【答案】B

【解析】硅酸盐水泥初凝时间不得早于（即≥）45min，终凝时间不得迟于（即≤）6.5h；普通硅酸盐水泥初凝时间不得早于（即≥）45min，终凝时间不得迟于（即≤）10h。

3.【答案】A

【解析】铝酸盐水泥可用于配制不定型耐火材料；与耐火粗细集料（如铬铁矿等）可制成耐高温的耐热混凝土；用于工期紧急的工程，如国防、道路和特殊抢修工程等；也可用于抗硫酸盐腐蚀的工程和冬期施工的工程。

4.【答案】C

【解析】矿渣硅酸盐水泥适用于高温车间和有耐热、耐火要求的混凝土结构。

5.【答案】B

【解析】SBS 改性沥青具有良好的耐高温性、优异的低温柔性和耐疲劳性，主要用于制作防水卷材和铺筑高等级公路路面等。

6.【答案】B

【解析】水泥强度是指胶浆的强度而不是净浆的强度，它是评定水泥强度等级的依据。

7.【答案】A

【解析】滑石粉亲油性好（憎水），易被沥青润湿，可直接混入沥青中，以提高沥青的机械强度和抗老化性能，可用于具有耐酸、耐碱、耐热和绝缘性能的沥青制品中。

8.【答案】D

【解析】矿渣硅酸盐水泥适用于高温车间和有耐热、耐火要求的混凝土结构。

9.【答案】C

【解析】SBS 改性沥青具有良好的耐高温性、优异的低温柔性和耐疲劳性，是目前应用最成功和用量最大的一种改性沥青。主要用于制作防水卷材和铺筑高等级公路路面等。

10.【答案】C

【解析】地沥青质（沥青质）是决定石油沥青温度敏感性、黏性的重要组成部分，其含量越多，则软化点越高；黏性越大，则越硬脆。

11.【答案】B

【解析】本题考查的是胶凝材料。矿渣硅酸盐水泥耐热性较好。

12.【答案】D

【解析】沥青软化点是反映沥青温度敏感性的重要指标，一般采用环球法软化点仪测定沥青软化点。

（二）多选题

1.【答案】CDE

【解析】硅酸盐水泥和普通硅酸盐水泥不适用于受化学侵蚀、压力水作用及海水侵蚀的工程。

2.【答案】ABE

【解析】干缩性较小的水泥有硅酸盐水泥、普通硅酸盐水泥、粉煤灰硅酸盐水泥。

3.【答案】CDE

【解析】适用于大体积混凝土工程的有矿渣硅酸盐水泥、火山灰硅酸盐水泥、粉煤灰硅酸盐水泥。

4.【答案】CDE

【解析】水化热较小的硅酸盐水泥有粉煤灰硅酸盐水泥、矿渣硅酸盐水泥、火山灰硅酸盐水泥。详见常用水泥的特性及适用范围（表）。

Ⅲ　水泥混凝土

（一）单选题

1.【答案】B

【解析】砂按细度模数分为粗、中、细三种规格：3.7～3.1 为粗砂，3.0～2.3 为中砂，2.2～1.6 为细砂。粗、中、细砂均可作为普通混凝土用砂，但以中砂为佳。

2.【答案】C

【解析】由于碾压混凝土用水量低，较大的骨料粒径会引起混凝土离析并影响混凝土外观，最大粒径以 20mm 为宜，当碾压混凝土分两层摊铺时，其下层集料最大粒径采用 40mm。

3.【答案】C

【解析】混凝土的耐久性包括抗渗性、抗冻性、耐磨性及抗侵蚀性等。高强度混凝土在这些方面的性能均明显优于普通混凝土，尤其是外加矿物掺合料的高强度混凝土，其耐久性进一步提高。

4.【答案】D

【解析】使用膨胀水泥（或掺用膨胀剂）可以提高混凝土密实度，提高抗渗性。

5.【答案】C

【解析】混凝土水灰比对抗渗性起决定性的作用。

6.【答案】D

【解析】若砂子过细，砂子的总表面积增大，虽然拌制的混凝土黏聚性较好，不易产生离析、泌水现象，但水泥用量增大。

7.【答案】C

【解析】混凝土掺入减水剂的技术经济效果：保持坍落度不变，掺减水剂可降低单位混凝土用水量5%~25%，提高混凝土早期强度，同时改善混凝土的密实度，提高耐久性；保持用水量不变，掺减水剂可增大混凝土坍落度100~200mm，能满足泵送混凝土的施工要求；保持强度不变，掺减水剂可节约水泥用量5%~20%。

8.【答案】D

【解析】选项A错误，应用泵送剂温度不宜高于35℃；选项B错误，掺泵送剂过量可能造成堵泵现象；选项C错误，泵送剂不宜用于蒸汽养护混凝土和蒸压养护的预制混凝土。

9.【答案】D

【解析】连续级配是指颗粒的尺寸由大到小连续分级，其中每一级石子都占适当的比例。连续级配比间断级配水泥用量稍多，但其拌制的混凝土流动性和黏聚性均较好，是现浇混凝土中最常用的一种级配形式。

间断级配是省去一级或几级中间粒级的集料级配，其大颗粒之间的空隙由比它小许多的小颗粒来填充，减少空隙率，节约水泥。但由于颗粒相差较大，混凝土拌合物易产生离析现象。因此，间断级配较适用于机械振捣流动性低的干硬性拌合物。

10.【答案】B

【解析】外加剂的分类按其主要功能分为：①改善混凝土拌合物流变性能的外加剂，包括各种减水剂、引气剂和泵送剂等；②调节混凝土凝结时间、硬化性能的外加剂，包括缓凝剂、早强剂和速凝剂等；③改善混凝土耐久性的外加剂，包括引气剂、防水剂、防冻剂和阻锈剂等；④改善混凝土其他性能的外加剂，包括加气剂、膨胀剂、着色剂等。

11.【答案】B

【解析】混凝土的强度等级是根据立方体抗压强度标准值来确定的。

12.【答案】A

【解析】本题考查的是混凝土。影响混凝土抗渗性的因素有水灰比、水泥品种、骨料的粒径、养护方法、外加剂及掺合料等，其中水灰比对抗渗性起决定性作用。

13.【答案】B

【解析】早强剂多用于抢修工程和冬期施工的混凝土。炎热条件以及环境温度低于-5℃时不宜使用早强剂。早强剂不宜用于大体积混凝土。

14.【答案】B

【解析】对设计工作年限为50年的混凝土结构，结构混凝土的强度等级尚应符合下列规定。①素混凝土结构构件的混凝土强度等级不应低于C20。钢筋混凝土结构构件的混凝土强度等级不应低于C25。预应力混凝土楼板结构的混凝土强度等级不应低于C30，其他预应力混凝土结构构件的混凝土强度等级不应低于C40。型钢混凝土组合结构构件的混凝土强度等级不应低于 C30。②承受重复荷载作用的钢筋混凝土结构构件，混凝土强度等级不应低于 C30。③抗震等级不低于二级的钢筋混凝土结构构件，混凝土强度等级不应低于 C30。④采用 500MPa 及以上等级钢筋的钢筋混凝土结构构件，混凝土强度等级不应低于 C30。

（二）多选题

1. **【答案】** CDE

【解析】 混凝土耐久性是指混凝土在实际使用条件下抵抗各种破坏因素作用，长期保持强度和外观完整性的能力，包括混凝土的抗冻性、抗渗性、抗侵蚀性及抗碳化能力等。

2. **【答案】** BCDE

【解析】 混凝土的延性比普通混凝土差，所以 A 选项错误。

3. **【答案】** BCE

【解析】 提高混凝土耐久性的措施：①根据工程环境及要求，合理选用水泥品种。②控制水灰比及保证足够的水泥用量。③选用质量良好、级配合理的骨料和合理的砂率。④掺用合适的外加剂。

4. **【答案】** ABD

【解析】 高性能混凝土的特性有：①自密实性好；②体积稳定性好；③强度高；④水化热低；⑤收缩量小；⑥徐变少；⑦耐久性好；⑧耐高温（火）差。

5. **【答案】** BDE

【解析】 混凝土配合比设计确定的三大参数：水灰比、单位用水量和砂率。

6. **【答案】** BCDE

【解析】 包括混凝土的抗冻性、抗渗性、抗侵蚀性及抗碳化能力等。

7. **【答案】** AE

【解析】 釉面砖具有表面平整、光滑，坚固耐用，色彩鲜艳，易于清洁，防火、防水、耐磨、耐腐蚀等特点；但不应用于室外，因釉面砖砖体多孔，吸收大量水分后将产生湿胀现象，而釉吸湿膨胀非常小，从而导致釉面开裂，出现剥落、掉皮现象。陶瓷锦砖色泽稳定、美观，耐磨、耐污染、易清洗，抗冻性能好，坚固耐用，且造价较低，主要用于室内地面铺装。

8. **【答案】** ADE

【解析】 高性能混凝土自密实性好、体积稳定性好、强度高、水化热低、收缩量小、徐变小、耐久性好、耐高温（火）差。高性能混凝土的早期强度发展较快，而后期强度的增长率却低于普通强度混凝土。

9. **【答案】** ADE

【解析】 本题考查的是普通混凝土组成材料。①改善混凝土拌合物流变性能的外加剂，包括各种减水剂、引气剂和泵送剂等；②调节混凝土凝结时间、硬化性能的外加剂，包括缓凝剂、早强剂和速凝剂等；③改善混凝土耐久性的外加剂，包括引气剂、防水剂、防冻剂和阻锈剂等；④改善混凝土其他性能的外加剂，包括加气剂、膨胀剂、着色剂等。

Ⅳ 沥青混合料

（一）单选题

【答案】C

【解析】沥青路面的抗滑性能与集料的表面结构（粗糙度）、级配组成、沥青用量等因素有关。为保证抗滑性能，面层集料应选用质地坚硬具有棱角的碎石，通常采用玄武岩。

（二）多选题

【答案】BDE

【解析】本题考查的是沥青混合料。沥青混合料的高温稳定性，通常采用高温强度与稳定性作为主要技术指标，常用的测试评定方法有：马歇尔试验法、无侧限抗压强度试验法、史密斯三轴试验法等。

Ⅴ 砌筑材料

（一）单选题

1.【答案】D

【解析】MU10 蒸压灰砂砖可用于防潮层以上的建筑部位，不得用于长期经受 200℃ 高温、急冷急热或有酸性介质侵蚀的建筑部位。

2.【答案】B

【解析】烧结多孔砖是以黏土、页岩、煤矸石、粉煤灰等为主要原料烧制的主要用于结构承重的多孔砖。多孔砖大面有孔，孔多而小，孔洞垂直于大面（即受压面），孔洞率不小于 25%。烧结多孔砖主要用于 6 层以下建筑物的承重墙体。

3.【答案】D

【解析】烧结普通砖具有较高的强度，良好的绝热性、耐久性、透气性和稳定性，且原料广泛，生产工艺简单，因而可用作墙体材料，砌筑柱、拱、窑炉、烟囱、沟道及基础等。

（二）多选题

【答案】ADE

【解析】砖耐久性包括抗风化性、泛霜和石灰爆裂等指标。

第二节 建筑装饰材料

一、名师考点

参见表 3-4。

表 3-4 本节考点

教材点		知识点
一	建筑饰面材料	饰面石材、饰面陶瓷
二	建筑装饰玻璃	平板玻璃、装饰玻璃、安全玻璃、节能装饰型玻璃

续表

教材点		知识点
三	建筑装饰涂料	建筑装饰涂料的基本组成、对外墙涂料的基本要求、对内墙涂料的基本要求、对地面涂料的基本要求
四	建筑装饰塑料	塑料的基本组成、建筑塑料装饰制品
五	建筑装饰钢材	不锈钢及其制品、轻钢龙骨、彩色压型钢板
六	建筑装饰木材	木材的含水率、木材的湿胀干缩与变形、木材的强度、木材的应用

二、真题回顾

Ⅰ　建筑饰面材料

（一）单选题

1. 室外装饰较少使用大理石板材的主要原因在于大理石（　　）。（2016 年）

A. 吸水率大　　B. 耐磨性差

C. 光泽度低　　D. 抗风化差

2. 花岗石板材是一种优质的饰面板材，但其不足之处是（　　）。（2017 年）

A. 化学及稳定性差　　B. 抗风化性能较差

C. 硬度不及大理石板　　D. 耐火性较差

3. 作为建筑饰面材料的天然花岗石有很多优点，但其不能被忽视的缺点是（　　）。（2019 年）

A. 耐酸性差　　B. 抗风化差

C. 吸水率低　　D. 耐火性差

4. 与天然大理石板材相比，装饰用天然花岗石板材的缺点是（　　）。（2020 年）

A. 吸水率高　　B. 耐酸性差

C. 耐久性差　　D. 耐火性差

5. 可较好代替天然石材的装饰材料的饰面陶瓷是（　　）。（2020 年）

A. 陶瓷锦砖　　B. 瓷质砖

C. 墙地砖　　D. 釉面砖

6. 天然花岗石板材作为装饰面材料，缺点是耐火性差，其根本原因是（　　）。（2021 年）

A. 吸水率极高　　B. 含有石英

C. 含有云母　　D. 具有块状构造

7. 下列饰面砖中，接近且可替代天然饰面石材的为（　　）。（2021 年）

A. 墙面砖　　B. 釉面砖

C. 陶瓷锦砖　　D. 瓷质砖

8. 与花岗石板材相比，天然大理石板材的缺点是（　　）。（2022 年）

A. 耐火性差　　B. 抗风化性能差

C. 吸水率低　　D. 高温下会发生晶型转变

真题讲解

9. 下列陶瓷砖中，可用作室外装饰的材料是（　　）。(2022 年)

A. 瓷砖　　B. 釉面砖

C. 墙地砖　　D. 马赛克

(二) 多选题

1. 釉面砖的优点包括（　　）。(2016 年)

A. 耐潮湿　　B. 耐磨

C. 耐腐蚀　　D. 色彩鲜艳

E. 易于清洁

2. 可用于室外装饰的饰面材料有（　　）。(2018 年)

A. 大理石板材　　B. 合成石面板

C. 釉面砖　　D. 瓷质砖

E. 石膏饰面板

3. 下列建筑装饰玻璃中，兼具保温、隔热和隔声性能的是（　　）。(2022 年)

A. 中空玻璃　　B. 夹层玻璃

C. 真空玻璃　　D. 钢化玻璃

E. 镀膜玻璃

Ⅱ　建筑装饰玻璃

(一) 单选题

1. 钢化玻璃是用物理或化学方法，在玻璃表面上形成一个（　　）。(2017 年)

A. 压应力层　　B. 拉应力层

C. 防脆裂层　　D. 刚性氧化层

2. 对隔热、隔声性能要求较高的建筑物宜选用（　　）。(2018 年)

A. 真空玻璃　　B. 中空玻璃

C. 镀膜玻璃　　D. 钢化玻璃

3. 下列玻璃中，银行柜台遮挡部位应采用（　　）。(2022 年补考)

A. 防火玻璃　　B. 钢化玻璃

C. 夹丝玻璃　　D. 镀膜玻璃

(二) 多选题

内墙面装饰涂料的要求有（　　）。(2022 年补考)

A. 耐粉化性　　B. 透气性

C. 耐污染性　　D. 抗冲击性

E. 耐碱性

Ⅲ　建筑装饰涂料

(一) 单选题

暂无。

(二) 多选题

1. 常用于外墙的涂料有（　　）。(2021 年)

A. 苯乙烯-丙烯酸酯乳液涂料
B. 聚乙烯醇水玻璃涂料
C. 聚醋酸乙烯乳液涂料
D. 合成树脂乳液砂壁状涂料
E. 醋酸乙烯-丙烯酸酯有光乳液涂料
2. 外墙涂料应满足的基本要求有（ ）。（2023 年）
A. 耐候性良好
B. 透气性良好
C. 耐磨性良好
D. 抗冲击性良好
E. 耐污染性良好

Ⅳ 建筑装饰塑料

（一）单选题

塑料的主要组成材料是（ ）。（2015 年）
A. 玻璃纤维
B. 乙二胺
C. DBP 和 DOP
D. 合成树脂

（二）多选题

1. 关于塑料管材的说法，正确的有（ ）。（2017 年）
A. 无规共聚聚丙烯管（PP-R 管）属于可燃性材料
B. 氯化聚氯乙烯管（PVC-C 管）热膨胀系数较高
C. 硬聚氯乙烯管（PVC-U 管）使用温度不大于 50℃
D. 丁烯管（PB 管）热膨胀系数低
E. 交联聚乙烯管（PEX 管）不可热熔连接
2. 建筑塑料装饰制品在建筑物中应用越来越广泛，常用的有（ ）。（2020 年）
A. 塑料门窗
B. 塑料地板
C. 塑料墙板
D. 塑料壁纸
E. 塑料管材
3. 塑料管材中，可应用于饮用水管的有（ ）。（2022 年）
A. PVC-U
B. PVC-C
C. PP-R
D. PB
E. PEX
4. 以下塑料管，可用于冷热水及饮用水的有（ ）。（2023 年）
A. 硬聚氯乙烯管
B. 氯化聚氯乙烯管
C. 无规共聚聚丙烯
D. 丁烯管
E. 交联聚乙烯管

Ⅴ 建筑装饰钢材

（一）单选题

型号为 YX75-230-600 的彩色涂层压型钢板的有效覆盖宽度是（ ）。（2019 年）
A. 750mm
B. 230mm

C. 600mm　　D. 1000mm

（二）多选题

暂无。

Ⅵ　建筑装饰木材

（一）单选题

1. 使木材物理力学性质变化发生转折的指标为（　　）。（2018 年）

A. 平衡含水率　　B. 顺纹强度

C. 纤维饱和点　　D. 横纹强度

2. 木材物理力学性质发生变化的转折点指标是（　　）。（2022 年补考）

A. 纤维饱和点　　B. 平衡含水率

C. 顺纹抗压强度　　D. 顺纹抗拉和抗弯强度

3. 木材各种力学强度中最高的是（　　）。（2023 年）

A. 顺纹抗压强度　　B. 顺纹抗弯强度

C. 顺纹抗拉强度　　D. 横纹抗压强度

（二）多选题

暂无。

三、真题解析

Ⅰ　建筑饰面材料

（一）单选题

1. 【答案】D

【解析】大理石板材具有吸水率小、耐磨性好以及耐久性好等优点，但其抗风化性能较差。

2. 【答案】D

【解析】由于花岗石中含有石英，在高温下会发生晶型转变，产生体积膨胀，因此，花岗石耐火性差，但适宜制作火烧板。

3. 【答案】D

【解析】花岗石耐火性差，但适宜制作火烧板。

4. 【答案】D

【解析】由于花岗石中含有石英，在高温下会发生晶型转变，产生体积膨胀，因此，花岗石耐火性差，但适宜制作火烧板。

5. 【答案】B

【解析】瓷质砖具有天然石材的质感，而且更具有高光度、高硬度、高耐磨、吸水率低、色差少以及规格多样化和色彩丰富等优点。瓷质砖是 20 世纪 80 年代后期发展起来的建筑装饰材料，正逐渐成为天然石材装饰材料的替代产品。

6. 【答案】B

【解析】但由于花岗石中含有石英，在高温下会发生晶型转变，产生体积膨胀，因此，花岗石耐火性差，但适宜制作火烧板。

7.【答案】D

【解析】瓷质砖是20世纪80年代后期发展起来的建筑装饰材料，正逐渐成为天然石材装饰材料的替代产品。

8.【答案】B

【解析】大理石板因其抗风化性能较差，故除个别品种（含石英为主的砂岩及石曲岩）外一般不宜用作室外装饰。

9.【答案】C

【解析】选项A、选项B，釉面砖又称瓷砖，不应用于室外。选项C，墙地砖是墙砖和地砖的总称，该类产品作为墙面、地面装饰都可使用，故称为墙地砖，实际上包括建筑物外墙装饰贴面用砖和室内外地面装饰铺贴用砖。选项D，马赛克主要用于室内地面铺装。

（二）多选题

1.【答案】BCDE

【解析】釉面砖表面平整、光滑，坚固耐用，色彩鲜艳，易于清洁，防火、防水、耐磨、耐腐蚀等。

2.【答案】BD

【解析】大理石、釉面砖是高饰面板，一般用于室内装修。

3.【答案】AC

【解析】选项A，中空玻璃具有光学性能良好、保温隔热、降低能耗、防结露、隔声性能好等优点。选项B，夹层玻璃还可具有耐久、耐热、耐湿、耐寒等性能。选项C，真空玻璃比中空玻璃有更好的隔热、隔声性能。选项D，钢化玻璃机械强度高、弹性好、热稳定性好、碎后不易伤人，但可发生自爆。选项E，阳光控制镀膜玻璃是对太阳光具有一定控制作用的镀膜玻璃。这种玻璃具有良好的隔热性能。

Ⅱ　建筑装饰玻璃

（一）单选题

1.【答案】A

【解析】钢化玻璃是用物理或化学的方法，在玻璃的表面上形成一个压应力层，而内部处于较大的拉应力状态，内外拉压应力处于平衡状态。

2.【答案】B

【解析】中空玻璃主要用于保温隔热、隔声等功能要求较高的建筑物。

3.【答案】C

【解析】本题考查的是建筑装饰玻璃。夹丝玻璃应用于建筑的天窗、采光屋顶、阳台及有防盗、防抢功能要求的营业柜台的遮挡部位。

（二）多选题

【答案】ABE

【解析】本题考查的是建筑装饰涂料。对内墙涂料的基本要求有：色彩丰富、细腻、调和；耐碱性、耐水性、耐粉化性良好；透气性良好；涂刷方便，重涂容易。

Ⅲ 建筑装饰涂料

（一）单选题

暂无。

（二）多选题

1. **【答案】**AD

【解析】常用于外墙的涂料有苯乙烯-丙烯酸酯乳液涂料、丙烯酸酯系外墙涂料、聚氨酯系外墙涂料、合成树脂乳液砂壁状涂料等。选项 BCE 是内墙涂料。

2. **【答案】**AE

【解析】对外墙涂料、内墙涂料、地面涂料的基本要求见表 3-5。

表 3-5 对外墙涂料、内墙涂料、地面涂料的基本要求

外墙涂料	内墙涂料	地面涂料
（1）装饰性良好 （2）耐水性良好 （3）耐候性良好 （4）耐污染性好 （5）施工及维修容易	（1）色彩丰富、细腻、调和 （2）耐碱性、耐水性、耐粉化性良好 （3）透气性良好 （4）涂刷方便，重涂容易	（1）耐碱性良好 （2）耐水性良好 （3）耐磨性良好 （4）抗冲击性良好 （5）与水泥砂浆有好的粘结性能 （6）涂刷施工方便，重涂容易

Ⅳ 建筑装饰塑料

（一）单选题

【答案】D

【解析】合成树脂是塑料的主要组成材料。

（二）多选题

1. **【答案】**AE

【解析】无规共聚聚丙烯管（PP-R 管）属于可燃性材料，不得用于消防给水系统，A 正确；氯化聚氯乙烯管（PVC-C 管）热膨胀系数低，B 错误；硬聚氯乙烯管（PVC-U 管）使用温度不大于 40℃，为冷水管，C 错误；丁烯管（PB 管）具有较高的强度，韧性好，无毒，易燃，热胀系数大，价格高，D 错误；交联聚乙烯管（PEX 管）有折弯记忆性、不可热熔连接，E 正确。

2. **【答案】**ABDE

【解析】建筑装饰塑料装饰制品包括塑料门窗、塑料地板、塑料壁纸、塑料管材及配件。

3. **【答案】**CDE

【解析】选项 A，主要应用于给水管道（非饮用水）、排水管道、雨水管道；选项 B，因其使用的胶水有毒性，一般不用于饮用水管道系统。

4. **【答案】**CDE

【解析】选项 A，用于非饮用水；选项 B，因其使用的胶水有毒性，一般不用于饮用水管道系统。

Ⅴ　建筑装饰钢材

（一）单选题

【答案】C

【解析】YX75-230-600 表示压型钢板的波高为 75mm，波距为 230mm，有效覆盖宽度为 600mm。

（二）多选题

暂无。

Ⅵ　建筑装饰木材

（一）单选题

1.【答案】C

【解析】当木材细胞和细胞间隙中的自由水完全脱去为零，而细胞壁吸附水处于饱和时，木材的含水率称为木材的纤维饱和点，纤维饱和点是木材物理力学性质发生变化的转折点。

2.【答案】A

【解析】本题考查的是建筑装饰木材。纤维饱和点是木材物理力学性质是否随含水率的变化而发生变化的转折点。

3.【答案】C

【解析】木材的构造特点使其各种力学性能具有明显的方向性，木材在顺纹方向的抗拉和抗压强度都比横纹方向高得多，其中在顺纹方向的抗拉强度是木材各种力学强度中最高的，顺纹抗压强度仅次于顺纹抗拉和抗弯强度。

（二）多选题

暂无。

第三节　建筑功能材料

一、名师考点

参见表 3-6。

表 3-6　本节考点

教材点		知识点
一	防水材料	防水卷材、防水涂料、建筑密封材料
二	保温隔热材料	纤维状绝热材料、多孔状绝热材料、有机绝热材料、保温材料的燃烧性能等级要求
三	吸声隔声材料	吸声材料、隔声材料
四	防火材料	防火涂料、堵料

二、真题回顾

Ⅰ 防水材料

（一）单选题

1. 弹性和耐久性较高的防水涂料是（　　）。（2014 年）

A. 氯丁橡胶改性沥青防水涂料　　B. 聚氨酯防水涂料

C. SBS 橡胶改性沥青防水涂料　　D. 聚氯乙烯改性沥青防水涂料

2. 防水要求高和耐用年限长的土木建筑工程，防水材料应优先选用（　　）。（2015 年）

A. 三元乙丙橡胶防水卷材　　B. 聚氯乙烯防水卷材

C. 氯化聚乙烯防水卷材　　D. 沥青复合胎柔性防水卷材

真题讲解

3. 采矿业防水防渗工程常用（　　）。（2016 年）

A. PVC 防水卷材　　B. 氯化聚乙烯防水卷材

C. 三元乙丙橡胶防水卷材　　D. APP 改性沥青防水卷材

4. 丙烯酸类密封膏具有良好的粘结性能，但不宜用于（　　）。（2017 年）

A. 门窗嵌缝　　B. 桥面接缝

C. 墙板接缝　　D. 屋面嵌缝

5. 混凝土和金属框架的接缝粘结，优先（　　）。（2021 年）

A. 硅酮密封胶　　B. 聚氨酯密封胶

C. 聚氯乙烯接缝膏　　D. 沥青嵌缝油膏

6. 下列防水卷材中，尤其适用于强烈太阳辐射建筑防水的是（　　）。（2022 年）

A. SBS 改性沥青防水卷材　　B. APP 改性沥青防水卷材

C. 氯化聚乙烯防水卷材　　D. 氯化聚乙烯-橡胶型共混防水卷材

（二）多选题

1. 下列防水卷材中，更适于寒冷地区建筑工程防水的有（　　）。（2019 年）

A. SBS 改性沥青防水卷材　　B. APP 改性沥青防水卷材

C. 沥青复合胎柔性防水卷材　　D. 氯化聚乙烯防水卷材

E. 氯化聚乙烯-橡胶共混型防水卷材

2. 在众多防水卷材中，相比之下尤其适用于寒冷地区建筑物防水的有（　　）。（2020 年）

A. SBS 改性沥青防水卷材　　B. APP 改性沥青防水卷材

C. PVC 防水卷材　　D. 氯化聚乙烯防水卷材

E. 氯化聚乙烯-橡胶共混型防水卷材

Ⅱ 保温隔热材料

（一）单选题

1. 拌制外墙保温砂浆多用（　　）。（2014 年）

A. 玻化微珠　　B. 石棉

C. 膨胀蛭石　　D. 玻璃棉

2. 隔热、隔声效果好的材料是（　　）。(2015 年)

A. 岩棉　　B. 石棉

C. 玻璃棉　　D. 膨胀蛭石

3. 民用建筑很少使用的保温隔热材料是（　　）。(2016 年)

A. 岩棉　　B. 矿渣棉

C. 石棉　　D. 玻璃棉

4. 膨胀蛭石是一种较好的绝热材料、隔声材料，但使用时应注意（　　）。(2017 年)

A. 防潮　　B. 防火

C. 不能松散铺设　　D. 不能与胶凝材料配合使用

5. 下列纤维状绝热材料中，最高使用温度限值最低的是（　　）。(2019 年)

A. 岩棉　　B. 石棉

C. 玻璃棉　　D. 陶瓷纤维

6. 下列绝热材料中可使用温度最高的是（　　）。(2020 年)

A. 玻璃棉　　B. 泡沫塑料

C. 陶瓷纤维　　D. 泡沫玻璃

7. 导热系数不大于 0. 05W/(m・K) 的材料称为（　　）。(2022 年补考)

A. 保温材料　　B. 防火材料

C. 绝热材料　　D. 高效保温材料

8. 下列纤维状绝热材料中可承受使用温度最高的是（　　）。(2023 年)

A. 岩棉、矿渣棉　　B. 石棉

C. 玻璃棉　　D. 陶瓷纤维

(二) 多选题

1. 关于保温隔热材料的说法，正确的有（　　）。(2017 年)

A. 矿物棉的最高使用温度约 600℃　　B. 石棉最高使用温度可达 600~700℃

C. 玻璃棉最高使用温度 300~500℃　　D. 陶瓷纤维最高使用温度 1100~1350℃

E. 矿物棉的缺点是吸水性大、弹性小

2. 常用于高温环境中的保温隔热材料有（　　）。(2018 年)

A. 泡沫塑料制品　　B. 玻璃棉制品

C. 陶瓷纤维制品　　D. 膨胀珍珠岩制品

E. 膨胀蛭石制品

3. 关于保温隔热材料，下列说法正确的有（　　）。(2019 年)

A. 装饰材料燃烧性能 B2 级属于难燃性

B. 高效保温材料的导热系数不大于 0. 14W/(m・K)

C. 保温材料主要是防止室外热量进入室内

D. 装饰材料按其燃烧性能划分为 A、B1、B2、B3 四个等级

E. 采用 B2 级保温材料的外墙保温系统中每层应设置水平防火隔离带

Ⅲ 吸声隔声材料

(一)单选题

对中、高频均有吸声效果且安拆便捷，兼具装饰效果的吸声结构应为（　　）。(2018年)

A. 帘幕吸声结构　　B. 柔性吸声结构

C. 薄板振动吸声结构　　D. 悬挂空间吸声结构

(二)多选题

暂无。

Ⅳ 防火材料

(一)单选题

1. 薄型和超薄型防火涂料的耐火极限一般与涂层厚度无关，与之有关的是（　　）。(2017年)

A. 物体可燃性　　B. 物体耐火极限

C. 膨胀后的发泡层厚度　　D. 基材的厚度

2. 下列防火堵料中，以快硬水泥为胶凝材料的是（　　）。(2023年)

A. 耐火包　　B. 有机防火堵料

C. 速固型防火堵料　　D. 可塑性防火堵料

(二)多选题

经常更换增加电缆管道的场合，适合选用的防火堵料有（　　）。(2022年补考)

A. 可塑性防火堵料　　B. 有机防火堵料

C. 无机防火堵料　　D. 耐火包

E. 防火包

三、真题解析

Ⅰ 防水材料

(一)单选题

1. **【答案】** B

【解析】 合成高分子防水涂料具有高弹性、高耐久性及优良的耐高低温性能，品种有聚氨酯防水涂料、丙烯酸酯防水涂料、环氧树脂防水涂料和有机硅防水涂料等。

2. **【答案】** A

【解析】 三元乙丙橡胶防水卷材广泛适用于防水要求高、耐用年限长的土木建筑工程的防水。

3. **【答案】** B

【解析】 氯化聚乙烯防水卷材适用于各类工业、民用建筑的屋面防水、地下防水、防潮隔气、室内墙地面防潮、地下室和卫生间的防水，以及冶金、化工、水利、环保、采矿业防水防渗工程。

4. **【答案】** B

【解析】丙烯酸类密封膏主要用于屋面、墙板、门、窗嵌缝，但它的耐水性不算很好，所以，不宜用于经常泡在水中的工程，不宜用于广场、公路、桥面等有交通来往的接缝中，也不宜用于水池、污水厂、灌溉系统、堤坝等水下接缝中。

5.【答案】A

【解析】硅酮建筑密封胶按用途分为 F 类和 G 类两种类别。F 类为建筑接缝用密封胶，适用于预制混凝土墙板、水泥板、大理石板的外墙接缝，混凝土和金属框架的粘结，卫生间和公路缝的防水密封等；G 类为镶装玻璃用密封胶，主要用于镶嵌玻璃和建筑门、窗的密封。

6.【答案】B

【解析】APP 改性沥青防水卷材广泛适用于各类建筑防水、防潮工程，尤其适用于高温或有强烈太阳辐射地区的建筑物防水。

（二）多选题

1.【答案】AE

【解析】APP 改性沥青防水卷材尤其适用于高温或有强烈太阳辐射地区的建筑物防水；氯化聚乙烯-橡胶共混型防水卷材兼有塑料和橡胶的特点，特别适用于寒冷地区或变形较大的土木建筑防水工程。

2.【答案】AE

【解析】SBS 改性沥青防水卷材尤其适用于寒冷地区和结构变形频繁的建筑物防水。氯化聚乙烯-橡胶共混型防水卷材，特别适用于寒冷地区或变形较大的土木建筑防水工程。

Ⅱ　保温隔热材料

（一）单选题

1.【答案】A

【解析】玻化微珠广泛用于外墙内外保温砂浆，装饰板、保温板的轻质骨料。

2.【答案】D

【解析】膨胀蛭石可与水泥、水玻璃等胶凝材料配合，浇筑成板，用于墙、楼板和屋面板等构件的绝热。

3.【答案】C

【解析】由于石棉中的粉尘对人体有害，因而民用建筑很少使用，目前主要用于工业建筑的隔热、保温及防火覆盖等。

4.【答案】A

【解析】膨胀蛭石铺设于墙壁、楼板、屋面等夹层中，作为绝热、隔声材料；但吸水性大、电绝缘性不好。使用时应注意防潮，以免吸水后影响绝热效果。膨胀蛭石可松散铺设，也可与水泥、水玻璃等胶凝材料配合，浇筑成板，用于墙、楼板和屋面板等构件的绝热。

5.【答案】C

【解析】岩棉及矿渣棉统称为矿物棉，最高使用温度约 600℃。石棉最高使用温度可达 500~600℃。玻璃棉最高使用温度是 400℃。陶瓷纤维最高使用温度为 1100~1350℃，可用于高温绝热、吸声。

6. 【答案】C

【解析】选项 A，玻璃棉最高使用温度 400℃。选项 B，泡沫塑料最高使用温度约 70℃。选项 C，陶瓷纤维最高使用温度为 1100~1350℃。选项 D，泡沫玻璃最高使用温度 500℃。

7. 【答案】D

【解析】本题考查的是保温隔热材料。保温层是导热系数小的高效轻质保温材料层，外保温材料的导热系数通常小于 0.05W/(m·K)。导热系数小于 0.23W/(m·K) 的材料称为绝热材料，导热系数小于 0.14W/(m·K) 的材料称为保温材料；通常导热系数不大于 0.05W/(m·K) 的材料称为高效保温材料。

8. 【答案】D

【解析】岩棉及矿渣棉最高使用温度约 600℃；石棉最高使用温度可达 500~600℃；玻璃棉最高使用温度可达 400℃；陶瓷纤维最高使用温度可达 1100~1350℃。

（二）多选题

1. 【答案】ADE

【解析】岩棉及矿渣棉统称为矿物棉，最高使用温度约 600℃，A 正确；石棉是一种天然矿物纤维，具有耐火、耐热、耐酸碱、绝热、防腐、隔声及绝缘等特性，最高使用温度可达 500~600℃，B 不对；玻璃棉是玻璃纤维的一种，包括短棉、超细棉，最高使用温度 350~600℃，C 不对；陶瓷纤维最高使用温度为 1100~1350℃，可用于高温绝热、吸声，D 正确；矿物棉与有机胶粘剂结合可以制成矿棉板、毡、筒等制品，也可制成粒状用作填充材料，其缺点是吸水性大、弹性小，E 正确。

2. 【答案】CDE

【解析】玻璃棉最高使用温度 400℃，泡沫塑料最高使用温度达 120℃。

3. 【答案】DE

【解析】B2 级属于可燃性材料；导热系数不大于 0.05W/(m·K) 的材料称为高效保温材料；控制室内热量外流的材料称为保温材料，将防止室外热量进入室内的材料称为隔热材料。

Ⅲ 吸声隔声材料

（一）单选题

【答案】A

【解析】帘幕吸声结构是具有通气性能的纺织品，安装在离开墙面或窗洞一段距离处，背后设置空气层。这种吸声体对中、高频都有一定的吸声效果。帘幕吸声体安装、拆卸方便，兼具装饰作用。

（二）多选题

暂无。

Ⅳ 防火材料

（一）单选题

1. 【答案】C

【解析】薄型和超薄型防火涂料的耐火极限一般与涂层厚度无关，而与膨胀后的发泡层厚度有关。

2.【答案】C

【解析】无机防火堵料又称速固型防火堵料，是以快干水泥为基料，添加防火剂、耐火材料等经研磨、混合而成的防火堵料，使用时加水拌和即可。

（二）多选题

【答案】ABDE

【解析】本题考查的是防火材料。有机防火堵料又称可塑性防火堵料，尤其适合需经常更换或增减电缆、管道的场合。无机防火堵料又称速固型防火堵料，主要用于封堵后基本不变的场合。防火包又称耐火包或阻火包，尤其适合需经常更换或增减电缆、管道的场合。

第四章　工程施工技术

一、本章概览

参见图 4-1。

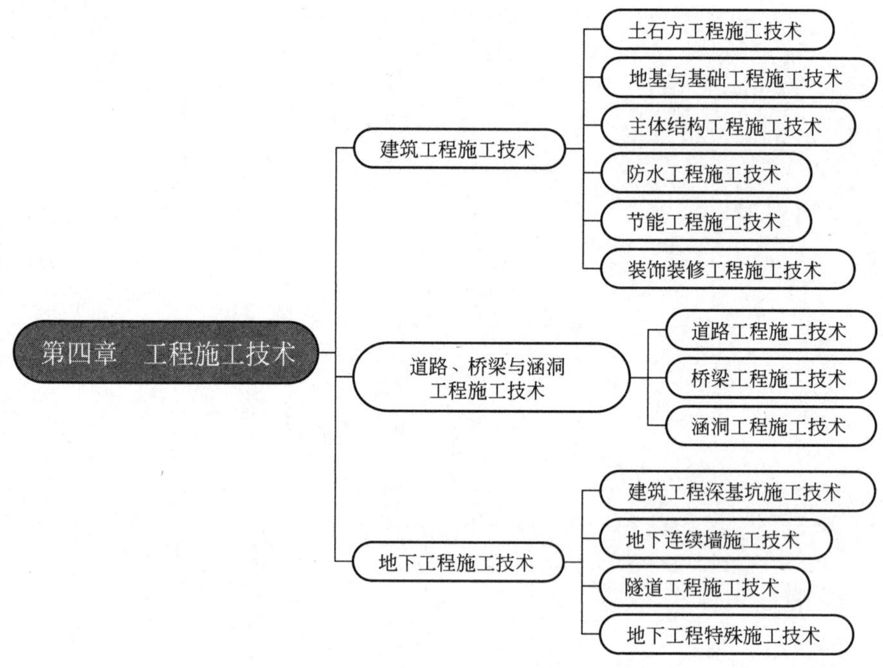

图 4-1　本章知识概览

二、考情分析

参见表 4-1。

表 4-1　　本章考情分析

考试年度	2023 年				2022 年				2021 年			
题目类型	单选题		多选题		单选题		多选题		单选题		多选题	
第一节　建筑工程施工技术	9 道	9 分	2 道	4 分	9 道	9 分	2 道	4 分	9 道	9 分	2 道	4 分
第二节　道路、桥梁与涵洞工程施工技术	3 道	3 分	1 道	2 分	3 道	3 分	2 道	4 分	3 道	3 分	2 道	4 分

续表

考试年度	2023 年				2022 年				2021 年			
题目类型	单选题		多选题		单选题		多选题		单选题		多选题	
第三节　地下工程施工技术	3 道	3 分	2 道	4 分	3 道	3 分	1 道	2 分	3 道	3 分	1 道	2 分
本章小计	15 道	15 分	5 道	10 分	15 道	15 分	5 道	10 分	15 道	15 分	5 道	10 分
本章得分	25 分				25 分				25 分			

第一节　建筑工程施工技术

一、名师考点

参见表 4-2。

表 4-2　　本节考点

教材点		知识点
一	土石方工程施工技术	土石方工程分类、土石方工程的准备与辅助工作、土石方工程机械化施工、土石方的填筑与压实
二	地基与基础工程施工技术	地基加固处理、桩基础施工
三	主体结构工程施工技术	砌体结构工程施工、混凝土结构工程施工、预应力混凝土工程施工、钢结构工程施工、结构吊装工程施工
四	防水工程施工技术	屋面防水工程施工，地下防水工程施工，楼层、厕浴间、厨房间防水施工
五	节能工程施工技术	墙体节能工程、屋面保温工程
六	装饰装修工程施工技术	抹灰工程、吊顶工程、轻质隔墙工程、墙面铺装工程、涂饰工程、地面工程、幕墙工程

二、真题回顾

Ⅰ　土石方工程施工技术

(一) 单选题

1. 采用明排水法开挖基坑，在基坑开挖过程中设置的集水坑应（　　）。(2014 年)

A. 布置在基础范围以内　　B. 布置在基坑底部中央

C. 布置在地下水走向的上游　　D. 经常低于挖土面 1.0m 以上

2. 用推土机回填管沟，当无倒车余地时一般采用（　　）。(2014 年)

A. 沟槽推土法　　B. 斜角推土法

C. 下坡推土法　　D. 分批集中，一次推土法

3. 单斗抓铲挖掘机的作业特点是（　　）。(2014 年)

A. 前进向下，自重切土　　B. 后退向下，自重切土

C. 后退向下，强制切土　　D. 直上直下，自重切土

4. 在松散土体中开挖6m深的沟槽，支护方式应优先采用（　　）。(2015年)

A. 间断式水平挡土板横撑式支撑　　B. 连续式水平挡土板式支撑

C. 垂直挡土板式支撑　　D. 重力式支护结构支撑

5. 对大面积二类土场地进行平整的主要施工机械应优先考虑（　　）。(2016年)

A. 拉铲挖掘机　　B. 铲运机

C. 正铲挖掘机　　D. 反铲挖掘机

6. 关于基坑土石方工程采用轻型井点降水，说法正确的是（　　）。(2016年)

A. U形布置不封闭段是为施工机械进出基坑留的开口

B. 双排井点管适用于宽度小于6m的基坑

C. 单排井点管应布置在基坑的地下水下游一侧

D. 施工机械不能经U形布置的开口端进出基坑

7. 关于推土机施工作业，说法正确的是（　　）。(2016年)

A. 土质较软使切土深度较大时可采用分批集中后一次推送

B. 并列推土的推土机数量不宜超过4台

C. 沟槽推土法是先用小型推土机推出两侧沟槽后再用大型推土机推土

D. 斜角推土法是指推土机行走路线沿斜向交叉推进

8. 关于单斗挖掘机作业特点，说法正确的是（　　）。(2016年)

A. 正铲挖掘机：前进向下，自重切土　　B. 反铲挖掘机：后退向上，强制切土

C. 拉铲挖掘机：后退向下，自重切土　　D. 抓铲挖掘机：前进向上，强制切土

9. 基坑采用轻型井点降水，其井点布置应考虑的主要因素是（　　）。(2017年)

A. 水泵房的位置　　B. 土方机械型号

C. 地下水位流向　　D. 基坑边坡支护形式

10. 土石方在填筑施工时应（　　）。(2017年)

A. 先将不同类别的土搅拌均匀　　B. 使用同类土填筑

C. 分层填筑时需搅拌　　D. 将含水量大的黏土填筑在底层

11. 基坑开挖时，采用明排水法施工，其集水坑应设置在（　　）。(2018年)

A. 基础范围以外的地下水走向的下游

B. 基础范围以外的地下水走向的上游

C. 便于布置抽水设施的基坑边角处

D. 不影响施工交通的基坑边角处

真题讲解

12. 在挖深3m，1～3类土砂性土壤基坑，且地下水位较高，宜优先选用（　　）。(2018年)

A. 正铲挖掘机　　B. 反铲挖掘机

C. 拉铲挖掘机　　D. 抓铲挖掘机

13. 利用爆破石渣和碎石填筑大型地基，应优先选用的压实机械为（　　）。(2018年)

A. 羊足碾　B. 平碾
C. 振动碾　D. 蛙式打夯机

14. 在松散且湿度很大的土中挖 6m 深的沟槽，支护应优先选用（　　）。(2019 年)
A. 水平挡土板式支撑　B. 垂直挡土板式支撑
C. 重力式支护结构　D. 板式支护结构

15. 在淤泥质黏土中开挖近 10m 深的基坑时，降水方法应优先选用（　　）。(2019 年)
A. 单级轻型井点　B. 井管井点
C. 电渗井点　D. 深井井点

16. 水下开挖独立基坑，工程机械应优先选用（　　）。(2019 年)
A. 正铲挖掘机　B. 反铲挖掘机
C. 拉铲挖掘机　D. 抓铲挖掘机

17. 基坑开挖的电渗井点降水适用于饱和（　　）。(2020 年)
A. 黏土层　B. 砾石层
C. 砂土层　D. 砂砾层

18. 与正铲挖掘机相比，反铲挖掘机的显著优点是（　　）。(2020 年)
A. 对开挖土层级别的适应性宽　B. 对基坑大小的适应性宽
C. 对开挖土层的地下水位适应性宽　D. 装车方便

19. 开挖深度 4m，长边长度不小于 30m 的基坑，宜采用的支撑方式是（　　）。(2021 年)
A. 横撑式支撑　B. 板式支护
C. 水泥土搅拌桩　D. 墙板支护

20. 大型建筑群场地平整，场地坡度最大 15°，距离 300～500m，土壤含水量低，可选用的机械有（　　）。(2021 年)
A. 推土机　B. 装载机
C. 铲运机　D. 正铲挖掘机

21. 开挖深度为 3m，湿度小的黏性土沟槽，适合采用的支护方式是（　　）。(2022 年)
A. 重力式支护结构　B. 垂直挡土板支撑
C. 板式支护结构　D. 水平挡土板支撑

22. 关于土石方工程施工，下列说法正确的是（　　）。(2022 年)
A. 铲运机的经济运距为 30～60m
B. 推土机分批集中一次推送能减少土的散失
C. 铲运机适于在坡度>20°的大面积场地平整
D. 抓铲挖掘机特别适于水下挖土

真题讲解

23. 为保证填方工程质量，下列工程中可作为填方材料的是（　　）。(2022 年)
A. 膨胀土　B. 含有机物大于 5%的土
C. 砂土、爆破石渣　D. 含水量大的黏土

24. 在渗透系数小于 0.1m/d 的饱和黏土中，当降水深度为 10m 时，宜优先选择的井点降水法是（ ）。(2022 年补考)

真题讲解

A. 电渗+轻型　　B. 轻型+管井

C. 电渗+喷射　　D. 管井+喷射

25. 压实法，下列选项正确的是（ ）。(2022 年补考)

A. 羊足碾一般用于碾压黏性土，不适用于砂土

B. 松土宜先用重型碾压机械压实

C. 夯实法主要用于大面积黏性土

D. 振动压实法不适宜碎石类土

26. 开挖较窄的沟槽时，适用于湿度较高的松散土质，且挖土深度不限的基坑支护形式是（ ）。(2023 年)

A. 重力式支护结构　　B. 垂直挡土板式支撑

C. 间断式水平挡土板支撑　　D. 连续式水平挡土板支撑

27. 抓铲挖掘机，挖土特点是（ ）。(2023 年)

A. 直上直下，自重切土　　B. 直上直下，强制切土

C. 后退向下，强制切土　　D. 前进向上，强制切土

(二) 多选题

1. 土石方工程机械化施工说法正确的有（ ）。(2017 年)

A. 土方运距在 30~60m，最好采用推土机施工

B. 面积较大的场地平整，推土机台数不宜小于四台

C. 土方运距在 200~350m 时适宜采用铲运机施工

D. 开挖大型基坑时适宜采用拉铲挖掘机

E. 抓铲挖掘机和拉铲挖掘机均不宜用于水下挖土

2. 关于轻型井点的布置，下列说法正确的有（ ）。(2022 年)

A. 环形布置适用于大面积基坑

B. 双排布置适用于土质不良的情况

C. U 形布置适用于基坑宽度不大于 6m 的情况

D. 单排布置适用于基坑宽度小于 6m，且降水深度不超过 5m 的情况

E. U 形布置井点管不封闭的一段应该在地下水的下游方向

3. 根据受力状态，基坑的支护结构形式有（ ）。(2022 年补考)

A. 横撑式支撑　　B. 悬臂式挡墙

C. 板式支护结构　　D. 重力式支护结构

E. 支撑式挡墙

Ⅱ　地基与基础工程施工技术

(一) 单选题

1. 关于钢筋混凝土预制桩加工制作，说法正确的是（ ）。(2014 年)

A. 长度在 10cm 以上的桩必须工厂预制

B. 重叠法预制不宜超过 5 层

C. 重叠法预制下层桩强度达到设计强度 70%以上时方可灌注上层桩

D. 桩的强度达到设计强度的 70%方可起吊

2. 桥梁墩台基础施工时，在砂夹卵石层中，优先采用的主要沉桩为（　　）。（2014 年）

A. 锤击沉桩　　B. 射水沉桩

C. 振动沉桩　　D. 静力压桩

3. 以下土层中不宜采用重锤夯实地基的是（　　）。（2015 年）

A. 砂土　　B. 湿陷性黄土

C. 杂填土　　D. 软黏土

4. 以下土层中可以用灰土桩挤密地基施工的是（　　）。（2015 年）

A. 地下水位以下，深度在 15m 以内的湿陷性黄土地基

B. 地下水位以上，含水量不超过 30%的地基土层

C. 地下水位以下的人工填土地基

D. 含水量在 25%以下的人工填土地基

5. 钢筋混凝土预制桩的运输和堆放应满足以下要求（　　）。（2015 年）

A. 混凝土强度达到设计强度的 70%方可运输

B. 混凝土强度达到设计强度的 100%方可运输

C. 堆放层数不宜超过 10 层

D. 不同规格的桩按上小下大的原则堆放

6. 采用锤击法打预制钢筋混凝土桩，方法正确的是（　　）。（2015 年）

A. 桩重大于 2t 时，不宜采用“重锤低击”施工

B. 桩重小于 2t 时，可采用 1.5~2 倍桩重的桩锤

C. 桩重大于 2t 时，可采用桩重 2 倍以上的桩锤

D. 桩重小于 2t 时，可采用“轻锤高击”施工

7. 打桩机正确的打桩顺序为（　　）。（2015 年）

A. 先外后内　　B. 先大后小

C. 先短后长　　D. 先浅后深

8. 静力压桩正确的施工工艺流程是（　　）。（2015 年）

A. 定位—吊桩—对中—压桩—接桩—压桩—送桩—切割桩头

B. 吊桩—定位—对中—压桩—送桩—压桩—接桩—切割桩头

C. 对中—吊桩—插桩—送桩—静压—接桩—压桩—切割桩头

D. 吊桩—定位—压桩—送桩—接桩—压桩—切割桩头

9. 爆扩成孔灌注桩的主要优点在于（　　）。（2015 年）

A. 适于在软土中形成桩基础　　B. 扩大桩底支撑面

C. 增大桩身周边土体的密实度　　D. 有效扩大桩柱直径

10. 地基处理常采用强夯法，其特点在于（　　）。（2017 年）

A. 处理速度快、工期短，适用于城市施工　B. 不适用于软黏土层处理

C. 处理范围应小于建筑物基础范围　　　　D. 采取相应措施还可用于水下夯实

11. 在砂土地层中施工泥浆护壁成孔灌注桩，桩径 1.8m，桩长 52m，应优先考虑采用（　　）。(2016 年)

A. 正循环钻孔灌注桩　　　　B. 反循环钻孔灌注桩

C. 钻孔扩底灌注桩　　　　D. 冲击成孔灌注桩

12. 关于钢筋混凝土预制桩施工，说法正确的是（　　）。(2016 年)

A. 基坑较大时，打桩宜从周边向中间进行

B. 打桩宜采用重锤低击

C. 钢筋混凝土预制桩堆放层数不超过 2 层

D. 桩体混凝土强度达到设计强度的 70%方可运输

13. 钢筋混凝土预制桩锤击沉桩法施工，通常采用（　　）。(2017 年)

A. 轻锤低击的打桩方式　　　　B. 重锤低击的打桩方式

C. 先四周后中间的打桩顺序　　　　D. 先打短桩后打长桩

14. 某建筑物设计基础底面以下有 2~3m 厚的湿陷性黄土需采用换填加固，回填材料应优先采用（　　）。(2019 年)

A. 灰土　　　　B. 粗砂

C. 砂砾石　　　　D. 粉煤灰

15. 在含水砂层中施工钢筋混凝土预制桩基础，沉桩方法应优先选用（　　）。(2019 年)

A. 锤击沉桩　　　　B. 静力压桩

C. 射水沉桩　　　　D. 振动沉桩

16. 钢筋混凝土预制桩在砂夹卵石层和坚硬土层中沉桩，主要沉桩方式是（　　）。(2020 年)

A. 静力压桩　　　　B. 锤击沉桩

C. 振动沉桩　　　　D. 射水沉桩

17. 地基加固处理方法中，排水固结法的关键问题是（　　）。(2022 年)

A. 预压荷载　　　　B. 预压时间

C. 防震隔震措施　　　　D. 竖向排水体设置

18. 钢筋混凝土预制桩的起吊和运输，要求混凝土强度至少达到设计强度的（　　）。(2022 年)

A. 65%~85%　　　　B. 70%~100%

C. 75%~95%　　　　D. 70%~80%

19. 根据桩在土中受力情况，上部结构荷载主要由桩侧的摩擦阻力承担的是（　　）。(2022 年补考)

A. 摩擦桩　　　　B. 端承摩擦桩

C. 端承桩　　　　D. 摩擦端承桩

20. 在城市中心的软土地区，钢筋混凝土预制桩适宜的沉桩方式有（　　）。(2022 年补考)

A. 锤击沉桩　　B. 静力压桩

C. 射水沉桩　　D. 振动沉桩

21. 锤击沉桩施工钢筋混凝土预制桩，通常采用的锤击方式是（　　）。(2023 年)

A. 重锤高击　　B. 轻锤高击

C. 重锤低击　　D. 轻锤低击

（二）多选题

现浇混凝土灌注桩，按成孔方法分为（　　）。(2018 年)

A. 柱锤冲扩桩　　B. 泥浆护壁成孔灌注桩

C. 干作业成孔灌注桩　　D. 人工挖孔灌注桩

E. 爆扩成孔灌注桩

Ⅲ　主体结构工程施工技术

（一）单选题

1. 关于预应力后张法的施工工艺，下列说法正确的是（　　）。(2014 年)

A. 灌浆孔的间距，对预埋金属螺旋管不宜大于 40m

B. 张拉预应力筋时，设计无规定的，构件混凝土的强度不低于设计强度等级的 75%

C. 对后张法预应力梁，张拉时现浇结构混凝土的龄期不宜小于 5d

D. 孔道灌浆所用水泥浆拌合后至灌浆完毕的时间不宜超过 35min（此选项 2023 年版教材删除）

2. 相对其他施工方法，板柱框架结构的楼板采用升板法施工的优点是（　　）。(2014 年)

A. 节约模板，造价较低　　B. 机械化程度高，造价较低

C. 用钢量小，造价较低　　D. 不用大型机械，适宜狭地施工

3. 预应力混凝土构件先张法施工工艺流程正确的为（　　）。(2015 年)

A. 安骨架、钢筋—张拉—安底、侧模—浇灌—养护—拆模—放张

B. 安底模、骨架、钢筋—张拉—支侧模—浇灌—养护—拆模—放张

C. 安骨架—安钢筋—安底、侧模—浇灌—张拉—养护—放张—拆模

D. 安底、侧模—安钢筋—张拉—浇灌—养护—放张—拆模

4. 墙体为构造柱砌成的马牙槎，其凹凸尺寸和高度可约为（　　）。(2016 年)

A. 60mm 和 345mm　　B. 60mm 和 260mm

C. 70mm 和 385mm　　D. 90mm 和 385mm

5. 建筑主体结构采用泵送方式输送混凝土，其技术要求应满足（　　）。(2017 年)

A. 粗骨料粒径大于 25mm 时，出料口高度不宜超过 60m

B. 粗骨料最大粒径在 40mm 以内时可采用内径 150mm 的泵管

C. 大体积混凝土浇筑入模温度不宜大于 50℃

D. 粉煤灰掺量可控制在 25%～30%

6. 混凝土冬期施工时，应注意（　　）。(2017 年)

A. 不宜采用普通硅酸盐水泥　　B. 适当增加水灰比

C. 适当添加缓凝剂 D. 适当添加引气剂

7. 先张法预应力混凝土构件施工，其工艺流程为（　　）。(2017 年)

A. 支底模—支侧模—张拉钢筋—养护、拆模—放张钢筋

B. 支底模—张拉钢筋—支侧模—浇筑混凝土—养护、拆模

C. 支底模—预应力钢筋安放—张拉钢筋—支侧模—浇混凝土—拆模—放张钢筋

D. 支底模—钢筋安放—支侧模—张拉钢筋—浇筑混凝土—放张钢筋—拆模

8. 在剪力墙体系和筒体体系高层建筑的混凝土结构施工时，高效、安全、一次性投资少的模板形式应为（　　）。(2018 年)

A. 组合模板 B. 滑升模板

C. 爬升模板 D. 台模

9. 装配式混凝土结构施工时，直径大于 20mm 或直接受动力荷载的构件的纵向钢筋不宜采用（　　）。(2018 年)

A. 套筒灌浆链接 B. 浆锚搭接连接

C. 机械连接 D. 焊接连接

10. 钢结构单层厂房的吊车梁安装选用较多的起重机械是（　　）。(2018 年)

A. 拔杆 B. 桅杆式起重机

C. 履带式起重机 D. 塔式起重机

11. 砌筑砂浆试块强度验收合格的标准是，同一验收批砂浆试块强度平均值应不小于设计强度等级值的（　　）。(2019 年)

A. 90% B. 100%

C. 110% D. 120%

12. 关于钢筋安装，下列说法正确的是（　　）。(2019 年)

A. 框架梁钢筋应安装在柱纵向钢筋的内侧 B. 牛腿钢筋应安装在柱纵向钢筋的外侧

C. 柱帽钢筋应安装在柱纵向钢筋的外侧 D. 墙钢筋的弯钩应沿墙面朝下

13. 混凝土浇筑应符合的要求为（　　）。(2019 年)

A. 梁、板混凝土应分别浇筑，先浇梁、后浇板

B. 有主、次梁的楼板宜顺着主梁方向浇筑

C. 单向板宜沿板的短边方向浇筑

D. 高度大于 1.0m 的梁可单独浇筑

14. 关于装配式混凝土施工，下列说法正确的是（　　）。(2019 年)

A. 水平运输梁、柱构件时，叠放不宜超过 3 层

B. 水平运输板类构件时，叠放不宜超过 7 层

C. 钢筋套筒连接灌浆施工时，环境温度不得低于 10℃

D. 钢筋套筒连接施工时，连接钢筋偏离孔洞中心线不宜超过 10mm

15. 超高层建筑为提高混凝土浇筑效率，施工现场混凝土的运输应优先考虑（　　）。(2020 年)

A. 自升式塔式起重机运输 B. 泵送

C. 轨道式塔式起重机运输 D. 内爬式塔式起重机运输

16. 在浇筑与混凝土柱和墙相连的梁和板混凝土时，正确的施工顺序应为（　　）。（2021 年）

A. 与柱同时进行

B. 与墙同时进行

C. 与柱和墙协调同时进行

D. 在浇筑柱和墙完毕后停歇 1~1.5h 进行

17. 下列预应力混凝土结构中，通常使用先张法施工的构件是（　　）。（2021 年）

A. 桥跨结构　　B. 现场预制的大型构件

C. 特形结构　　D. 大型构筑物构件

18. 关于自行杆式起重机的特点，以下说法正确的（　　）。（2021 年）

A. 履带式起重机的稳定性高　　B. 轮胎起重机不适合在松软地面上工作

C. 汽车起重机可以负荷行驶　　D. 履带式起重机的机身回转幅度小

19. 正常施工条件下，石砌体每日砌筑高度宜为（　　）。（2022 年）

A. 1.2m　　B. 1.5m

C. 1.8m　　D. 2.3m

20. 关于扣件式钢管脚手架的搭设与拆除，下列说法正确的是（　　）。（2022 年）

A. 垫板应准确地放在定位线上，宽度不大于 200mm

B. 高度 24m 的双排脚手架必须采用刚性连墙件

C. 同层杆件须按先内后外的顺序拆除

D. 连墙件必须随脚手架逐层拆除

21. 适用于竖向较大直径变形钢筋连接方式的是（　　）。（2022 年）

A. 钢筋螺纹套管连接　　B. 钢筋套筒挤压连接

C. 电渣压力焊　　D. 钢筋绑扎连接

22. 在预应力混凝土工程中，后张法预应力的传递主要依靠（　　）。（2022 年）

A. 预应力筋　　B. 预应力筋两端的锚具

C. 孔道灌浆　　D. 锚固夹具

23. 砌体结构施工中，当基底标高不同时，砌体应遵循的施工顺序是（　　）。（2022 年补考）

A. 从高处砌起，并由高处向低处搭砌　　B. 从高处砌起，并由低处向高处搭砌

C. 从低处砌起，并由低处向高处搭砌　　D. 从低处砌起，并由高处向低处搭砌

24. 钢筋网中交叉钢筋的焊接方式宜采用（　　）。（2022 年补考）

A. 电弧焊　　B. 电阻点焊

C. 闪光对焊　　D. 电渣压力焊

25. 框架结构模板的拆模顺序是（　　）。（2022 年补考）

A. 柱、楼板、梁侧模、梁底模　　B. 柱、梁侧模、楼板、梁底模

C. 柱、梁侧模、梁底模、楼板　　D. 柱、梁底模、楼板、梁侧模

26. 对于钢筋较密的柱、梁、墙等构件的混凝土密实成型，宜选用的振动器是（　　）。（2022 年补考）

A. 插入式振动器　　B. 附着式振动器

C. 表面式振动器　　D. 平板式振动器

27. 柱的吊装过程中，斜吊绑扎法的使用条件是（　　）。(2022 年补考)

A. 柱的宽面抗弯能力不足　　B. 柱的宽面抗弯能力满足吊装要求

C. 柱的窄面抗变形能力不足　　D. 柱的窄面抗变形能力满足吊装要求

28. 抗震设防烈度为 7 度地区的砖砌体工程，直槎处加设拉结钢筋的埋入长度应（　　）。(2023 年)

A. 从留槎处算起每边均不应小于 500mm　　B. 从间断处算起每边均不应小于 500mm

C. 从留槎处算起每边均不应小于 1000mm　　D. 从间断处算起每边均不应小于 1000m

29. 对于设计无具体要求时，跨度为 6m 板底模拆除时混凝土强度为设计强度的（　　）。(2023 年)

A. 50%　　B. 75%

C. 100%　　D. 30%

30. 与综合吊装法相比，分件吊装法的特点是（　　）。(2023 年)

A. 构件的校正困难

B. 有利于各工种交叉平行流水作业，缩短工期

C. 开行线路短，停机点少

D. 可减少起重机变幅和索具的更换次数，提高吊装效率

（二）多选题

1. 关于先张法预应力混凝土施工，说法正确的有（　　）。(2016 年)

A. 先支设底模再安放骨架，张拉钢筋后再支设侧模

B. 先安装骨架再张拉钢筋然后支设底模和侧模

C. 先支设侧模和骨架，再安装底模后张拉钢筋

D. 混凝土宜采用自然养护和湿热养护

E. 预应力钢筋需待混凝土达到一定的强度值方可放张

2. 单层工业厂房结构吊装的起重机，可根据现场条件、构件重量、起重机性能选择（　　）。(2018 年)

A. 单侧布置　　B. 双侧布置

C. 跨内单行布置　　D. 跨外环形布置

E. 跨内环形布置

3. 关于混凝土灌注桩施工，下列说法正确的有（　　）。(2019 年)

A. 泥浆护壁成孔灌注桩实际成桩顶标高应比设计标高高出 1.0m

B. 地下水位以上地层可采用人工成孔工艺

C. 泥浆护壁正循环钻孔灌注桩适用于桩径 2.0m 以下桩的成孔

D. 干作业成孔灌注桩采用短螺旋钻孔机一般需分段多次成孔

E. 爆扩成孔灌注桩由桩柱、爆扩部分和桩底扩大头三部分组成

4. 关于钢结构高强度螺栓连接，说法正确的有（　　）。(2021 年)

A. 高强度螺栓可兼作安装螺栓

B. 摩擦连接是目前最广泛采用的基本连接方式

C. 同一接头中连接副的初拧、复拧、终拧应在 12h 内完成

D. 高强度螺栓群连接副施拧时，应从中央向四周顺序进行

E. 设计文件无规定的高强度螺栓和焊接并用的连接节点宜先焊接再紧固

5. 单层工业厂房的结构吊装中，与分件吊装法相比，综合吊装法的优点有（　　）。(2022 年)

A. 停机点少　　B. 开行路线短

C. 工作效率高　　D. 构件供应与现场平面布置简单

E. 起重机变幅和索具更换次数少

6. 下列关于扣件式外脚手架搭设要求的说法，正确的有（　　）。(2023 年)

A. 必须设置横向扫地杆，一般不设纵向扫地杆

B. 高度 24m 以上的双排脚手架必须采用刚性连墙件

C. 一次搭设高度不应超过相邻连墙件以上两步

D. 纵向水平杆应设置在立杆内侧，其长度不小于 2 跨

E. 主节点处必须设置一根横向水平杆，用直角扣件扣接且严禁拆除

7. 大体积混凝土结构施工方案，常用的施工方案有（　　）。(2023 年)

A. 全面分层　　B. 全面分段

C. 斜面分层　　D. 斜面分段

E. 分段分层

Ⅳ　防水工程施工技术

（一）单选题

1. 用于地下砖石结构和防水混凝土结构的加强层，且施工方便、成本较低的表面防水层应为（　　）。(2018 年)

A. 水泥砂浆防水层　　B. 涂膜防水层

C. 卷材防水层　　D. 涂料防水层

2. 与内贴法相比，地下防水施工外贴法的优点是（　　）。(2021 年)

A. 施工速度快

B. 占地面积小

C. 墙与底板结合处不容易受损

D. 外墙和基础沉降时，防水层不容易受损

3. 关于屋面防水施工，以下说法正确的是（　　）。(2022 年补考)

A. 卷材应垂直屋脊铺贴

B. 卷材铺贴从屋脊由上而下铺贴

C. 大坡面防水卷材施工应采用满粘法

D. 热熔法和焊接法施工温度不低于 10℃

4. 涂膜防水屋面防水层的施工顺序是（　　）。(2023 年)

A. 先低后高，先近后远　　B. 先低后高，先远后近

C. 先高后低，先近后远　　D. 先高后低，先远后近

（二）多选题

1. 防水混凝土施工应满足的工艺要求有（　　）。（2017 年）

A. 混凝土中不宜掺入膨胀水泥（此选项 2023 年版教材删除）

B. 入泵坍落度宜控制在 120~140mm

C. 浇筑时混凝土自落高度不得大于 1.5m

D. 后浇带应按施工方案设置

E. 当气温低于 5℃时喷射混凝土不得喷水养护

2. 地下防水工程防水混凝土正确的防水构造措施有（　　）。（2020 年）

A. 竖向施工缝应设置在地下水和裂缝水较多的地段

B. 竖向施工缝尽量与变形缝相结合

C. 贯穿防水混凝土的铁件应在铁件上加焊止水铁片

D. 贯穿铁件端部混凝土覆盖层厚度不少于 250mm

E. 水平施工缝应避开底板与侧墙交接处

3. 关于涂膜防水屋面施工方法，下列说法正确的有（　　）。（2021 年）

A. 高低跨屋面，一般先涂高跨屋面，后涂低跨屋面

B. 相同高度屋面，按照距离上料点“先近后远”的原则进行涂布

C. 同一屋面，先涂布排水较集中的节点部位，再进行大面积涂布

D. 采用双层胎体增强材料时，上下层应互相垂直铺设

E. 涂膜应根据防水涂料的品种分层分遍涂布，且前后两遍涂布方向平行

V　节能工程施工技术

（一）单选题

1. 关于屋面保温工程中保温层的施工要求，下列说法正确的为（　　）。（2021 年）

A. 倒置式屋面高女儿墙和山墙内侧的保温层应铺到压顶下

B. 种植屋面的绝热层应采用粘结法和机械固定法施工

C. 种植屋面宜设计为倒置式

D. 坡度不大于 3%的倒置式上人屋面，保温层板材施工可采用干铺法

2. 聚苯板、硬质聚氨酯泡沫塑料等有机材料作为屋面保温层时，其保温层厚度应为（　　）mm。（2023 年）

A. 10~20　　B. 90~120

C. 25~80　　D. 150~260

（二）多选题

1. 屋面保温层施工应满足的要求有（　　）。（2020 年）

A. 先施工隔汽层再施工保温层

B. 隔汽层沿墙面高于保温层

C. 纤维材料保温层不宜采用机械固定法施工

D. 现浇泡沫混凝土保温层现浇的自落高度≤1m

E. 泡沫混凝土一次浇筑厚度≤200mm

2. 外墙内保温系统包括（　　）。(2022 年补考)

A. 保护层　　B. 防护层

C. 保温层　　D. 隔热板

E. 透气层

Ⅵ　装饰装修工程施工技术

（一）单选题

1. 混凝土或抹灰基层涂刷溶剂型涂料时，含水率不得大于（　　）。(2014 年)

A. 8%　　B. 9%

C. 10%　　D. 12%

2. 墙面石材铺装应符合的规定是（　　）。(2018 年)

A. 较厚的石材应在背面粘贴玻璃纤维网布

B. 较薄的石材应在背面粘贴玻璃纤维网布

C. 强度较高的石材应在背面粘贴玻璃纤维网布

D. 采用粘贴法施工时基层应压光

3. 石材幕墙的石材与幕墙骨架的连接有多种方式，其中使石材面板受力较好的连接方式是（　　）。(2020 年)

A. 钢销式连接　　B. 短槽式连接

C. 通槽式连接　　D. 背栓式连接

4. 浮雕涂饰工程中，水性涂料面层应选用的施工方法有（　　）。(2021 年)

A. 喷涂法　　B. 刷漆法

C. 滚涂法　　D. 粘贴法

5. 下列关于墙面铺装工程施工，说法正确的是（　　）。(2023 年)

A. 湿作业施工现场环境温度宜在 0℃以上

B. 砂浆宜采用 1∶3 水泥砂浆，厚度 6~10mm

C. 墙面砖铺贴前应进行挑选，并浸水 2h 以上，保持表面水分

D. 每面墙不宜有两列非整砖，且非整砖宽度不宜小于整砖的 1/3

（二）多选题

暂无。

三、真题解析

Ⅰ　土石方工程施工技术

（一）单选题

1. **【答案】** C

【解析】 采用明排水法开挖基坑时，集水坑应设置在基础范围以外，地下水走向的上游。

2. **【答案】** B

【解析】 将铲刀斜装在支架上，与推土机横轴在水平方向上形成一定角度进行推土。

一般在管沟回填且无倒车余地时采用这种方法。

3. 【答案】D

【解析】抓铲挖掘机的挖土特点是：直上直下，自重切土。

4. 【答案】C

【解析】湿度小的黏性土挖土深度小于3m时，可用间断式水平挡土板支撑；对松散、湿度大的土可用连续式水平挡土板式支撑，挖土深度可达5m；对松散和湿度很高的土可用垂直挡土板式支撑，其挖土深度不限。

5. 【答案】B

【解析】铲运机常用于坡度在20°以内的大面积场地平整，开挖大型基坑、沟槽，以及填筑路基等土方工程。当场地起伏高差较大、土方运输距离超过1000m，且工程量大而集中时，可采用挖掘机挖土，配合自卸汽车运土，并在卸土区配备推土机平整土堆。

6. 【答案】A

【解析】选项B，双排井点管适用于宽度大于6m或土质不良的情况；选项C，单排井点管应布置在基坑的地下水上游一侧；选项D，当土方施工机械需进出基坑时，也可采用U形布置。

7. 【答案】B

【解析】选项A应是较硬的土中；选项C，沟槽推土法就是沿第一次推过的原槽推土，前次推土所形成的土埂能阻止土的散失，从而增加推运量；选项D，斜角推土法是将刀斜装在支架上，与推土机横轴在水平方向形成一定角度进行推土。

8. 【答案】C

【解析】正铲挖掘机的挖土特点是：前进向上，强制切土。反铲挖掘机的特点是：后退向下，强制切土。拉铲挖掘机的挖土特点是：后退向下，自重切土。抓铲挖掘机的挖土特点是：直上直下，自重切土。

9. 【答案】C

【解析】轻型井点根据基坑平面的大小与深度、土质、地下水位高低与流向、降水深度要求进行布置。

10. 【答案】B

【解析】填方宜采用同类土填筑，如采用不同透水性的土分层填筑时，下层宜填筑透水性较大、上层宜填筑透水性较小的填料，或将透水性较小的土层表面做成适当坡度，以免形成水囊。含水量大的黏土不宜作填土用。

11. 【答案】B

【解析】明排水法是在基坑开挖过程中，在坑底设置集水坑，并沿坑底周围或中央开挖排水沟，使水流入集水坑，然后用水泵抽走。抽出的水应引开，以防倒流。

12. 【答案】B

【解析】反铲挖掘机的特点是：后退向下，强制切土。其挖掘力比正铲小，能开挖停机面以下的Ⅰ~Ⅲ级的砂土或黏土，适宜开挖深度4m以内的基坑，对地下水位较高处也适用。反铲挖掘机的开挖方式，可分为沟端开挖与沟侧开挖。

13. 【答案】C

【解析】振动压实法对于填料为爆破石渣、碎石类土、杂填土和粉土等非黏性土效果较好。

14. 【答案】B

【解析】对松散和湿度很高的土可用垂直挡土板式支撑，其挖土深度不限。

15. 【答案】C

【解析】在饱和黏土中，特别是淤泥和淤泥质黏土中，由于土的透水性较差，持水性较强，用一般喷射井点和轻型井点降水效果较差，此时宜增加电渗井点来配合轻型或喷射井点降水，以便对透水性较差的土起疏干作用，使水排出。

16. 【答案】D

【解析】抓铲挖掘机的挖土特点是：直上直下，自重切土。其挖掘力较小，只能开挖Ⅰ~Ⅱ级土，可以挖掘独立基坑、沉井，特别适于水下挖土。

17. 【答案】A

【解析】在饱和黏土中，特别是淤泥和淤泥质黏土中，由于土的透水性较差，持水性较强，用一般喷射井点和轻型井点降水效果较差，此时宜增加电渗井点来配合轻型或喷射井点降水，以便对透水性较差的土起疏干作用，使水排出。

18. 【答案】C

【解析】反铲挖掘机的特点是：后退向下，强制切土。其挖掘力比正铲小，能开挖停机面以下的Ⅰ~Ⅲ级的砂土或黏土，适宜开挖深度 4m 以内的基坑，对地下水位较高处也适用。

19. 【答案】C

【解析】水泥土搅拌桩（或称深层搅拌桩）支护结构是近年来发展起来的一种重力式支护结构。由于采用重力式结构，开挖深度不宜大于 7m。

20. 【答案】C

【解析】铲运机常用于坡度在 20°以内的大面积场地平整，开挖大型基坑、沟槽，以及填筑路基等土方工程。铲运机可在 1~3 类土中直接挖土、运土，适宜运距为 600~1500m，当运距为 200~350m 时效率最高。

21. 【答案】D

【解析】湿度小的黏性土挖土深度小于 3m 时，可用间断式水平挡土板支撑；对松散、湿度大的土可用连续式水平挡土板支撑，挖土深度可达 5m。对松散和湿度很高的土可用垂直挡土板支撑，其挖土深度不限。

22. 【答案】D

【解析】选项 A，铲运机适宜运距为 600~1500m，当运距为 200~350m 时效率最高；选项 B，并列推土法能减少土的失散；选项 C，铲运机常用于坡度在 20°以内的大面积场地平整。

23. 【答案】C

【解析】碎石类土、砂土、爆破石渣及含水量符合压实要求的黏性土可作为填方土料。

24. 【答案】C

【解析】本题考查的是土石方工程施工技术。在饱和黏土中，特别是淤泥和淤泥质黏土中，由于土的透水性较差，持水性较强，用一般喷射井点和轻型井点降水效果较差，此时宜增加电渗井点来配合轻型或喷射井点降水，以便对透水性较差的土起疏干作用，使水排出。

25. 【答案】A

【解析】本题考查的是土石方工程机械化施工。选项 B，松土不宜用重型碾压机械直接滚压，否则土层有强烈起伏现象，效率不高；选项 C，夯实法是利用夯锤自由下落的冲击力来夯实土壤，主要用于小面积回填土，可以夯实黏性土或非黏性土；选项 D，对于振实填料为爆破石渣、碎石类土、杂填土和粉土等非黏性土效果较好。

26. 【答案】B

【解析】湿度小的黏性土挖土深度小于 3m 时，可用间断式水平挡土板支撑；对松散、湿度高的土可用连续式水平挡土板支撑，挖土深度可达 5m。对松散和湿度很高的土可用垂直挡土板式支撑，其挖土深度不限。

27. 【答案】A

【解析】抓铲挖掘机的挖土特点是：直上直下，自重切土。

（二）多选题

1. 【答案】ACD

【解析】推土机的经济运距在 100m 以内，以 30～60m 为最佳运距，并列台数不宜超过四台，否则互相影响。铲运机适宜运距为 600～1500m，当运距为 200～350m 时效率最高。拉铲挖掘机的挖土特点是：后退向下，自重切土，适宜开挖大型基坑及水下挖土。

2. 【答案】ABDE

【解析】选项 A、E 正确，环形布置适用于大面积基坑。如采用 U 形布置，则井点管不封闭的一段应设在地下水的下游方向。选项 B 正确，双排布置适用于基坑宽度大于 6m 或土质不良的情况。选项 D 正确，单排布置适用于基坑、槽宽度小于 6m，且降水深度不超过 5m 的情况。选项 C 错误，当土方施工机械需进出基坑时，也可采用 U 形布置。

3. 【答案】BCDE

【解析】本题考查的是基坑（槽）支护。基坑（槽）支护结构的形式有多种，根据受力状态可分为横撑式支撑、重力式支护结构、板式支护结构等，其中，板桩式支护结构又分为悬臂式和支撑式。横撑式支撑用于支护沟槽。

Ⅱ 地基与基础工程施工技术

（一）单选题

1. 【答案】D

【解析】钢筋混凝土预制桩应在混凝土强度达到设计强度的 70%方可起吊。

2. 【答案】B

【解析】在砂夹卵石层或坚硬土层中，一般以射水为主，锤击或振动为辅。

3. 【答案】D

【解析】重锤夯实法适用于地下水距地面 0. 8m 以上稍湿的黏土、砂土、湿陷性黄土、杂填土和分层填土，但在有效夯实深度内存在软黏土层时不宜采用。

4.【答案】D

【解析】土桩和灰土桩挤密地基是由桩间挤密土和填夯的桩体组成的人工“复合地基”。适用于处理地下水位以上，深度 5~15m 的湿陷性黄土或人工填土地基。土桩主要适用于消除湿陷性黄土地基的湿陷性，灰土桩主要适用于提高人工填土地基的承载力。地下水位以下或含水量超过 25%的土，不宜采用。

5.【答案】B

【解析】钢筋混凝土预制桩应在混凝土强度达到设计强度的 70%方可起吊；达到 100%方可运输和打桩。堆放层数不宜超过 4 层。不同规格的桩应分别堆放。

6.【答案】B

【解析】当锤重大于桩重的 1.5~2 倍时，能取得良好的效果，但桩锤亦不能过重，过重易将桩打坏；当桩重大于 2t 时，可采用比桩轻的桩锤，但亦不能小于桩重的 75%。

7.【答案】B

【解析】打桩应避免自外向内，或从周边向中间进行。当桩基的设计标高不同时，打桩顺序应先深后浅；当桩的规格不同时，打桩顺序宜先大后小，先长后短。

8.【答案】A

【解析】静力压桩由于受设备行程的限制，在一般情况下是分段预制、分段压入、逐段压入、逐段接长，其施工工艺程序为：测量定位—压桩机就位—吊桩、插桩—桩身对中调直—静压沉桩—接桩—再静压沉桩—送桩—终止压桩—切割桩头。

9.【答案】B

【解析】爆扩成孔灌注桩又称爆扩桩，由桩柱和扩大头两部分组成。爆扩桩的一般施工过程是：采用简易的麻花钻（手工或机动）在地基上钻出细而长的小孔，然后在孔内安放适量的炸药，利用爆炸的力量挤土成孔（也可用机钻成孔）；接着在孔底安放炸药，利用爆炸的力量在底部形成扩大头；最后灌注混凝土或钢筋混凝土而成。这种桩成孔方法简便，能节省劳动力，降低成本，做成的桩承载力也较大。爆扩桩的适用范围较广，除软土和新填土外，其他各种土层中均可使用。

10.【答案】D

【解析】强夯法不得用于不允许对工程周围建筑物和设备有一定振动影响的地基加固，所以 A 不对；重锤夯实不适用于软黏土层，B 不对；C 属于常识，处理范围应大于建筑物的基础范围。对于高饱和度淤泥、软黏土、泥炭、沼泽土，如采取一定技术措施也可采用，还可用于水下夯实。

11.【答案】B

【解析】反循环钻孔灌注桩适用于黏性土、砂土、细粒碎石土及强风化、中等-微风化岩石，可用于桩径小于 2.0m、孔深一般小于或等于 60m 的场地。

12.【答案】B

【解析】选项 A，打桩应避免自外向内，或从周边向中间进行；选项 C，现场预制桩多用重叠法预制，重叠层数不宜超过 4 层；选项 D，钢筋混凝土预制桩应在混凝土达到设计强度的 70%方可起吊；达到 100%方可运输和打桩。

13.【答案】B

【解析】宜采用“重锤低击”，即锤的重量大而落距小，这样，桩锤不易产生回跃，不致损坏桩头，且桩易打入土中，效率高；反之，若“轻锤高击”，则桩锤易产生回跃，易损坏桩头，桩难以打入土中。

14.【答案】A

【解析】灰土地基适用于加固深 1~4m 厚的软弱土、湿陷性黄土、杂填土等，还可用作结构的辅助防渗层。砂和砂石地基适于处理 3m 以内的软弱、透水性强的黏性土地基，包括淤泥、淤泥质土；不宜用于加固湿陷性黄土地基及渗透系数小的黏性土地基。

15.【答案】D

【解析】振动沉桩主要适用于砂土、砂质黏土、亚黏土层。在含水砂层中的效果更为显著，但在砂砾层中采用此法时，尚需配以水冲法。

16.【答案】D

【解析】射水沉桩法的选择应视土质情况而异，在砂夹卵石层或坚硬土层中，一般以射水为主，锤击或振动为辅。

17.【答案】A

【解析】预压地基又称排水固结法地基，预压荷载是其中的关键问题，因为施加预压荷载后才能引起地基土的排水固结。

18.【答案】B

【解析】钢筋混凝土预制桩应在混凝土达到设计强度的 70% 方可起吊；达到 100% 方可运输和打桩。如提前吊运，应采取措施并经验算合格后方可进行。

19.【答案】A

【解析】本题考查的是桩基础施工。根据桩在土中受力情况的不同，可以分为端承桩和摩擦桩。端承桩是穿过软弱土层而达到硬土层或岩层的一种桩，上部结构荷载主要依靠桩端反力支撑；摩擦桩是完全设置在软弱土层一定深度的一种桩，上部结构荷载主要由桩侧的摩阻力承担，而桩端反力承担的荷载只占很小的部分。

20.【答案】B

【解析】本题考查的是桩基础施工。静力压桩施工时无冲击力，噪声和振动较小，桩顶不易损坏，且无污染，对周围环境的干扰小，适用于软土地区、城市中心或建筑物密集处的桩基础工程，以及精密工厂的扩建工程。

21.【答案】C

【解析】锤击沉桩施工钢筋混凝土预制桩，宜采用“重锤低击”。

（二）多选题

【答案】BCDE

【解析】根据成孔工艺不同，分为泥浆护壁成孔、干作业成孔、人工挖孔、套管成孔和爆扩成孔等。

Ⅲ 主体结构工程施工技术

（一）单选题

1.【答案】B

【解析】灌浆孔的间距，对预埋金属螺旋管不宜大于30m。对后张法预应力梁和板，现浇结构混凝土的龄期分别不宜小于7d和5d。水泥浆拌合后至灌浆完毕的时间不宜超过30min。

2.【答案】D

【解析】升板法施工的特点是柱网布置灵活，设计结构单一；各层板叠浇制作，节约大量模板；提升设备简单，不用大型机械；高空作业减少，施工较为安全；劳动强度减轻，机械化程度提高；节省施工用地，适宜狭窄场地施工；但用钢量较大，造价偏高。

3.【答案】B

【解析】先张法工艺流程：预应力钢筋制作—支底模，安放骨架及预应力钢筋—张拉预应力钢筋—支侧模，安放预埋件—浇筑混凝土—养护—拆模—放张预应力钢筋—构件吊起、堆放。

4.【答案】B

【解析】墙体应砌成马牙槎，马牙槎凹凸尺寸不宜小于60mm，高度不应超过300mm，马牙槎应先退后进，对称砌筑。

5.【答案】B

【解析】混凝土输送宜采用泵送方式。混凝土粗骨料最大粒径不大于25mm时，可采用内径不小于125mm的输送泵管；混凝土粗骨料最大粒径不大于40mm时，可采用内径不小于150mm的输送泵管。A选项不对，为6m；C选项不宜大于30℃；D选项为15%~25%。

6.【答案】D

【解析】冬期施工配制混凝土宜选用硅酸盐水泥或普通硅酸盐水泥。采用蒸汽养护时，宜选用矿渣硅酸盐水泥。采用非加热养护方法时，混凝土中宜掺入引气剂、引气型减水剂或含有引气组分的外加剂，混凝土含气量宜控制在3.0%~5.0%。

7.【答案】C

【解析】先张法的工艺流程参见图4-2。

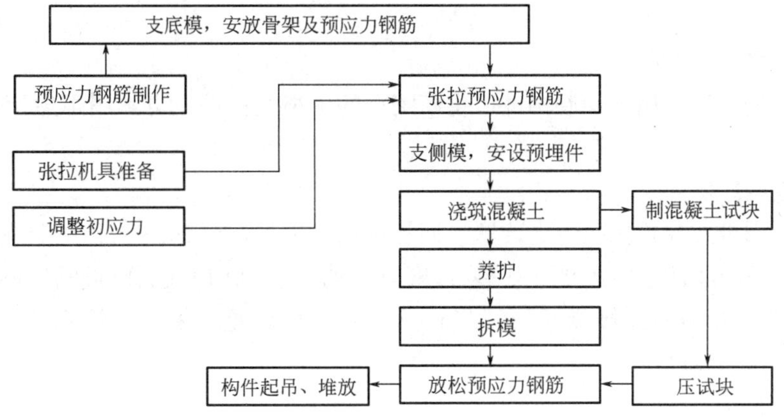

图4-2　先张法工艺流程

8. 【答案】C

【解析】爬升模板简称爬模，国外亦称跳模，是施工剪力墙体系和筒体体系的钢筋混凝土结构高层建筑的一种有效的模板体系。

9. 【答案】B

【解析】直径大于 20mm 的钢筋不宜采用浆锚搭接连接，直接承受动力荷载的构件的纵向钢筋不应采用浆锚搭接连接。

10. 【答案】C

【解析】履带式起重机由行走装置、回转机构、机身及起重杆等组成。在装配式钢筋混凝土单层工业厂房结构吊装中得到广泛使用。其缺点是稳定性较差，未经验算不宜超负荷吊装。

11. 【答案】C

【解析】砌筑砂浆试块强度验收时其强度合格标准应符合下列规定：①同一验收批砂浆试块强度平均值应大于或等于设计强度等级值的 1.10 倍。②同一验收批砂浆试块抗压强度的最小值一组平均值应大于或等于设计强度等级值的 85%。

12. 【答案】A

【解析】框架梁、牛腿、柱帽等钢筋，应放在柱子纵向钢筋内侧。

13. 【答案】D

【解析】梁和板宜同时浇筑混凝土，有主、次梁的楼板宜顺着自然方向浇筑，单向板宜沿着板的长边方向浇筑，拱和高度大于 1.0m 时的梁等结构，可以单独浇筑混凝土。

14. 【答案】A

【解析】水平运输梁、柱构件时，叠放不宜超过 3 层；钢筋套筒连接灌浆施工时，环境温度不得低于 5℃；钢筋套筒连接施工时，连接钢筋偏离孔洞中心线不宜超过 5mm。

15. 【答案】B

【解析】混凝土输送宜采用泵送方式。

16. 【答案】D

【解析】在浇筑与柱和墙连成整体的梁和板时，应在柱和墙浇筑完毕后停歇 1~1.5h，再继续浇筑。

17. 【答案】A

【解析】先张法多用于预制构件厂生产定型的中小型构件，也常用于生产预应力桥跨结构等。

18. 【答案】B

【解析】履带式起重机由行走装置、回转机构、机身及起重杆等组成。采用链式履带的行走装置，对地面压力大为减小，装在底盘上的回转机构使机身可回转 360°。机身内部有动力装置、卷扬机及操纵系统。其缺点是稳定性较差，未经验算不宜超负荷吊装。汽车起重机不能负荷行驶。

19. 【答案】A

【解析】正常施工条件下，砖砌体、小砌块砌体每日砌筑高度宜控制在 1.5m 或一步脚手架高度内；石砌体不宜超过 1.2m。

20.【答案】D

【解析】选项 A 错误，底座、垫板均应准确地放在定位线上，垫板应采用长度不少于 2 跨、厚度不小于 50mm、宽度不小于 200mm 的木垫板。选项 B 错误，对高度 24m 及以下的单、双排脚手架，宜采用刚性连墙件与建筑物可靠连接，亦可采用钢筋与顶撑配合使用的附墙连接方式。严禁使用只有钢筋的柔性连墙件。对高度 24m 以上的双排脚手架，必须采用刚性连墙件与建筑物可靠连接。选项 C 错误，同层杆件和构配件必须按先外后内的顺序拆除。选项 D 正确，连墙件必须随脚手架逐层拆除，严禁先将连墙件整层拆除后再拆脚手架。

21.【答案】B

【解析】钢筋套筒挤压连接适用于竖向、横向及其他方向的较大直径变形钢筋的连接。

22.【答案】B

【解析】后张法预应力的传递主要依靠预应力筋两端的锚具。

23.【答案】D

【解析】本题考查的是砌体结构工程施工。基底标高不同时，应从低处砌起，并应由高处向低处搭砌。

24.【答案】B

【解析】本题考查的是混凝土结构工程施工。电阻点焊主要用于小直径钢筋的交叉连接，如用来焊接钢筋骨架、钢筋网中交叉钢筋。

25.【答案】A

【解析】本题考查的是模板工程。框架结构模板的拆除顺序一般是柱、楼板、梁侧模、梁底模。

26.【答案】B

【解析】本题考查的是混凝土结构工程施工。外部振动器又称附着式振动器，是直接固定在模板上，利用带偏心块的振动器产生的振动通过模板传递给混凝土拌合物，达到振实的目的。适用于振捣断面较小或钢筋较密的柱、梁、墙等构件。

27.【答案】B

【解析】本题考查的是结构吊装工程施工。斜吊绑扎法用于柱的宽面抗弯能力满足吊装要求，此法无须将预制柱翻身，但因起吊后柱身与杯底不垂直，对线就位较难。

28.【答案】C

【解析】工程施工抗震设防及抗震设防烈度为 6 度、7 度地区的临时间断处，当不能留斜槎时，除转角处外，可留直槎，但直槎必须做成凸槎，且应加设拉结钢筋。埋入长度从留槎处算起每边均不应小于 500mm，对抗震设防烈度 6 度、7 度的地区，不应小于 1000mm。

29.【答案】B

【解析】参见表 4-3。

表 4-3 底模拆除时的混凝土强度要求

构件类型	构件跨度（m）	达到设计的混凝土立方体抗压强度标准值的百分率（%）
板	≤2	≥50
	>2，≤8	≥75
	>8	≥100
梁、拱、壳	≤8	≥75
	>8	≥100
悬臂构件	—	≥100

30. **【答案】** D

【解析】 分件吊装法的优点是：由于每次均吊装同类型构件，可减少起重机变幅和索具的更换次数，从而提高吊装效率，能充分发挥起重机的工作能力，构件供应与现场平面布置比较简单，也给构件校正、接头焊接、灌筑混凝土和养护提供充分的时间。缺点是：不能为后继工序及早提供工作面，起重机的开行路线较长。分件吊装法是目前单层工业厂房结构吊装中采用较多的一种方法。

（二）多选题

1. **【答案】** ADE

【解析】 先张法工艺流程：预应力钢筋制作→支底模，安放骨架及预应力钢筋→张拉预应力钢筋→支侧模，安放预埋件→浇筑混凝土→养护→拆模→放松预应力钢筋→构件吊起、堆放。混凝土可采用自然养护或湿热养护。预应力筋张拉时，混凝土强度应符合设计要求；当设计无具体要求时，不应低于设计的混凝土立方体抗压强度标准值的 75%。先张法预应力筋放张时不应低于 30MPa。

2. **【答案】** ABCE

【解析】 起重机的布置方案主要根据房屋平面形状、构件重量、起重机性能及施工现场环境条件等确定。一般有四种布置方案：单侧布置、双侧布置、跨内单行布置和跨内环形布置。没有跨外环形布置方式。

3. **【答案】** ABD

【解析】 灌注桩的桩顶标高至少要比设计标高高出 1.0m；干作业成孔灌注桩系指在地下水位以上地层可采用机械或人工成孔并灌注混凝土的成桩工艺；正循环钻孔灌注桩可用于桩径小于 1.5m，孔深一般小于或等于 50m 场地。干作业成孔灌注桩短螺旋钻孔机为分段多次成孔；爆扩成孔灌注桩又称爆扩桩，是由桩柱和扩大头两部分组成。

4. **【答案】** BD

【解析】 高强度螺栓不得兼作安装螺栓。高强度螺栓按连接形式通常分为摩擦连接、张拉连接和承压连接等。其中，摩擦连接是目前广泛采用的基本连接形式。同一接头中，高强度螺栓连接副的初拧、复拧、终拧应在 24h 内完成。高强度螺栓连接副初拧、复拧和终拧原则上应以接头刚度较大的部位向约束较小的方向、由螺栓群中央向四周的顺序进行。高强度螺栓和焊接并用的连接节点，当设计文件无规定时，宜按先螺栓紧固后焊接的施工顺序进行。

5. 【答案】AB

【解析】综合吊装法的优点是：开行路线短，停机点少；吊完一个节间，其后续工种就可进入节间内工作，使各个工种进行交叉平行流水作业，有利于缩短工期。

6. 【答案】BCE

【解析】选项 A 错误，脚手架必须设置纵、横向扫地杆，纵向扫地杆应采用直角扣件固定在距底座上皮不大于 200mm 处的立杆上。选项 B 正确，对高度 24m 及以下的单、双排脚手架，宜采用刚性连墙件与建筑物可靠连接，也可采用钢筋与顶撑配合使用的附墙连接方式；对高度 24m 以上的双排脚手架，必须采用刚性连墙件与建筑物可靠连接。选项 C 正确，脚手架必须配合施工进度搭设，一次搭设高度不应超过相邻连墙件以上两步。选项 D 错误，纵向水平杆应设置在立杆内侧，其长度不应小于 3 跨。选项 E 正确，主节点处必须设置一根横向水平杆，用直角扣件扣接且严禁拆除。

7. 【答案】ACE

【解析】大体积混凝土结构的浇筑方案，一般分为全面分层、分段分层和斜面分层三种。全面分层法要求的混凝土浇筑强度较大，斜面分层法混凝土浇筑强度较小，施工中可根据结构物的具体尺寸、捣实方法和混凝土供应能力，认真选择浇筑方案。目前应用较多的是斜面分层。

Ⅳ 防水工程施工技术

（一）单选题

1. 【答案】A

【解析】水泥砂浆防水层取材容易，施工方便，防水效果较好，成本较低，适用于地下砖石结构的防水层或防水混凝土结构的加强层。

2. 【答案】D

【解析】外贴法的优点是构筑物与保护墙有不均匀沉降时，对防水层影响较小；防水层做好后即可进行漏水试验，修补方便。其缺点是工期较长，占地面积较大；底板与墙身接头处卷材易受损。

3. 【答案】C

【解析】本题考查的是屋面防水工程施工。选项 A，卷材宜平行屋脊铺贴，上下层卷材不得相互垂直铺贴；选项 B，卷材铺贴从屋脊由下而上铺贴；选项 C，冷粘法和热粘法不宜低于 5℃；自粘法不宜低于 10℃。

4. 【答案】D

【解析】涂膜防水层的施工应按“先高后低、先远后近”的原则进行。遇高低跨屋面时，一般先涂高跨屋面，后涂低跨屋面；对相同高度屋面，要合理安排施工段，先涂布距离上料点远的部位，后涂布近处；对同一屋面上，先涂布排水较集中的水落口、天沟、檐沟、檐口等节点部位，再进行大面积涂布。

（二）多选题

1. 【答案】BCE

【解析】膨胀水泥防水混凝土是利用膨胀水泥在水化硬化过程中形成大量体积增大的结

晶，改善混凝土的孔结构，提高混凝土的抗渗性能，所以 A 不对。防水混凝土结构的变形缝、施工缝、后浇带、穿墙管、埋设件等设置和构造必须符合设计要求，所以 D 不对。

2. 【答案】BCDE

【解析】选项 A 错误、选项 B 正确，垂直施工缝应避开地下水和裂隙水较多的地段，并宜与变形缝相结合。选项 C 正确，地下建筑施工中墙体模板的穿墙螺栓，穿过底板的基坑围护结构等，均是贯穿防水混凝土的铁件。为保证地下建筑的防水要求，可在铁件上加焊一道或数道止水铁片，延长渗水路径、减小渗水压力，达到防水目的。选项 D 正确，埋设件端部或预留孔、槽底部的混凝土厚度不得少于 250mm；当混凝土厚度小于 250mm 时，应局部加厚或采取其他防水措施。选项 E 正确，墙体水平施工缝不应留在剪力与弯矩最大处或底板与侧墙的交接处，应留在高出底板表面不小于 300mm 的墙体上。

3. 【答案】AC

【解析】选项 B 错，对相同高度屋面，要合理安排施工段，先涂布距离上料点远的部位，后涂布近处。选项 D 错，采用双层胎体增强材料时，上下层不得相互垂直铺设，搭接缝应错开，其间距不应小于幅宽的 1/3。选项 E 错，涂膜应根据防水涂料的品种分层分遍涂布，待先涂的涂层干燥成膜后，方可涂后一遍涂料，且前后两遍涂料的涂布方向应相互垂直。

V 节能工程施工技术

（一）单选题

1. 【答案】B

【解析】选项 A，高女儿墙和山墙内侧的保温层应铺到顶部。选项 B，种植屋面的绝热层应采用粘结法和机械固定法施工。选项 C，种植屋面不宜设计为倒置式屋面。选项 D，保温层板材施工，坡度不大于 3%的不上人屋面可采用干铺法，上人屋面宜采用粘结法；坡度大于 3%的屋面应采用粘结法，并应采用固定防滑措施。

2. 【答案】C

【解析】屋面保温材料有聚苯板、硬质聚氨酯泡沫塑料等有机材料，保温层厚度为 25~80mm；水泥膨胀珍珠岩板、水泥膨胀蛭石板、加气混凝土等无机材料，保温层厚度为 80~260mm。

（二）多选题

1. 【答案】ABDE

【解析】选项 A 正确，当设计有隔汽层时，先施工隔汽层，然后再施工保温层。选项 B 正确，隔汽层四周应向上沿墙面连续铺设，并高出保温层表面不得小于 150mm。选项 C 错误，纤维材料保温层施工时，应避免重压，并应采取防潮措施；屋面坡度较大时，宜采用机械固定法施工。选项 D 正确，现浇泡沫混凝土保温层施工时，浇筑出口离基层的高度不宜超过 1m，泵送时应采取低压泵送；选项 E 正确，泡沫混凝土应分层浇筑，一次浇筑厚度不宜超过 200mm，保湿养护时间不得少于 7d。

2. 【答案】BC

【解析】本题考查的是墙体节能工程。外墙内保温系统主要由保温层和防护层组成，是用于外墙内表面起保温作用的系统。

Ⅵ　装饰装修工程施工技术

（一）单选题

1.【答案】A

【解析】混凝土或抹灰基层涂刷溶剂型涂料时，含水率不得大于8%。

2.【答案】B

【解析】墙面石材铺装应符合下列规定：

（1）墙面砖铺贴前应进行挑选，并应按设计要求进行预拼。

（2）强度较低或较薄的石材应在背面粘贴玻璃纤维网布。

（3）当采用湿作业法施工时，固定石材的钢筋网应与预埋件连接牢固。

（4）当采用粘贴法施工时，基层处理应平整但不应压光。

3.【答案】D

【解析】背栓式连接与钢销式及槽式连接不同，它将连接石材面板的部位放在面板背部，改善了面板的受力。通常先在石材背面钻孔，插入不锈钢背栓，并扩张使之与石板紧密连接，然后通过连接件与幕墙骨架连接。

4.【答案】A

【解析】浮雕涂饰的中层涂料应颗粒均匀，用专用塑料辊蘸煤油或水均匀滚压，厚薄一致，待完全干燥固化后，才可进行面层涂饰，面层为水性涂料时应采用喷涂，溶剂型涂料应采用刷涂。

5.【答案】D

【解析】选项A，湿作业施工现场环境温度宜在5℃以上；选项B，砂浆宜采用1∶2水泥砂浆，厚度6~10mm；选项C，墙面砖铺贴前应进行挑选，并浸水2h以上，晾干表面水分。

（二）多选题

暂无。

第二节　道路、桥梁与涵洞工程施工技术

一、名师考点

参见表4-4。

表4-4　本节考点

教材点		知识点
一	道路工程施工技术	路基施工、路面施工、筑路机械
二	桥梁工程施工技术	桥梁下部结构施工、桥梁上部结构施工
三	涵洞工程施工技术	钢筋混凝土盖板涵施工，钢筋混凝土圆涵施工，混凝土拱涵和石砌拱涵施工，箱涵、涵洞附属工程

二、真题回顾

Ⅰ 道路工程施工技术

（一）单选题

1. 下列土类中宜选作路堤填料的是（　　）。（2014 年）

A. 粉性土　　B. 砂质粉土

C. 重黏土　　D. 植物土

2. 路基石方开挖，在高作业面施工时为保证爆破岩石块度均匀，常采用的装药形式为（　　）。（2014 年）

A. 集中药包　　B. 分散药包

C. 药壶药包　　D. 坑道药包

3. 路基填土施工时应特别注意（　　）。（2015 年）

A. 优先采用竖向填筑法　　B. 尽量采用水平分层填筑

C. 纵坡大于 12%时不宜采用混合填筑　　D. 不同性质的土不能任意混填

4. 路基开挖宜采用通道纵挖法的是（　　）。（2015 年）

A. 长度较小的路堑　　B. 深度较浅的路堑

C. 两端地面纵坡较小的路堑　　D. 不宜采用机械开挖的路堑

5. 关于软土路基施工中稳定剂处置法施工，说法正确的是（　　）。（2016 年）

A. 该方法主要用于排出土体中的富余水分

B. 该方法主要用于改善地基的压缩性和强度特征

C. 压实后均不需要养护

D. 稳定剂一般不用水泥作掺合料

6. 石方爆破施工作业的正确顺序是（　　）。（2016 年）

A. 钻孔—装药—敷设起爆网络—起爆

B. 钻孔—确定炮位—敷设起爆网络—装药—起爆

C. 确定炮位—敷设起爆网络—钻孔—装药—起爆

D. 设置警戒线—敷设起爆网络—确定炮位—装药—起爆

7. 一般路基土方施工，可优先选作填料的是（　　）。（2017 年）

A. 砂质粉土　　B. 粉性土

C. 黏性土　　D. 粗砂

8. 石方爆破清方时应考虑的因素是（　　）。（2017 年）

A. 根据爆破块度和岩堆大小选择运输机械

B. 根据工地运输条件决定车辆数量

C. 根据不同的装药形式选择挖掘机械

D. 运距在 300m 以内优先选用推土机

9. 关于桥梁上部结构顶推法施工特点，下列说法正确的是（　　）。（2019 年）

A. 减少高空作业，无须大型起重设备

B. 施工材料用量少，施工难度小

C. 适宜于大跨桥梁施工

D. 施工周期短，但施工费用高

10. 路基基底原状土开挖换填的主要目的在于（　　）。(2020 年)

A. 便于导水　　B. 便于蓄水

C. 提高稳定性　　D. 提高作业效率

11. 用水泥和熟石灰稳定剂处置法处理软土地基，施工时关键应做好（　　）。(2020 年)

A. 稳定土的及时压实工作　　B. 土体自由水的抽排工作

C. 垂直排水固结工作　　D. 土体真空预压工作

12. 在路线纵向长度和挖深均较大的土质路堑开挖时，应采用的开挖方法为（　　）。(2021 年)

A. 单层横向全宽挖掘法　　B. 多层横向全宽挖掘法

C. 分层纵挖法　　D. 混合式挖掘法

13. 下列地质路堑开挖方法中，适用于浅且短的路堑开挖方法是（　　）。(2022 年)

A. 单层横向全宽挖掘法　　B. 多层横向全宽挖掘法

C. 通道纵挖法　　D. 分层纵挖法

14. 路基施工中，地表下 0.5~3.0m 的软土处治宜采用的方法是（　　）。(2022 年补考)

A. 稳定剂处置法　　B. 重压法

C. 表层处理法　　D. 换填法

15. 用表层处理法进行软土路基施工时，软土层顶面铺砂垫层的主要作用是（　　）。(2023 年)

A. 浅层水平排水　　B. 提高路堤填土压实效果

C. 减少路基填土量　　D. 取代土工聚合物处置

（二）多选题

1. 压实黏性土壤路基时，可选用的压实机械有（　　）。(2014 年)

A. 平地机　　B. 光轮压路机

C. 轮胎压路机　　D. 振动压路机

E. 夯实机械

2. 路基石方爆破开挖时，选择清方机械主要考虑的因素有（　　）。(2015 年)

A. 场内道路条件　　B. 进场道路条件

C. 一次爆破石方量　　D. 循环周转准备时间

E. 当地气候条件

3. 关于路基石方施工，说法正确的有（　　）。(2016 年)

A. 爆破作业时，炮眼的方向和深度将直接影响爆破效果

B. 选择清方机械应考虑爆破前后机械撤离和再次进入的方便性

C. 为了确保炮眼堵塞效果，通常用铁棒将堵塞物塞实

D. 运距较远时通常选择挖掘机配自卸汽车进行清方

E. 装药方式的选择与爆破方法和施工要求有关

4. 路基石方爆破工程，同等爆破方量条件下，清方量较小的爆破方式为（　　）。（2017 年）

A. 光面爆破

B. 微差爆破

C. 预裂爆破

D. 定向爆破

E. 洞室爆破

5. 软土路基处治的换填法主要有（　　）。（2018 年）

A. 开挖换填法

B. 垂直排水固结法

C. 抛石挤淤法

D. 稳定剂处置法

E. 爆破排淤法

6. 填石路基施工的填筑方法主要有（　　）。（2018 年）

A. 竖向填筑法

B. 分层压实法

C. 振冲置换法

D. 冲击压实法

E. 强力夯实法

7. 关于路基石方爆破施工，下列说法正确的有（　　）。（2019 年）

A. 光面爆破主要是通过加大装药量来实现

B. 预裂爆破主要是为了增大一次性爆破石方量

C. 微差爆破相邻两药包起爆时差可以为 50ms

D. 定向爆破可有效提高石方的堆积效果

E. 洞室爆破可减少清方工程量

8. 关于路石方施工中的爆破作业，下列说法正确的有（　　）。（2021 年）

A. 浅孔爆破适宜用潜孔钻机凿孔

B. 采用集中药包可以使岩石均匀地破碎

C. 坑道药包用于大型爆破

D. 导爆线起爆爆速快、成本较低

E. 塑料导爆管起爆使用安全、成本较低

9. 下列关于路面施工机械特征描述，说法正确的有（　　）。（2021 年）

A. 履带式沥青混凝土摊铺机，对路基的不平度敏感性高

B. 履带式沥青混凝土摊铺机，易出现打滑现象

C. 轮胎式沥青混凝土摊铺机的机动性好

D. 水泥混凝土摊铺机因其移动形式不同分为自行式和拖式

E. 水泥混凝土摊铺机主要由发动机、布料机、平整机等组成

10. 根据加固性质，下列施工方法中，适用于软土路基的有（　　）。（2022 年）

A. 分层压实法

B. 表层处理法

C. 竖向填筑法

D. 换填法

E. 重压法

11. 土质道路路堑开挖的类型有（　　）。（2022 年补考）

A. 横向开挖　　B. 纵向开挖
C. 水平开挖　　D. 竖向开挖
E. 混合开挖

Ⅱ　桥梁工程施工技术

（一）单选题

1. 钢斜拉桥施工通常采用（　　）。（2015 年）
A. 顶推法　　B. 转体法
C. 悬臂浇筑法　　D. 悬臂拼装法
2. 顶推法施工桥梁承载结构适用于（　　）。（2016 年）
A. 等截面梁　　B. 变截面梁
C. 大跨径桥梁　　D. 总长 1000m 以上桥梁
3. 桥梁上部结构施工中，对通航和桥下交通有影响的是（　　）。（2021 年）
A. 支架浇筑　　B. 悬臂施工法
C. 转体施工法　　D. 移动模架
4. 关于桥梁墩台施工，下列说法正确的是（　　）。（2022 年）
A. 墩台混凝土宜垂直分层浇筑
B. 实体墩台为大体积混凝土的，水泥应选用硅酸盐水泥
C. 墩台混凝土分块浇筑时，接缝应与墩台截面尺寸较大的一边平行
D. 墩台混凝土分块浇筑时，邻层接缝宜做成企口形
5. 对正常通车线路的桥梁换梁，适用的施工方法为（　　）。（2022 年补考）
A. 支架现浇法　　B. 悬臂浇筑法
C. 顶推法施工　　D. 横移法施工
6. 在跨越通车线路上进行大跨及特大路桥上部结构施工，宜采用的施工方法是（　　）。（2013 年）
A. 支架现浇法　　B. 悬臂施工法
C. 转体施工法　　D. 顶推施工法

（二）多选题

1. 采用移动模架施工桥梁承载结构，其主要优点有（　　）。（2014 年）
A. 施工设备少，装置简单，易于操作
B. 无须地面支架，不影响交通
C. 机械化程度高，降低劳动强度
D. 上下部结构可平行作业，缩短工期
E. 模架可周转使用，可在预制场生产
2. 大跨径连续梁上部结构悬臂预制法施工的特点有（　　）。（2020 年）
A. 施工速度较快　　B. 桥梁上、下部结构可平行作业
C. 一般不影响桥下交通　　D. 施工较复杂
E. 结构整体性较差

3. 下列桥梁上部结构的施工方法中，施工期间不影响通航或桥下交通的有（　　）。（2022 年）

A. 悬臂施工法　　B. 支架现浇法

C. 预制安装法　　D. 转体施工法

E. 提升浮运施工法

4. 下列关于混凝土桥梁墩台施工工艺要求的说法，正确的有（　　）。（2023 年）

A. 墩台截面面积小于 $100m^2$ 时，应连续灌注混凝土

B. 当墩台高度高于 30m 时，常采用固定模板施工

C. 墩台混凝土分块浇筑时，邻层分块接缝宜错开

D. 墩台混凝土宜水平分层浇筑，每层高度宜为 12~18m

E. 实体墩台为大体积混凝土时，应优先选用矿渣水泥或火山灰水泥

Ⅲ　涵洞工程施工技术

（一）单选题

1. 大型涵管排水管宜选用的排管法是（　　）。（2022 年）

A. 外壁边线排管　　B. 基槽边线排管

C. 中心线法排管　　D. 基础标高排管

2. 斜交斜做箱涵伸缩缝位置，下列说法正确的是（　　）。（2023 年）

A. 与路基中心线平行　　B. 与路基中心线垂直

C. 与涵洞中心线平行　　D. 与涵洞中心线垂直

（二）多选题

暂无。

三、真题解析

Ⅰ　道路工程施工技术

（一）单选题

1. **【答案】** B

【解析】 碎石、卵石、砾石、粗砂、砂质粉土、黏质粉土可采用。

2. **【答案】** B

【解析】 分散药包爆炸后可以使岩石均匀地破碎，适用于高作业面的开挖段。

3. **【答案】** D

【解析】 在施工中，沿线的土质经常变化，为避免将不同性质的土任意混填而造成路基病害，应采用正确的填筑方法。

4. **【答案】** C

【解析】 道路纵挖法是先沿路堑纵向挖一通道，继而将通道向两侧拓宽以扩大工作面，并利用该通道作为运土路线及场内排水的出路，该法适合于路堑较长、较深、两端地面纵坡较小的路堑开挖。

5. **【答案】** B

【解析】D 选项，稳定剂处置法是利用生石灰、熟石灰、水泥等稳定材料，掺入软弱的表层黏土中。B 选项，以改善地基的压缩性和强度特征，保证机械作业条件。A 选项，提高路堤填土稳定及压实效果。C 选项，压实后若能获得足够的强度，可不必进行专门养护，但由于土质与施工条件不同，处置土强度增长不均衡，则应作约一周时间的养护。

6. 【答案】A

【解析】爆破作业的施工程序为：对爆破人员进行技术学习和安全教育—对爆破器材进行检查—试验—清除表土—选择炮位—凿孔—装药—堵塞—敷设起爆网路—设置警戒线—起爆—清方等。

7. 【答案】D

【解析】一般情况下，碎石、卵石、砾石、粗砂等具有良好透水性，且强度高、稳定性好，因此，可优先采用。砂质粉土、黏质粉土等经压实后也具有足够的强度，故也可采用。粉性土水稳定性差，不宜作路堤填料。重黏土、黏性土、捣碎后的植物土等由于透水性差，作路堤填料时应慎重采用。

8. 【答案】A

【解析】当石方爆破后，必须按爆破次数分次清理。在选择清方机械时应考虑以下技术经济条件：工期所要求的生产能力；工程单价；爆破岩石的块度和岩堆的大小；机械设备进入工地的运输条件；爆破时机械撤离和重新进入工作面是否方便等。

9. 【答案】A

【解析】顶推法施工的特点：①顶推法可以使用简单的设备建造长大桥梁，施工费用低，施工平稳无噪声，可在水深、山谷和高桥墩上采用，也可在曲率相同的弯桥和坡桥上使用。②主梁分段预制，连续作业，结构整体性好。③由于不需要大型起重设备，所以施工节段的长度一般可取用 10~20m。④顶推施工时，用钢量较高。⑤顶推法宜在等截面梁上使用。

10. 【答案】C

【解析】为保证路堤的强度和稳定性，在填筑路堤时，要处理好基底，选择良好的填料，保证必需的压实度及正确选择填筑方案。基底应在填筑前进行压实，基底原状土的强度不符合要求时，应进行换填，换填深度应不小于 300mm，并予以分层压实到规定要求。

11. 【答案】A

【解析】施工时应注意以下几点：①工地存放的水泥、石灰不可太多，以 1d 使用量为宜，最长不宜超过 3d 的使用量，应做好防水、防潮措施。②压实要达到规定压实度，用水泥和熟石灰稳定处理土应在最后一次拌合后立即压实；而用生石灰稳定土的压实，必须有拌合时的初碾压和生石灰消解结束后的再次碾压。③压实后若能获得足够的强度，可不必进行专门养护，但由于土质与施工条件不同，处置土强度增长不均衡，则应做约一周时间的养护。

12. 【答案】D

【解析】混合式挖掘法，即多层横向全宽挖掘法和通道纵挖法混合使用。先沿路线纵向挖通道，然后沿横向坡面挖掘，以增加开挖面。混合式挖掘法适用于路线纵向长度和挖深都很大的路堑开挖。

13. **【答案】** A

【解析】 选项A，单层横向全宽挖掘法，适用于挖掘浅且短的路堑；选项B，多层横向全宽挖掘法，适用于挖掘深且短的路堑；选项C，通道纵挖法，适合于路堑较长、较深、两端地面纵坡较小的路堑开挖；选项D，分层纵挖法，适用于较长的路堑开挖。

14. **【答案】** D

【解析】 本题考查的是道路工程施工技术。换填法一般适用于地表下0.5~3.0m的软土处治。

15. **【答案】** A

【解析】 在软土层顶面铺砂垫层，主要起浅层水平排水作用，使软土在路堤自重的压力作用下，加速沉降发展，缩短固结时间。但对基底应力分布和沉降量的大小无显著影响。

（二）多选题

1. **【答案】** CDE

【解析】 轮胎压路机可压实砂质土和黏性土。振动压路机适用于黏土坝坝面板压实的平斜面两用夯实作业等。夯实机械是一种冲击式机械，适用于对黏性土壤和非黏性土壤进行夯实作业。

2. **【答案】** BCD

【解析】 在选择清方机械时应考虑以下技术经济条件：①工期所要求的生产能力；②工程单价；③爆破岩石的块度和岩堆的大小；④机械设备进出工地的运输条件；⑤爆破时机械撤离和重新进入工作面是否方便等。

3. **【答案】** ABDE

【解析】 中小型爆破的药孔，一般可用干砂、滑石粉、黏土和碎石等堵塞，并用木棒等将堵塞物捣实，切忌用铁棒。

4. **【答案】** DE

【解析】 定向爆破：利用爆能将大量土石方按照拟定的方向，搬移到一定的位置并堆积成路堤的一种爆破施工方法。洞室爆破：为使爆破设计断面内的岩体大量抛掷出路基，减少爆破后的清方工作量，保证路基的稳定性，可根据地形和路基断面形式，采用抛掷爆破、定向爆破、松动爆破方法。

5. **【答案】** ACE

【解析】 换填法有开挖换填、抛石挤淤法、爆破排淤法。

6. **【答案】** ABDE

【解析】 填石路基施工方法有：竖向填筑法、分层压实法、冲击压实法、强力夯实法。

7. **【答案】** CDE

【解析】 光面爆破是在开挖限界的周边，适当排列一定间隔的炮孔，在有侧向临空面的情况下，用控制抵抗线和药量的方法进行爆破，使之形成一个光滑平整的边坡。预裂爆破主要是作为隔震减震带，起保护开挖限界以外山体或建筑物和减弱地震对其破坏的作用。微差爆破：两相邻药包或前后排药包以若干毫秒的时间间隔（一般为 15~75ms）依次起爆，亦称毫秒爆破。为使爆破设计断面内的岩体大量抛掷（抛坍）出路基，减少爆破后的清方工作量，保证路基的稳定性，可根据地形和路基断面形式，采用抛掷爆破、定向爆破、松动爆破方法。

8.【答案】CE

【解析】浅孔爆破通常用手提式凿岩机凿孔，深孔爆破常用冲击式钻机或潜孔钻机凿孔。集中药包，炸药完全装在炮孔的底部，爆炸后对于工作面较高的岩石崩落效果较好，但不能保证岩石均匀破碎。坑道药包，药包安装在竖井或平洞底部的特制的储药室内，装药量大，属于大型爆破的装药方式。导爆线起爆爆速快，主要用于深孔爆破和药室爆破。塑料导爆管起爆具有抗杂电、操作简单、使用安全可靠、成本较低等优点。

9.【答案】CE

【解析】选项 A，履带式摊铺机的最大优点是对路基的不平度敏感性差；选项 B，很少出现打滑现象；选项 D，水泥混凝土摊铺机因其移动形式不同分为轨道式摊铺机和滑模式摊铺机两种。

10.【答案】BDE

【解析】软土一般指淤泥、泥炭土、流泥、沼泽土和湿陷性大的黄土、黑土等，通常含水量大、承载力小、压缩性高，尤其是沼泽地，水分过多，强度很低。按加固性质，软土路基施工主要有以下方法：①表层处理法。②换填法。③重压法。④垂直排水固结法。⑤稳定剂处置法。⑥振冲置换法。

11.【答案】ABE

【解析】本题考查的是路基施工。土质道路路堑的开挖方法有横向挖掘法、纵向挖掘法和混合式挖掘法几种。

Ⅱ 桥梁工程施工技术

（一）单选题

1.【答案】D

【解析】斜拉桥主梁施工一般可采用支架法、顶推法、转体法、悬臂浇筑和悬臂拼装（自架设）方法来进行。在实际工作中，对混凝土斜拉桥则以悬臂浇筑法居多，而对钢斜拉挢则多采用悬臂拼装法。

2.【答案】A

【解析】顶推法宜在等截面梁上使用。当桥梁跨径过大时，选用等截面梁会造成材料用量的不经济，也增加施工难度，因此以中等跨径的桥梁为宜，桥梁的总长也以 500~600m 为宜。

3.【答案】A

【解析】支架现浇法就地浇筑施工无须预制场地，而且不需要大型起吊、运输设备，梁体的主筋可不中断，桥梁整体性好。它的缺点主要是工期长，施工质量不容易控制；对预应力混凝土梁，由于混凝土的收缩、徐变引起的应力损失比较大；施工中的支架、模板耗用量大，施工费用高；搭设支架影响排洪、通航，施工期间可能受到洪水和漂流物的威胁。

4.【答案】D

【解析】选项A错误，墩台混凝土宜水平分层浇筑；选项B错误，墩台混凝土特别是实体墩台均为大体积混凝土，水泥应优先选用矿渣水泥、火山灰水泥，采用普通水泥时强度等级不宜过高；选项C错误，墩台混凝土分块浇筑时，接缝应与墩台截面尺寸较小的一边平行，邻层分块接缝应错开，接缝宜做成企口形。

5.【答案】D

【解析】本题考查的是桥梁工程施工技术。横移法施工多用于正常通车线路上的桥梁工程的换梁。为了尽量减少交通的中断时间，可在原桥位旁预制并横移施工。

6.【答案】C

【解析】转体施工期间不断航，不影响桥下交通，并可在跨越通车线路上进行桥梁施工。大跨径桥梁采用转体施工将会取得良好的技术经济效益，转体重量轻型化、多种工艺综合利用，是大跨及特大路桥施工有力的竞争方案。

（二）多选题

1.【答案】BCDE

【解析】移动模架设备投资大，施工准备和操作都较复杂，所以A不正确。

2.【答案】ABC

【解析】悬臂拼装法施工速度快，桥梁上、下部结构可平行作业，但施工精度要求比较高，可在跨径100m以下的大桥中选用。

3.【答案】ADE

【解析】选项B，搭设支架影响排洪、通航，施工期间可能受到洪水和漂流物的威胁。选项C，预制安装的方法很多，根据实际情况可采用自行式吊车安装、跨墩龙门架安装、架桥机安装、扒杆安装、浮吊安装等，可能影响桥下交通。选项E，浮运施工是将桥梁在岸上预制，通过大型浮船移运至桥位，利用船的上下起落安装就位的方法。

4.【答案】ACE

【解析】选项A正确，当墩台截面面积小于或等于100m^{2}时应连续灌注混凝土，以保证混凝土的完整性；当墩台截面面积大于100m^{2}时，允许适当分段浇筑。选项B错误，当墩台高度小于30m时，采用固定模板施工；当高度大于或等于30m时，常用滑动模板施工。选项C正确，墩台混凝土分块浇筑时，接缝应与墩台截面尺寸较小的一边平行，邻层分块接缝应错开，接缝宜做成企口形。选项D错误，墩台混凝土宜水平分层浇筑，每层高度宜为1.5~2.0m。选项E正确，墩台混凝土特别是实体墩台均为大体积混凝土时，水泥应优先选用矿渣水泥、火山灰水泥，采用普通水泥时强度等级不宜过高。

Ⅲ 涵洞工程施工技术

（一）单选题

1.【答案】C

【解析】中小型涵管可采用外壁边线排管，大型涵管须用中心线法排管。

2.【答案】A

【解析】斜交正做涵洞，沉降缝与涵洞中心线垂直；斜交斜做涵洞，沉降缝与路基中心线平行。但拱涵、管涵的沉降缝应与涵洞中心线垂直。

（二）多选题

暂无。

第三节　地下工程施工技术

一、名师考点

参见表 4-5。

表 4-5　本节考点

教材点		知识点
一	建筑工程深基坑施工技术	建筑工程深基坑工程概述、深基坑土方开挖施工、深基坑降排水施工、深基坑支护施工
二	地下连续墙施工技术	地下连续墙的方法分类与优缺点、施工工艺
三	隧道工程施工技术	隧道工程施工特点、隧道工程施工方法、喷射混凝土、锚杆施工
四	地下工程特殊施工技术	地下工程施工中的几种特殊开挖方法、长距离顶管技术、气动夯管锤铺管施工、导向钻进法施工、逆作法、沉井法、其他非开挖施工方法

二、真题回顾

Ⅰ　建筑工程深基坑施工技术

（一）单选题

1. 场地大、空间大、土质好、地下水位低的深基坑，采用的开挖方式为（　　）。（2018 年）

A. 水泥挡墙式　　B. 排桩与桩墙式

C. 逆作墙式　　D. 放坡开挖式

2. 基坑开挖时，造价相对偏高的边坡支护方式应为（　　）。（2018 年）

A. 水平挡土板　　B. 垂直挡土墙

C. 地下连续墙　　D. 水泥土搅拌桩

3. 关于深基坑土方开挖采用冻结排桩法支护技术，下列说法正确的是（　　）。（2019 年）

A. 冻结管应置于排桩外侧　　B. 卸压孔应置于冻结管和排桩之间

C. 冻结墙的主要作用是支撑土体　　D. 排桩的主要作用是隔水

4. 冻结排桩法施工技术主要适用于（　　）。（2020 年）

A. 基岩比较坚硬、完整的深基坑施工　　B. 表土覆盖比较浅的一般基坑施工

C. 地下水丰富的深基坑施工　　D. 岩土体自支撑能力较强的浅基坑施工

5. 土钉墙施工过程中，开挖淤泥质土层后的临空面应在（　　）h 内完成土钉安放

和喷射混凝土面层。(2023 年)

A. 12　　B. 24

C. 36　　D. 48

(二) 多选题

深基坑支护形式中，属于板墙式的有（　　）。(2022 年补考)

A. 型钢横挡板　　B. 土钉墙

C. 加筋水泥土围护墙　　D. 现浇地下连续墙

E. 预制装配式地下连续墙

Ⅱ　地下连续墙施工技术

(一) 单选题

1. 城市建筑的基础工程，采用地下连续墙施工的主要优点在于（　　）。(2014 年)

A. 开挖基坑的土方外运方便　　B. 墙段之间接头质量易控制，施工方便

C. 施工技术简单，便于管理　　D. 施工振动小，周边干扰小

2. 地下连续墙混凝土浇灌应满足以下要求（　　）。(2014 年)

A. 水泥用量不宜小于 400kg/m^3　　B. 导管内径约为粗骨料粒径的 3 倍

C. 混凝土水灰比不应小于 0.6　　D. 混凝土强度等级不高于 C20

3. 地下连续墙施工作业中，触变泥浆应（　　）。(2017 年)

A. 由现场开挖土拌制而成　　B. 满足墙面平整度要求

C. 满足墙体接头密实度要求　　D. 满足保护孔壁要求

4. 地下连续墙挖槽时，遇到硬土和孤石时，优先选用的施工方法是（　　）。(2021 年)

A. 多头钻施工　　B. 钻抓式

C. 潜孔钻　　D. 冲击式

5. 地下连续墙混凝土顶面应比设计高度超浇（　　）。(2022 年)

A. 0.4m 以内　　B. 0.4m 以上

C. 0.5m 以内　　D. 0.5m 以上

6. 关于地下连续墙的导墙，下列说法正确的是（　　）。(2022 年补考)

A. 导墙是地下连续墙挖槽之后修筑的导向墙

B. 导墙属于临时结构，混凝土强度等级不宜高于 C20

C. 导墙底面可以设置在新近填土上，但埋深不宜小于 1.5m

D. 两片导墙之间的距离即为地下连续墙的厚度

7. 地下连续墙的混凝土浇筑，除混凝土的级配满足结构强度要求外，还应满足的要求是（　　）。(2022 年补考)

A. 施工环境温度不低于 5℃　　B. 水下混凝土施工要求

C. 水泥用量小于 400kg/m　　D. 入槽坍落度小于 180mm

8. 地下连续墙施工过程中，泥浆的首要作用是（　　）。(2023 年)

A. 护壁　　B. 携砂

C. 冷却　　D. 润滑

(二) 多选题

1. 关于地下连续墙施工，说法正确的有（　　）。(2016 年)

A. 机械化程度高　　B. 强度大、挡土效果好

C. 必须放坡开挖，施工土方量大　　D. 相邻段接头部位容易出现质量问题

E. 作业现场易出现污染

2. 地下连续墙开挖，对确定单元槽段长度因素说法正确的有（　　）。(2017 年)

A. 土层不稳定时，应增大槽段长度

B. 附近有较大地面荷载时，可减少槽段长度

C. 防水要求高时可减少槽段长度

D. 混凝土供应充足时可选用较大槽段

E. 现场起重能力强可选用较大槽段

3. 地下工程施工中，气动夯管锤铺管施工的主要特点有（　　）。(2021 年)

A. 夯管锤对钢管动态夯进，产生强烈的冲击和振动

B. 不适于含卵砾石地层

C. 属于不可控向铺管，精密度低

D. 对地表影响小，不会引起地表隆起或沉降

E. 工作坑要求高，需进行深基坑支护作业

Ⅲ　隧道工程施工技术

(一) 单选题

1. 地下工程钻爆法施工常用压入式通风，正确的说法是（　　）。(2016 年)

A. 在工作面采用空气压缩机排风

B. 在洞口采用抽风机将风流吸出

C. 通过刚性风管壁用负压的方式将风流吸出

D. 透过柔性风管壁将新鲜空气送达工作面

2. 隧道工程施工时，通风方式通常采用（　　）。(2017 年)

A. 钢管压入式通风　　B. PVC 管抽出式通风

C. 塑料布管压入式通风　　D. PR 管抽出式通风

3. 用于隧道钻爆法开挖，效率较高且比较先进的钻孔机械是（　　）。(2018 年)

A. 气腿风钻　　B. 潜孔钻

C. 钻车　　D. 手风钻

4. 用于隧道喷锚支护的锚杆，其安设方向一般应垂直于（　　）。(2018 年)

A. 开挖面　　B. 断层面

C. 裂隙面　　D. 岩层面

5. 关于隧道工程采用掘进机施工，下列说法正确的是（　　）。(2019 年)

A. 全断面掘进机的突出优点是可实现一次成型

B. 独臂钻适宜于围岩不稳定的岩层开挖

C. 天井钻开挖是沿着导向孔从上往下钻进

D. 带盾构的掘进机主要用于特别完整岩层的开挖

6. 隧道工程进行浅埋暗挖法施工的必要前提是（　　）。（2022 年）

A. 对开挖面前方土体的预加固和预处理

B. 一次注浆多次开挖

C. 环状开挖预留核心土

D. 开挖过程中对围岩及结构变化进行动态跟踪

7. 隧道工程浅埋暗挖法施工“强支护”的工序是（　　）。（2022 年补考）

A. 网构拱架→喷射混凝土→钢筋网→喷混凝土

B. 网构拱架→钢筋网→喷射混凝土→喷混凝土

C. 喷射混凝土→钢筋网→网构拱架→喷混凝土

D. 喷射混凝土→网构拱架→钢筋网→喷混凝土

8. 盾构壳体构造中，位于盾构最前端的部分是（　　）。（2023 年）

A. 千斤顶　　B. 支承环

C. 切口环　　D. 衬砌拼装系统

（二）多选题

1. 以下关于早强水泥砂浆锚杆施工，说法正确的是（　　）。（2015 年）

A. 快硬水泥卷在使用前需用清水浸泡

B. 早强药包使用时严禁与水接触或受潮

C. 早强药包的主要作用为封堵孔口

D. 快硬水泥卷的直径应比钻孔直径大 20mm 左右

E. 快硬水泥卷的长度与锚固长度相关

2. 地下工程喷射混凝土施工时，正确的工艺要求有（　　）。（2017 年）

A. 喷射作业区段宽以 1. 5~2. 0m 为宜

B. 喷射顺序应先喷墙后喷拱

C. 喷管风压随水平输送距离增大而提高（此选项 2023 年版教材删除）

D. 工作风压通常应比水压大（此选项 2023 年版教材删除）

E. 为减少浆液浪费一次喷射厚度不宜太厚（此选项 2023 年版教材删除）

3. 关于隧道工程喷射混凝土支护，下列说法正确的有（　　）。（2019 年）

A. 拱形断面隧道开挖后先喷墙后喷拱

B. 拱形断面隧道开挖后直墙部分先从墙顶喷至墙脚

C. 湿喷法施工骨料回弹比干喷法大

D. 干喷法比湿喷法施工粉尘少

E. 封拱区应沿轴线由前向后喷射

4. 下列盾构机类型中，属于封闭式的有（　　）。（2023 年）

A. 机械式　　B. 网络式

C. 半机械式　　D. 泥水平衡式

E. 土压平衡式

Ⅳ　地下工程特殊施工技术

（一）单选题

1. 采用沉井法施工，当沉井中心线与设计中心线不重合时，通常采用以下方法纠偏（　　）。（2015 年）

A. 通过起重机械吊挂调试　　B. 在沉井内注水调试

C. 通过中心线两侧挖土调整　　D. 在沉井外侧卸土调整

2. 地下工程采用导向钻进行施工时，适合用中等尺寸钻头的岩土层为（　　）。（2021 年）

A. 砾石层　　B. 致密砂层

C. 干燥软黏土　　D. 钙质土层

3. 沉井下沉达到设计标准封底时，需要满足的观测条件是（　　）。（2022 年）

A. 5h 内下沉量小于等于 8mm　　B. 6h 内下沉量小于等于 8mm

C. 7h 内下沉量小于等于 10mm　　D. 8h 内下沉量小于等于 10mm

（二）多选题

1. 地下工程长距离顶管施工中，主要技术关键有（　　）。（2022 年）

A. 顶进长度　　B. 顶力问题

C. 方向控制　　D. 顶进设备

E. 制止正面坍塌

2. 下列关于沉井施工工艺要求的说法，正确的有（　　）。（2023 年）

A. 沉井下沉至标高，应进行 8h 沉降观测

B. 沉降观测时，若 8h 内下沉量小于或等于 10mm，方可封底

C. 沉井制作高度较大时，基坑上应铺设一定厚度的砂垫层

D. 沉井采用不排水挖土下沉，要确保井内外水面在同一高度

E. 采用不排水封底法时，封底混凝土用导管法灌注

三、真题解析

Ⅰ　建筑工程深基坑施工技术

（一）单选题

1. **【答案】** D

【解析】 对土质较好、地下水位低、场地开阔的基坑采取规范允许的坡度放坡开挖。

2. **【答案】** C

【解析】 地下连续墙系用机械施工方法成槽浇灌钢筋混凝土形成的地下墙体。具有刚度大、抗弯强度高、变形小、适应性强、工作场地不大、振动小、噪声低等特点，但排桩墙不能止水，连续墙施工需要较多机具设备，造价相对偏高。

3. **【答案】** A

【解析】 选项 B，排桩外侧按设计要求施作一排冻结管，同时在冻结管外侧距其中心一定位置处插花布设多个卸压孔；选项 C、D，该技术是以含水地层冻结形成的隔水帷幕

墙为基坑的封水结构，以基坑内排桩支撑系统为抵抗水土压力的受力结构，充分发挥各自的优势特点，以满足大基坑围护要求。

4. 【答案】C

【解析】冻结排桩法适用于大体积深基础开挖施工、含水量高的地基基础和软土地基基础以及地下水丰富的地基基础施工。

5. 【答案】A

【解析】在土钉墙施工时，开挖后应及时封闭临空面，应在24h内完成土钉安放和喷射混凝土面层。在淤泥质土层开挖时，应在12h内完成土钉安放和喷射混凝土面层。

（二）多选题

【答案】DE

【解析】本题考查的是建筑工程深基坑施工技术。板墙式包括现浇地下连续墙和预制装配式地下连续墙。

Ⅱ 地下连续墙施工技术

（一）单选题

1. 【答案】D

【解析】地下连续墙的优点：①施工全盘机械化，速度快、精度高，并且振动小、噪声低，适用于城市密集建筑群及夜间施工。②具有多功能用途，如防渗、截水、承重、挡土、防爆等，由于采用钢筋混凝土或素混凝土，强度可靠，承压力大。③对开挖的地层适应性强，在我国除熔岩地质外，可适用于各种地质条件，无论是软弱地层还是重要建筑物附近的工程中，都能安全地施工。④可以在各种复杂的条件下施工。⑤开挖基坑无须放坡，土方量小，浇筑混凝土无须支模和养护，并可在低温下施工，降低成本，缩短施工时间。⑥用触变泥浆保护孔壁和止水，施工安全可靠，不会引起水位降低而造成周围地基沉降，保证施工质量。⑦可将地下连续墙与“逆作法”施工结合起来，地下连续墙为基础墙，地下室梁板作支撑，地下部分施工可自上而下与上部建筑同时施工，将地下连续墙筑成挡土、防水和承重的墙，形成一种深基础多层地下室施工的有效方法。

2. 【答案】A

【解析】地下连续墙槽段内的混凝土浇筑过程，具有一般水下混凝土浇筑的施工特点。混凝土强度等级一般不应低于C20。混凝土的级配除了满足结构强度要求外，还要满足水下混凝土施工的要求。其配合比应按重力自密式流态混凝土设计，水灰比不应大于0.6，水泥用量不宜小于400kg/m^3，入槽坍落度以15~20cm为宜。混凝土应具有良好的和易性和流动性。工程实践证明，如果水灰比大于0.6，则混凝土抗渗性能将急剧下降。因此，水灰比0.6是一个临界值。导管的数量与槽段长度有关，槽段长度小于4m时，可使用一根导管。导管内径约为粗骨料粒径的8倍左右，不得小于粗骨料粒径的4倍。

3. 【答案】D

【解析】用触变泥浆保护孔壁和止水，施工安全可靠，不会引起水位降低而造成周围地基沉降，保证施工质量。

4. 【答案】D

【解析】冲击式钻机由冲击锥、机架和卷扬机等组成，主要采用各种冲击式凿井机械，适用于黏性土、硬土和夹有孤石等地层，多用于排桩式地下连续墙成孔。

5. 【答案】D

【解析】在浇筑完成后的地下连续墙墙顶存在一层浮浆层，因此混凝土顶面需要比设计高度超浇 0.5m 以上。凿去浮浆层后，地下连续墙墙顶才能与主体结构或支撑相连，成为整体。

6. 【答案】D

【解析】本题考查的是地下连续墙施工技术。导墙是地下连续墙挖槽之前修筑的导向墙，两片导墙之间的距离即为地下连续墙的厚度。导墙宜采用混凝土结构，且混凝土强度等级不低于 C20。导墙底面不宜设置在新近填土上，且埋深不宜小于 1.5m。

7. 【答案】B

【解析】本题考查的是地下连续墙施工技术。地下连续墙槽段内的混凝土浇筑过程，具有一般水下混凝土浇筑的施工特点。混凝土强度等级一般为 C30～C40。混凝土的级配除了满足结构强度要求外，还要满足地下混凝土施工的要求。

8. 【答案】A

【解析】泥浆的作用主要有：护壁、携砂、冷却和润滑，其中以护壁为主。

（二）多选题

1. 【答案】ABDE

【解析】地下连续墙的优点：①施工全盘机械化。②具有多功能用途，如防渗、截水、承重、挡土、防爆等，由于采用钢筋混凝土或素混凝土，强度可靠，承压力大。③开挖基坑无须放坡，土方量小。缺点：①每段连续墙之间的接头质量较难控制。②制浆及处理系统占地较大，管理不善易造成现场泥泞和污染。

2. 【答案】BDE

【解析】当土层不稳定时，为防止槽壁坍塌，应减少单元槽段的长度，A 不对。防水要求高的应减少接头的数量，即增加槽段的长度，C 不对。

3. 【答案】AD

【解析】选项 B，由于动态夯进可以击碎障碍物，所以在含卵砾石地层或回填地层中铺管时，比管径大的砾石或石块可被击碎后一部分进入管内而穿过障碍物，而不是试图将整个障碍物排开或推进。选项 C，气动夯管锤铺管属于不可控向铺管，但由于其以冲击方式将管道夯入地层，在管端无土楔形成，而且在遇障碍物时可将其击碎穿越，所以具有较好的目标准确性。选项 E，工作坑要求低。

Ⅲ　隧道工程施工技术

（一）单选题

1. 【答案】D

【解析】地下工程的主要通风方式有两种：一种是压入式，即新鲜空气从洞外鼓风机一直送到工作面附近；另一种是吸出式，用抽风机将混浊空气由洞内排向洞外。前者风管为柔性的管壁，一般是加强的塑料布之类；后者则需要刚性的排气管，一般由薄钢板卷制而成。

2. 【答案】C

【解析】地下工程的主要通风方式有两种：一种是压入式，即新鲜空气从洞外鼓风机一直送到工作面附近；一种是吸出式，用抽风机将混浊空气由洞内排向洞外。前者风管为柔性的管壁，一般是加强的塑料布之类；后者则需要刚性的排气管，一般由薄钢板卷制而成。我国大多数工地均采用压入式。

3. 【答案】C

【解析】钻孔的方法较多，最简单的是手风钻，再进一步的是潜孔钻、钻车、钻机。钻车是现在常用的比较先进的机具。

4. 【答案】D

【解析】如岩石为倾斜或齿状等时，锚杆的方向要尽可能与岩层面垂直相交，以达到较好的锚固效果。

5. 【答案】A

【解析】选项 B，适宜于开挖软岩，不适宜于开挖地下水较多、围岩不太稳定的地层。选项 C，先在钻杆上装较小的钻头，从上向下钻直径为 200~300mm 的导向孔，达到竖井或斜井的底部。再在钻杆上换直径较大的钻头，由下向上反钻竖井或斜井。选项 D，当围岩是软弱破碎带时，若用常规的 TBM 掘进，常会因围岩塌落造成事故，要采用带盾构的 TBM 法。

6. 【答案】A

【解析】对开挖面前方地层的预加固和预处理，视为浅埋暗挖法的必要前提，目的就在于加强开挖面的稳定性，提高施工的安全性。

7. 【答案】D

【解析】本题考查的是隧道工程施工技术。在松软地层和浅埋条件下进行地下大跨度结构施工，初期支护必须十分牢固，以确保万无一失。按喷射混凝土→网构拱架→钢筋网→喷混凝土的工序进行支护。网喷支护承载系数取较大值，一般不考虑二次衬砌承载力。

8. 【答案】C

【解析】盾构壳体一般由切口环、支承环和盾尾三部分组成。切口环部分位于盾构的最前端，施工时切入地层，并掩护作业，切口环前端制成刃口，以减少切口阻力和对地层的扰动。支承环位于切口环之后，是与后部盾尾相连的中间部分，是盾构结构的主体，是具有较强刚性的圆环结构，作用在盾构上的地层土压力、千斤顶的顶力以及切口、盾尾、衬砌拼装时传来的施工荷载等，均由支承环承担，它的外沿布置盾构推进千斤顶。

（二）多选题

1. 【答案】AE

【解析】选项 B 错误，药包使用前应检查，要求无结块、未受潮。药包的浸泡宜在清水中进行，随泡随用，药包必须泡透；选项 C 错误，早强药包的作用并不是封堵孔口；选项 D 错误，快硬水泥卷的直径 d 要与钻孔直径 D 配合好，例如，若使用 $D42$ 钻头，则

可采用 *D*37 直径的水泥卷。

2. 【答案】AC

【解析】选项 B，对水平坑道，其喷射顺序为先墙后拱、自上而下；侧墙应自墙基开始，拱应自拱脚开始，封拱区宜沿轴线由前向后。选项 D，水压通常应比工作风压大。选项 E，喷层的厚度过厚过薄均不好。

3. 【答案】AE

【解析】喷射顺序为先墙后拱、自下而上，侧墙应自墙基开始，拱应自拱脚开始，封拱区宜沿轴线由前向后；骨料回弹与喷层的厚度有关；干喷法更容易扬尘。

4. 【答案】DE

【解析】盾构机一般分为开放式、部分开放式和封闭式三种类型。然后从每种形式可以再进一步细分。

Ⅳ 地下工程特殊施工技术

（一）单选题

1. 【答案】C

【解析】当沉井中心线与设计中心线不重合时，可先在一侧挖土，使沉井倾斜，然后均匀挖土，使沉井沿倾斜方向下沉到沉井底面中心线接近设计中心线位置时再纠偏。

2. 【答案】C

【解析】在干燥软黏土中施工，采用中等尺寸钻头一般效果最佳（土层干燥，可较快地实现方向控制）。

3. 【答案】D

【解析】沉井下沉至标高，应进行沉降观测，当 8h 内下沉量小于或等于 10mm 时，方可封底。

（二）多选题

1. 【答案】BCE

【解析】长距离顶管的主要技术关键有以下几个方面：（1）顶力问题；（2）方向控制；（3）制止正面塌方。

2. 【答案】ABCE

【解析】选项 A、B 正确，沉井下沉至标高，应进行沉降观测，当 8h 内下沉量小于或等于 10mm 时，方可封底。选项 C 正确，当沉井制作高度较大时，重量会增大，为避免不均匀沉降，基坑上应铺设一定厚度（>0.6m）的砂垫层。选项 D 错误，用不排水挖土下沉，下沉中要使井内水面高出井外水面 1~2m，以防流砂。选项 E 正确，湿封底即不排水封底，混凝土用导管法灌注。

第五章　工程计量

一、本章概览

参见图 5-1。

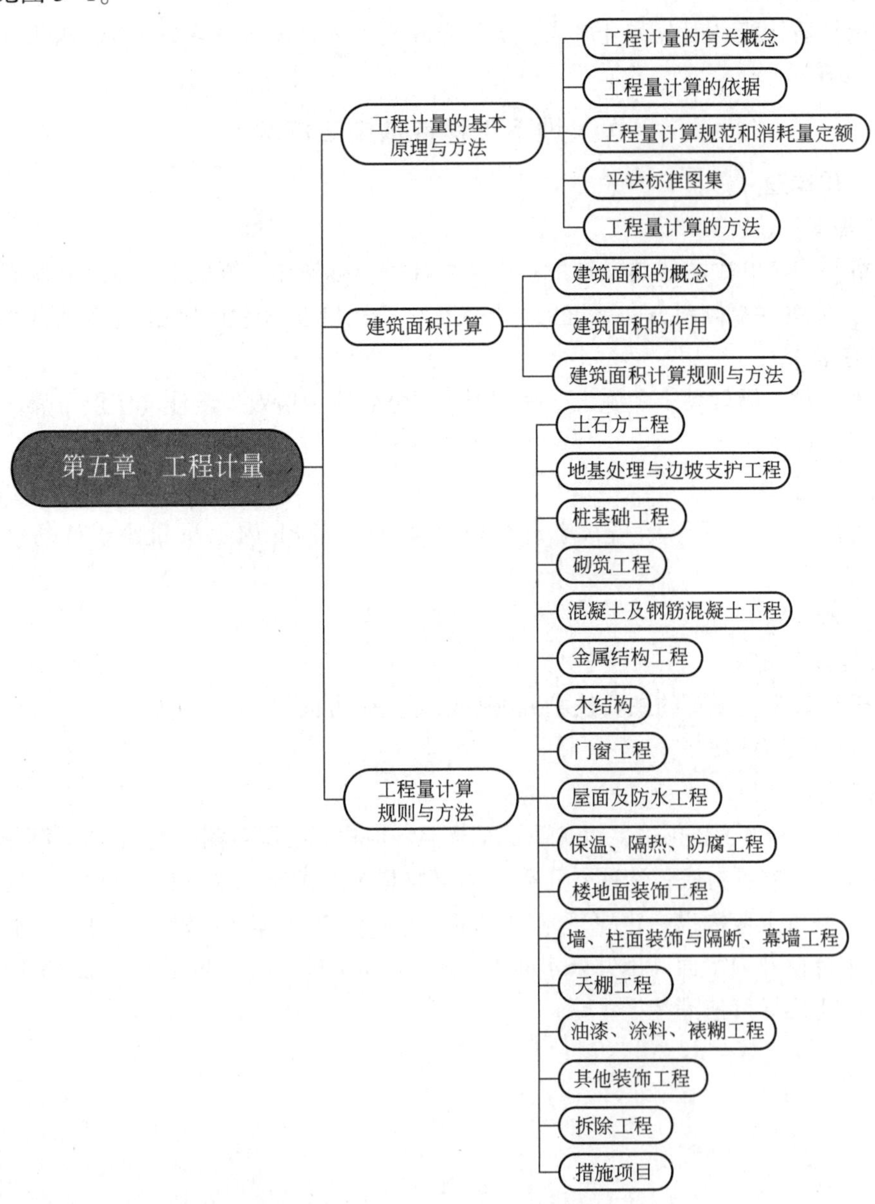

图 5-1　本章知识概览

二、考情分析

参见表 5-1。

表 5-1　　本章考情分析

考试年度	2023 年				2022 年				2021 年			
小节	单选题		多选题		单选题		多选题		单选题		多选题	
第一节　工程计量的基本原理与方法	3 道	3 分	1 道	2 分	4 道	4 分	1 道	2 分	3 道	3 分	1 道	2 分
第二节　建筑面积计算	3 道	3 分	1 道	2 分	4 道	4 分	1 道	2 分	4 道	4 分	1 道	2 分
第三节　工程量计算规则与方法	14 道	14 分	3 道	6 分	12 道	12 分	3 道	6 分	13 道	13 分	3 道	6 分
本章小计	20 道	20 分	5 道	10 分	20 道	20 分	5 道	10 分	20 道	20 分	5 道	10 分
本章得分	30 分				30 分				30 分			

第一节　工程计量的基本原理与方法

一、名师考点

参见表 5-2。

表 5-2　　本节考点

教材点		知识点
一	工程计量的有关概念	工程计量的含义、工程量的含义、工程量计算规则
二	工程量计算的依据	工程量计算的依据
三	工程量计算规范和消耗量定额	工程量计算规范、消耗量定额、在工程计量中两者的联系与区别
四	平法标准图集	平法施工图的基本概念、平法标准图集简介、主要构件的平法注写方法
五	工程量计算的方法	工程量计算顺序、用统筹法计算工程量、工程量计算中信息技术的应用

二、真题回顾

Ⅰ　工程计量的有关概念

（一）单选题

工程量清单项目中的钢筋工程量应是（　　）。（2020 年）

A. 设计图示钢筋长度的钢筋净重量　　B. 不计入搭接和锚固钢筋的用量

C. 设计图示钢筋总消耗量　　D. 计入施工余量的钢筋用量

（二）多选题

暂无。

Ⅱ 工程量计算的依据

（一）单选题

暂无。

（二）多选题

暂无。

Ⅲ 工程量计算规范和消耗量定额

（一）单选题

1. 根据《房屋建筑与装饰工程工程量计算规范》GB 50854 规定，以下说法正确的是（　　）。(2014 年)

A. 分部分项工程量清单与定额所采用的计量单位相同

B. 同一建设项目的多个单位工程的相同项目可采用不同的计量单位分别计量

C. 以“m”“m^2”“m^3”等为单位的应按四舍五入的原则取整

D. 项目特征反映了分部分项和措施项目自身价值的本质特征

2. 编制房屋建筑工程施工招标的工程量清单，对第一项现浇混凝土无梁板的清单项目应编码为（　　）。(2015 年)

A. 010503002001　　B. 010405001001

C. 010505002001　　D. 010506002001

3.《建设工程工程量清单计价规范》GB 50500 中关于项目特征，说法正确的是(　　)。(2016 年)

A. 项目特征是编制工程量清单的基础

B. 项目特征是确定工程内容的核心

C. 项目特征是项目自身价值的本质特征

D. 项目特征是工程结算的关键依据

4. 在同一合同段的工程量清单中，多个单位工程中具有相同项目特征的项目编码和计量单位时，(　　)。(2018 年)

A. 项目编码不一致，计量单位不一致　　B. 项目编码一致，计量单位一致

C. 项目编码不一致，计量单位一致　　D. 项目编码一致，计量单位不一致

5. 工程量清单项目特征描述主要说明（　　）。(2019 年)

A. 措施项目的质量安全要求　　B. 确定综合单价需考虑的问题

C. 清单项目的计算规则　　D. 分部分项项目和措施项目的区别

6. 工程量清单编制过程中，砌筑工程中砖基础的编制，特征描述包括（　　）。(2021 年)

A. 砂浆制作　　B. 防潮层铺贴

C. 基础类型　　D. 运输方式

7. 异型柱的项目特征可不描述的是（　　）。(2022 年)

A. 编号　　　　　　　　　　　　　B. 形状

C. 混凝土等级　　　　　　　　　　D. 混凝土类别

8. 关于消耗量定额与工程量计算规范，下列说法正确的是（　　）。（2022 年）

A. 消耗量定额章节的划分和工程量计算规范中分部工程的划分基本一致

B. 消耗量定额的项目编码与工程量计算规范项目编码基本一致（此选项 2023 年版教材删除）

C. 工程量计算规范中考虑了施工方法

D. 消耗量定额体现了“综合实体”

9. 某工程量清单中 010401003001 实心砖墙项目，其中第三、四位编码是（　　）。（2022 年补考）

A. 专业工程代码　　　　　　　　　B. 分部工程顺序码

C. 分项工程顺序码　　　　　　　　D. 附录分类顺序码

10. 关于工程量清单的编制，以下说法正确的是（　　）。（2022 年补考）

A. 项目特征是履行合同义务的基础

B. 项目特征描述时，不允许采用“详见××图号”的方式

C. 以“m”为计量单位时，应保留小数点后三位数字

D. 编制工程量清单时应准确和全面地描述工作内容

11. 根据《房屋建筑与装饰工程工程量计算规范》GB 50854 规定，下列关于清单项目工作内容的说法，正确的是（　　）。（2023 年）

A. 体现清单项目质量或特性的要求或标准

B. 对于一项明确的分部分项工程项目，无法体现其工程成本

C. 体现施工所用材料的规格

D. 体现施工过程中的工艺和方法

12. 对不同计量单位工程量数据汇总后的计取方法，正确的是（　　）。（2023 年）

A. 以“t”为单位，应取整数

B. 以“m、m^2”为单位，应保留小数点后两位数字，第三位小数四舍五入

C. 以“m^3、kg”为单位，应保留小数点后三位数字，第四位小数四舍五入

D. 以“个、根”为单位，应保留小数点后两位数字，第三位小数四舍五入

13. 根据《房屋建筑与装饰工程工程量计算规范》GB 50854 规定，下列关于按施工图图示尺寸（数量）计算工程数量净值的说法，正确的是（　　）。（2023 年）

A. 一般需要考虑因具体的施工方法和现场实际情况而发生的施工余量

B. 一般需要考虑因具体的施工工艺而发生的施工余量

C. 现浇构件钢筋工程量计算中，“设计图示长度”包括施工搭接或施工余量

D. 现浇构件钢筋工程量计算中，“设计图示长度”包括设计（含规范规定）标明的搭接、锚固长度

（二）多选题

1. 工程量清单中关于项目特征描述的重要意义在于（　　）。（2018 年）

A. 项目特征是区分具体清单项目的依据

B. 项目特征是确定计量单位的重要依据

C. 项目特征是确定综合单价的前提

D. 项目特征是履行合同义务的基础

E. 项目特征是确定工程量计算规则的关键

2. 工程量计算规范中“工作内容”的作用有（　　）。(2019 年)

A. 给出了具体施工作业内容

B. 体现了施工作业和操作程序

C. 是进行清单项目组价的基础

D. 可以按工作内容计算工程成本

E. 反映了清单项目的质量和安全要求

3. 工程量清单要素中的项目特征，其主要作用体现在（　　）。(2020 年)

A. 提供确定综合单价和依据

B. 描述特有属性

C. 明确质量要求

D. 明确安全要求

E. 确定措施项目

4. 关于工程量计算规范和消耗量定额的描述，下列说法正确的有（　　）。(2021 年)

A. 消耗量定额一般是按施工工序划分项目的，体现功能单元

B. 工程量计算规范一般按“综合实体”划分清单项目，工作内容相对单一

C. 工程量计算规范规定的工程量主要是图纸（不含变更）的净量

D. 消耗量定额项目计量考虑了施工现场实际情况

E. 消耗量定额与工程量计算规范中的工程量基本计算方法一致

5. 消耗定额与工程量清单计算规范，下列说法正确的是（　　）。(2022 年补考)

A. 消耗量定额章节划分与工程量计算规则附录顺序基本一致

B. 消耗量定额章节划分与工程量清单计算规范项目编码基本一致（此选项 2023 年版教材删除）

C. 消耗量定额章节划分与工程量清单计算规范计算规则基本计算方法一致

D. 消耗量定额工作内容与工程量清单计算规范工作内容基本一致

E. 消耗量定额计算结果与工程量清单计算规范计算结果基本一致

Ⅳ　平法标准图集

（一）单选题

1.《国家建筑标准设计图集》22G101 中关于混凝土结构施工平面图平面整体表示方法，其优点在于（　　）。(2017 年)

A. 适用于所有地区现浇混凝土结构施工图设计

B. 用图集表示了大量的标准结构详图

C. 适当增加图纸数量，表达更为详细

D. 识图简单一目了然

2. 在《国家建筑标准设计图集》22G101 梁平法施工图中，KL9（6A）表示的含义是（　　）。(2017 年)

A. 9 跨屋面框架梁，间距为 6m，等截面梁

B. 9 跨框支梁，间距为 6m，主梁

C. 9 号楼层框架梁，6 跨，一端悬挑

D. 9 号框架梁，6 跨，两端悬挑

3. 在我国现行的 22G101 系列平法图纸中，楼层框架梁的标注代号为（　　）。(2018 年)

A. WKL　　B. KL

C. KBL　　D. KZL

4. 对独立柱基础底板配筋平法标注图中的"T：7 Φ18@ 100/Φ10@ 200"，理解正确的是（　　）。(2019 年)

A. "T"表示底板底部配筋

B. "7 Φ18@ 100"表示 7 根 HRB335 级钢筋，间距 100mm

C. "Φ10@ 200"表示直径为 10mm 的 HRB335 级钢筋，间距 200mm

D. "7 Φ18@ 100"表示 7 根受力筋的配置情况

5. 有梁楼盖平法施工图中标注的 XB2h＝120/80；Xc8@ 150；Yc8@ 200；T：X8@ 150 理解正确的是（　　）。(2020 年)

A. XB2 表示"2 块楼面板"

B. Xc8@ 150 表示"板下部配 X 向构造筋 ϕ8@ 150"

C. Y8@ 200 表示"板上部配构造筋 ϕ8@ 200"

D. X8@ 150 表示"竖向和 X 向配贯通纵筋 ϕ8@ 150"

6. 下面关于剪力墙平法施工图中"YD51000+1. 800 Φ6，ϕ8@ 150，2 Φ16"，下面说法正确的是（　　）。(2021 年)

A. YD51000 表示 5 号圆形洞口，半径 1000

B. +1. 800 表示洞口中心距上层结构层下表面 1800mm

C. ϕ8@ 150 表示加强暗梁的箍筋

D. 6 Φ20 表示洞口环形加强钢筋

7. 以下关于梁钢筋平法的说法，正确的是（　　）。(2022 年)

A. KL（5）300×700 Y300×400 Y 代表水平加腋

B. 梁侧面钢筋 G4ϕ12 代表两侧为 2ϕ12 的纵向构造钢筋

C. 梁上部钢筋与架立筋规格相同时可合并标注

D. 板支座原位标注包含板上部贯通筋

8. 对独立性基础板配筋平法标注图中的"T：7 Φ18@ 100/Φ10@ 200"理解正确的是（　　）。(2022 年补考)

A. "T "表示底板底部配筋

B. "T：7 Φ18@ 100"表示上部 7 根Φ18 钢筋，间距 100mm

C. "Φ10@ 200"表示基础底板顶部受力钢筋下面的垂直分部筋，间距 200mm

D. "Φ"表示 HRB500 钢筋

（二）多选题

1. 根据《国家建筑标准设计图集》22G101 平法施工图注写方式，含义正确的有（　　）。(2017 年)

A. LZ 表示梁上柱

B. 梁 300×700Y400×300 表示梁规格为 300×700，水平加长腋长、宽分别为 400、300

C. XL300×600/400 表示根部和端部不同高的悬挑梁

D. ϕ10@120（4）/150（2）表示 ϕ10 的钢筋加密区间距 120、4 肢箍，非加密区间距 150、2 肢箍

E. KL3（2A）400×600 表示 3 号楼层框架梁，2 跨，一端悬挑

2. 根据平法标准图集《混凝土结构施工图平面整体表示方法制图规则和构造详图（现浇混凝土板式楼梯）》22G101-2 注写方式规定，下列关于建筑结构施工图中注写的“AT3，h=120，1600/10，ϕ10@200，ϕ12@150，Fϕ8@250”各项参数所表达含义说法，正确的有（　　）。(2023 年)

A. 构造边缘构件

B. 梯板厚度 120mm

C. 踏步段总高度 1600mm

D. 上部纵筋 ϕ10@200，下部纵筋 ϕ12@150

E. 梯板分布筋 ϕ8@250

Ⅴ　工程量计算的方法

(一) 单选题

1. BIM 技术对工程造价管理的主要作用在于（　　）。(2018 年)

A. 工程量清单项目划分

B. 工程量计算更准确、高效

C. 综合单价构成更合理

D. 措施项目计算更可行

2. 关于用统筹图计算工程量，下列说法正确的是（　　）。(2021 年)

A. “三线”是指建筑物外墙中心线、外墙净长线和内墙中心线

B. “一面”是指建筑物建筑面积

C. 统筹图中的主要程序线是指在分部分项项目上连续计算的线

D. 计算分项工程量是在“线”“面”基数上计算的

(二) 多选题

某钢筋混凝土楼面板，其集中标注为“LB5 h = 100B：X Φ 10/12@100，Y Φ 10@110”，下列说法正确的是（　　）。(2022 年)

A. LB5 表示该楼层有 5 块相同的板

B. X Φ 10/12@100 表示 X 方向，上部为Φ 10 钢筋，下部为Φ 12 钢筋，间距 100mm

C. Y Φ 10@110 表示下部 Y 方向贯通，是纵向钢筋为Φ 10，间距 110mm

D. 当轴网向心布置时，径向为 Y 向

E. 当轴网正交布置时，从下向上为 Y 向

三、真题解析

Ⅰ　工程计量的有关概念

(一) 单选题

【答案】 A

【解析】 采用《房屋建筑与装饰工程工程量计算规范》工程量计算规则计算的工程量一般为施工图纸的净量，不考虑施工余量。

（二）多选题

暂无。

Ⅱ　工程量计算的依据

（一）单选题

暂无。

（二）多选题

暂无。

Ⅲ　工程量计算规范和消耗量定额

（一）单选题

1. **【答案】** D

【解析】 选项A，规范中的计量单位均为基本单位，与定额中所采用基本单位扩大一定的倍数不同。选项B，在同一个建设项目（或标段、合同段）中，有多个单位工程的相同项目计量单位必须保持一致。选项C，以“m”“m^2”“m^3”等为单位的应保留小数点后两位数字，第三位四舍五入。选项D，项目特征是表征构成分部分项工程项目、措施项目自身价值的本质特征。

2. **【答案】** C

【解析】 一、二位为专业工程代码，三、四位为附录分类顺序码，五、六位为分部工程顺序码，七、八、九位为分项工程项目名称顺序码。010505001001为现浇混凝土有梁板，010505002001为现浇混凝土无梁板。

3. **【答案】** C

【解析】 项目特征是表征构成分部分项工程项目、措施项目自身价值的本质特征，是对体现分部分项工程量清单、措施项目清单价值的特有属性和本质特征的描述。项目特征是区分具体清单项目的依据；项目特征是确定综合单价的前提；项目特征是履行合同义务的基础。

4. **【答案】** C

【解析】 同一招标工程的项目编码不得有重码，在同一个建设项目（或标段、合同段）中，有多个单位工程的相同项目计量单位必须保持一致。如010506001直形楼梯，其工程量计量单位可以是“m^3”也可以是“m^2”，可以根据实际情况进行选择，一旦选定必须保持一致。

5. **【答案】** B

【解析】 工程量清单项目特征描述的重要意义：项目特征是区分具体清单项目的依据；项目特征是确定综合单价的前提；项目特征是履行合同义务的基础。

6. **【答案】** C

【解析】 如010401001砖基础的项目特征为：①砖品种、规格、强度等级；②基础类型；③砂浆强度等级；④防潮层材料种类。其工作内容为：①砂浆制作、运输；②砌砖；③防潮层铺设；④材料运输。通过对比可以看出，如“砂浆强度等级”是对砂浆质量标准的要求，体现的是用什么样规格的材料去做，属于项目特征；“砂浆制作、运输”是砌筑过程中的工艺和方法，体现的是如何做，属于工作内容。

7.【答案】A

【解析】异型柱，需要描述的项目特征有柱形状、混凝土类别、混凝土强度等级。

8.【答案】B

【解析】选项A错误，消耗量定额章节划分与工程量计算规范附录顺序基本一致；选项C错误，消耗量定额项目计量考虑了一定的施工方法、施工工艺和现场实际情况，而工程量计算规范规定的工程量主要是完工后的净量；选项D错误，消耗量定额项目划分一般是基于施工工序进行设置的，体现施工单元，包含的工作内容相对单一；而工程量计算规范清单项目划分一般是基于“综合实体”进行设置的，体现功能单元，包括的工作内容往往不止一项（即一个功能单元可能包括多个施工单元或者一个清单项目可能包括多个定额项目）。

9.【答案】D

【解析】三、四位为附录分类顺序码（如房屋建筑与装饰工程中的“土石方工程”为0101）。

10.【答案】A

【解析】项目特征是区分具体清单项目的依据；项目特征是确定综合单价的前提；项目特征是履行合同义务的基础。若采用标准图集或施工图纸能够全部或部分满足项目特征描述的要求，项目特征描述可直接采用详见××图集或××图号的方式。对不能满足项目特征描述要求的部分，仍应用文字描述；以“m、m^2、m^3、kg”为单位，应保留小数点后两位数字，第三位小数四舍五入；在编制工程量清单时一般不需要描述工作内容。

11.【答案】D

【解析】工作内容不同于项目特征。项目特征体现的是清单项目质量或特性的要求或标准，工作内容体现的是完成一个合格的清单项目需要具体做的施工作业和操作程序，对于一项明确了的分部分项工程项目或措施项目，工作内容确定了其工程成本。不同的施工工艺和方法，工作内容也不一样，工程成本也就有了差别。在编制工程量清单时一般不需要描述工作内容。

12.【答案】B

【解析】不同的计量单位汇总后的有效位数也不相同，根据工程量计算规范规定，工程计量时每一项目汇总的有效位数应遵守下列规定：①以“t”为单位，应保留小数点后三位数字，第四位小数四舍五入。②以“m、m^2、m^3、kg”为单位应保留小数点后两位数字，第三位小数四舍五入。③以“个、件、根、组、系统”为单位，应取整数。

13.【答案】D

【解析】工程量计算规范统一规定了工程量清单项目的工程量计算规则。其原则是按施工图图示尺寸（数量）计算清单项目工程数量的净值，一般不需要考虑具体的施工方法、施工工艺和施工现场的实际情况而发生的施工余量。

（二）多选题

1.【答案】ACD

【解析】项目特征是区分具体清单项目的依据；项目特征是确定综合单价的前提；项

目特征是履行合同义务的基础。

2. 【答案】ABCD

【解析】工作内容是指为了完成工程量清单项目所需要发生的具体施工作业内容。工程量计算规范附录中给出的是一个清单项目所可能发生的工作内容，在确定综合单价时需要根据清单项目特征中的要求、具体的施工方案等确定清单项目的工作内容，是进行清单项目组价的基础。

3. 【答案】ABC

【解析】项目特征是表征构成分部分项工程项目、措施项目自身价值的本质特征，是对体现分部分项工程量清单、措施项目清单价值的特有属性和本质特征的描述。工程量清单项目特征描述的重要意义：项目特征是区分具体清单项目的依据；项目特征是确定综合单价的前提；项目特征是履行合同义务的基础。

4. 【答案】DE

【解析】选项 A，消耗量定额项目划分一般是基于施工工序进行设置的，体现施工单元，包含的工作内容相对单一；选项 B，工程量计算规范清单项目划分一般是基于“综合实体”进行设置的，体现功能单元，包括的工作内容往往不止一项（即一个功能单元可能包括多个施工单元或者一个清单项目可能包括多个定额项目）。选项 C，消耗量定额项目计量考虑了不同施工方法和加工余量的实际数量，即消耗量定额项目计量考虑了一定的施工方法、施工工艺和现场实际情况，而工程量计算规范规定的工程量主要是完工后的净量［或图纸（含变更）的净量］。消耗量定额中的工程量计算规则与工程量计算规范中的计算规则是一致的。

5. 【答案】ABC

【解析】消耗量定额章节划分与工程量计算规则附录顺序基本一致。消耗量定额中的项目编码与工程量计算规范项目编码基本保持一致。消耗量定额中的工程量计算规则与工程量计算规范中的计算规则也是一致的。

Ⅳ　平法标准图集

（一）单选题

1. 【答案】B

【解析】所谓平法即混凝土结构施工图平面整体表示方法，实施平法的优点主要表现在：①减少图纸数量；②实现平面表示、整体标注。适用于抗震设防烈度为 6~9 度地区的现浇混凝土结构施工图的设计，不适用于非抗震结构和砌体结构。

2. 【答案】C

【解析】梁编号由梁类型代号、序号、跨数及有无悬挑代号组成。梁的类型代号有楼层框架梁（KL）、楼层框架扁梁（KBL）、屋面框架梁（WKL）、框支梁（KZL）、托柱转换梁（TZL）、非框架梁（L）、悬挑梁（XL）、井字梁（JZL），A 为一端悬挑，B 为两端悬挑，悬挑不计跨数。如 KL7（5A）表示 7 号楼层框架梁，5 跨，一端悬挑。

3. 【答案】B

【解析】WKL 为屋面框架梁，KL 为楼层框架梁，KBL 为楼层框架扁梁，KZL 为框支梁。

4.【答案】D

【解析】“T”表示基础底板顶部配筋。“7⌽18@100”表示7根HRB400级钢筋，间距100mm。“⌽10@200”表示直径为10mm的HRB400级钢筋，间距200mm。

5.【答案】B

【解析】选项A错误，XB2表示2号楼面板；选项C错误，Y8@200表示板下部配构造筋ϕ8@200；选项D错误，X8@150表示X向配贯通纵筋ϕ8@150。

6.【答案】C

【解析】表示5号圆形洞口，直径1000mm，洞口中心距本结构层楼面1800mm，洞口上下设补强暗梁，每边暗梁纵筋为6⌽20，箍筋为ϕ8@150，环向加强钢筋2⌽16。

7.【答案】B

【解析】选项A错误，Y代表竖向加腋；选项C错误，当同排纵筋中既有通长筋又有架立筋时，应用“+”将通长筋和架立筋相连；选项D错误，板支座原位标注的内容为板支座上部非贯通纵筋和悬挑板上部受力钢筋。

8.【答案】C

【解析】“T”表示基础底板顶部配筋。“7⌽18@100”表示7根HRB400级钢筋，间距100mm。“⌽10@200”表示直径为10mm的HRB400级钢筋，间距200mm。

（二）多选题

1.【答案】ACDE

【解析】当为竖向加腋梁时，用b×h、Yc1×c2表示，其中c1为腋长，c2为腋高；当为水平加腋梁时，用b×h、PYc1×c2表示，其中c1为腋长，c2为腋宽，B选项为梁300×700Y400×300表示梁规格为300×700，竖向加腋梁，腋长、宽分别为400、300。

2.【答案】BCDE

【解析】选项A，AT3是梯板构件。

V　工程量计算的方法

（一）单选题

1.【答案】B

【解析】计算的精确度和速度直接影响着工程计价文件的质量。

2.【答案】D

【解析】用统筹法计算各分项工程量是从“线”“面”基数的计算开始的。选项A错误，“三线”是指建筑物的外墙中心线、外墙外边线和内墙净长线。选项B错误，“一面”是指建筑物的底层建筑面积。选项C错误，主要程序线是指在“线”“面”基数上连续计算项目的线，次要程序线是指在分部分项项目上连续计算的线。

（二）多选题

【答案】CDE

【解析】注写为LB5 h=100B：X⌽10/12@100，Y⌽10@110表示5号楼面板、板厚110mm，板下部配置的贯通纵筋X向为⌽10和⌽12隔一布一、间距100mm，Y向贯通纵筋

10@110。选项AB错误，选项C正确。当两向轴网正交布置时，图面从左至右为X向，从下至上为Y向；当轴网向心布置时，切向为X向，径向为Y向。

第二节　建筑面积计算

一、名师考点

参见表5-3。

表5-3　本节考点

教材点		知识点
一	建筑面积的概念	建筑面积的概念
二	建筑面积的作用	建筑面积的作用
三	建筑面积计算规则与方法	应计算建筑面积的范围及规则，不计算建筑面积的范围

二、真题回顾

Ⅰ　建筑面积的概念

（一）单选题

关于建筑面积，以下说法正确的是（　　）。（2021年）

A. 住宅建筑有效面积为使用面积和辅助面积之和

B. 住宅建筑的使用面积包含卫生间面积

C. 建筑面积为有效面积、辅助面积、结构面积之和

D. 结构面积包含抹灰厚度所占面积

（二）多选题

暂无。

Ⅱ　建筑面积的作用

（一）单选题

暂无。

（二）多选题

暂无。

Ⅲ　建筑面积计算规则与方法

（一）单选题

1. 地下室的建筑面积计算正确的是（　　）。（2014年）

A. 外墙保护墙上口外边线所围水平面积

B. 层高2.10m及以上者计算全面积

C. 层高不足 2. 2m 者应计算 1/2 面积

D. 层高在 1. 90m 以下者不计算面积

2. 有永久性顶盖且顶高 4. 2m 无围护结构的场馆看台，其建筑面积计算正确的是（ ）。(2014 年)

A. 按看台底板结构外围水平面积计算

B. 按顶盖水平投影面积计算

C. 按看台底板结构外围水平面积的 1/2 计算

D. 按顶盖水平投影面积的 1/2 计算

3. 建筑物内的管道井，其建筑面积计算说法正确的是（ ）。(2014 年)

A. 不计算建筑面积

B. 按管道井图示结构内边线面积计算

C. 按管道井净空面积的 1/2 乘以层数计算

D. 按自然层计算建筑面积

4. 根据《建筑工程建筑面积计算规范》GB/T 50353 规定，建筑物的建筑面积应按自然层外墙结构外围水平面积之和计算。以下说法正确的是（ ）。(2015 年)

A. 建筑物高度为 2. 00m 部分，应计算全面积

B. 建筑物高度为 1. 80m 部分，不计算面积

C. 建筑物高度为 1. 20m 部分，不计算面积

D. 建筑物高度为 2. 10m 部分，应计算 1/2 面积

5. 根据《建筑工程建筑面积计算规范》GB/T 50353 规定，建筑物内设有局部楼层，局部二层层高 2. 15m，其建筑面积计算正确的是（ ）。(2015 年)

A. 无围护结构的不计算面积

B. 无围护结构的按其结构底板水平面积计算

C. 有围护结构的按其结构底板水平面积计算

D. 无围护结构的按其结构底板水平面积的 1/2 计算

6. 根据《建筑工程建筑面积计算规范》GB/T 50353 规定，地下室、半地下室建筑面积计算正确的是（ ）。(2015 年)

A. 层高不足 1. 80m 者不计算面积

B. 层高为 2. 10m 的部位计算 1/2 面积

C. 层高为 2. 10m 的部位应计算全面积

D. 层高为 2. 10m 以上的部位应计算全面积

7. 根据《建筑工程建筑面积计算规范》GB/T 50353 规定，建筑物大厅内的层高在 2. 20m 及以上的回（走）廊，建筑面积计算正确的是（ ）。(2015 年)

A. 按回（走）廊水平投影面积并入大厅建筑面积

B. 不单独计算建筑面积

C. 按结构底板水平投影面积计算

D. 按结构底板水平面积的 1/2 计算

8. 根据《建筑工程建筑面积计算规范》GB/T 50353 规定，层高在 2. 20m 及以上有围

护结构的舞台灯光控制室建筑面积，计算正确的是（　　）。(2015 年)

A. 按围护结构外围水平面积计算　　B. 按围护结构外围水平面积的 1/2 计算

C. 按控制室底板水平面积计算　　D. 按控制室底板水平面积的 1/2 计算

9. 根据《建筑工程建筑面积计算规范》GB/T 50353，关于建筑面积计算说法正确的是（　　）。(2016 年)

A. 以幕墙作为围护结构的建筑物按幕墙外边线计算建筑面积

B. 高低跨内相连通时变形缝计入高跨面积内

C. 多层建筑首层按照勒脚外围水平面积计算

D. 建筑物变形缝所占面积按自然层扣除

10. 根据《建筑工程建筑面积计算规范》GB/T 50353，关于大型体育场看台下部设计利用部位建筑面积计算，说法正确的是（　　）。(2016 年)

A. 层高<2. 10m，不计算建筑面积

B. 层高>2. 10m，且设计加以利用计算 1/2 面积

C. 1. 20m≤净高<2. 10m 时，计算 1/2 面积

D. 层高≥1. 20m 计算全面积

11. 根据《建筑工程建筑面积计算规范》GB/T 50353，关于建筑物外有永久顶盖无围护结构的走廊，建筑面积计算说法正确的是（　　）。(2016 年)

A. 按结构底板水平面积的 1/2 计算　　B. 按顶盖水平设计面积计算

C. 层高超过 2. 1m 的计算全面积　　D. 层高不超过 2m 的不计算建筑面积

12. 根据《建筑工程建筑面积计算规范》GB/T 50353，关于无永久顶盖的室外顶层楼梯，其建筑面积计算说法正确的是（　　）。(2016 年)

A. 按水平投影面积计算　　B. 按水平投影面积的 1/2 计算

C. 不计算建筑面积　　D. 层高 2. 20m 以上按水平投影面积计算

13. 根据《建筑工程建筑面积计算规范》GB/T 50353，形成建筑空间，结构净高 2. 18m 部位的坡屋顶，其建筑面积（　　）。(2017 年)

A. 不予计算　　B. 按 1/2 面积计算

C. 按全面积计算　　D. 视使用性质确定

14. 根据《建筑工程建筑面积计算规范》GB/T 50353，建筑物间有两侧护栏的架空走廊，其建筑面积（　　）。(2017 年)

A. 按护栏外围水平面积的 1/2 计算　　B. 按结构底板水平投影面积的 1/2 计算

C. 按护栏外围水平面积计算全面积　　D. 按结构底板水平投影面积计算全面积

15. 根据《建筑工程建筑面积计算规范》GB/T 50353，围护结构不垂直于水平面，结构净高为 2. 15m 的楼层部位，其建筑面积应（　　）。(2017 年)

A. 按顶板水平投影面积的 1/2 计算

B. 按顶板水平投影面积计算全面积

C. 按底板外墙外围水平面积的 1/2 计算

D. 按底板外墙外围水平面积计算全面积

16. 根据《建筑工程建筑面积计算规范》GB/T 50353，建筑物室外楼梯，其建筑面

积（　　）。(2017 年)

A. 按水平投影面积计算全面积

B. 按结构外围面积计算全面积

C. 依附于自然层按水平投影面积的 1/2 计算

D. 依附于自然层按结构外围面积的 1/2 计算

17. 根据《建筑工程建筑面积计算规范》GB/T 50353，高度为 2.1m 的立体书库结构层，其建筑面积（　　）。(2018 年)

A. 不予计算　　B. 按 1/2 面积计算

C. 按全面积计算　　D. 只计算一层面积

18. 根据《建筑工程建筑面积计算规范》GB/T 50353，有顶盖无围护结构的场馆看台部分（　　）。(2018 年)

A. 不予计算　　B. 按其结构底板水平投影面积计算

C. 按其顶盖的水平投影面积 1/2 计算　　D. 按其顶盖水平投影面积计算

19. 根据《建筑工程建筑面积计算规范》GB/T 50353，主体结构内的阳台，其建筑面积应（　　）。(2018 年)

A. 按其结构外围水平面积 1/2 计算　　B. 按其结构外围水平面积计算

C. 按其结构底板水平面积 1/2 计算　　D. 按其结构底板水平面积计算

20. 根据《建筑工程建筑面积计算规范》GB/T 50353，有顶盖无围护结构的货棚，其建筑面积应（　　）。(2018 年)

A. 按其顶盖水平投影面积的 1/2 计算　　B. 按其顶盖水平投影面积计算

C. 按柱外围水平面积的 1/2 计算　　D. 按柱外围水平面积计算

21. 根据《建筑工程建筑面积计算规范》GB/T 50353，按照相应计算规则计算 1/2 面积的是（　　）。(2019 年)

A. 建筑物间有围护结构、有顶盖的架空走廊

B. 无围护结构、有围护设施，但无结构层的立面车库

C. 有围护设施，顶高 5.2m 的室外走廊

D. 结构层高 3.10m 的门斗

22. 根据《建筑工程建筑面积计算规范》GB/T 50353，带幕墙建筑物的建筑面积计算正确的是（　　）。(2019 年)

A. 以幕墙立面投影面积计算

B. 以主体结构外边线面积计算

C. 作为外墙的幕墙按围护外边线计算

D. 起装饰作用的幕墙按幕墙横断面的 1/2 计算

23. 根据《建筑工程建筑面积计算规范》GB/T 50353，外挑宽度为 1.8m 的有柱雨篷建筑面积应（　　）。(2019 年)

A. 按柱外边线构成的水平投影面积计算

B. 不计算

C. 按结构板水平投影面积计算

D. 按结构板水平投影面积的 1/2 计算

24. 根据《建筑工程建筑面积计算规范》GB/T 50353，室外楼梯建筑面积计算正确的是（　　）。（2019 年）

A. 无顶盖、有围护结构的按其水平投影面积的 1/2 计算

B. 有顶盖、有围护结构的按其水平投影面积计算

C. 层数按建筑物的自然层计算

D. 无论有无顶盖和围护结构，均不计算

25. 根据《建筑工程建筑面积计算规范》GB/T 50353，建筑面积有围护结构的以围护结构外围计算，其围护结构包括围合建筑空间的（　　）。（2020 年）

A. 栏杆　　B. 栏板

C. 门窗　　D. 勒脚

26. 根据《建筑工程建筑面积计算规范》GB/T 50353，建筑物出入口坡道外侧设计有外挑宽度为 2.2m 的钢筋混凝土顶盖，坡道两侧外墙外边线间距为 4.4m，则该部位建筑面积（　　）。（2020 年）

A. 为 4.84m^2　　B. 为 9.24m^2

C. 为 9.68m^2　　D. 不予计算

27. 根据《建筑工程建筑面积计算规范》GB/T 50353，建筑物雨篷部位建筑面积计算正确的为（　　）。（2020 年）

A. 有柱雨篷按柱外围面积计算　　B. 无柱雨篷不计算

C. 有柱雨篷按结构板水平投影面积计算　　D. 外挑宽度为 1.8m 的无柱雨篷不计算

28. 根据《建筑工程建筑面积计算规范》GB/T 50353，围护结构不垂直于水平面的楼层，其建筑面积计算正确的为（　　）。（2020 年）

A. 按其围护底板面积的 1/2 计算　　B. 结构净高≥2.10m 的部位计算全面积

C. 结构净高≥1.20m 的部位计算 1/2 面积　　D. 结构净高<2.10m 的部位不计算面积

29. 根据《建筑工程建筑面积计算规范》GB/T 50353，建筑物室外楼梯建筑面积计算正确的为（　　）。（2020 年）

A. 并入建筑物自然层，按其水平投影面积计算

B. 无顶盖的不计算

C. 结构净高<2.10m 的不计算

D. 下部建筑空间加以利用的不重复计算

30. 根据《建筑工程建筑面积计算规范》GB/T 50353，建筑物室内变形缝建筑面积计算正确的为（　　）。（2020 年）

A. 不计算　　B. 按自然层计算

C. 不论层高只按底层计算　　D. 按变形缝设计尺寸的 1/2 计算

31. 对于室外走廊，以下哪种面积计算方式是正确的（　　）。（2021 年）

A. 有围护结构的，按其结构底板水平投影面积 1/2 计算

B. 有围护结构的，按其结构底板水平面积计算

C. 无围护结构有围护设施的，按其维护设施外围水平面积 1/2 计算

D. 无围护设施的，不计算建筑面积

32. 根据《建筑工程建筑面积计算规范》GB/T 50353，下列建筑物建筑面积计算方法正确的是（ ）。(2021 年)

A. 设在建筑物顶部，结构层高为 2.15m 水箱间应计算全面积

B. 室外楼梯应并入所依附建筑物自然层，按其水平投影面积计算全面积

C. 建筑物内部通风排气竖井并入建筑物的自然层计算建筑面积

D. 没有形成井道的室内楼梯并入建筑物的自然层计算 1/2 面积

33. 根据《建筑工程建筑面积计算规范》GB/T 50353，以下建筑部件建筑面积计算方法，正确的是（ ）。(2021 年)

A. 设置在屋面上有维护设施的平台

B. 结构层高 2.1m，附属在建筑物的落地橱窗

C. 场馆看台下，结构净高 1.3m 部位

D. 挑出宽度为 2m 的有柱雨篷

34. 根据《建筑工程建筑面积计算规范》GB/T 50353，建筑面积应按自然层外墙结构外围水平面积之和计算，应计算全面积的层高是（ ）。(2022 年)

A. 2.20m 以上　　B. 2.20m 及以上

C. 2.10m 以上　　D. 2.10m 及以上

35. 根据《建筑工程建筑面积计算规范》GB/T 50353，关于地下室与半地下室建筑面积，下列说法正确的是（ ）。(2022 年)

A. 结构净高在 2.1m 以上的计算全面积

B. 室内地坪与室外地坪之差的高度超过室内净高 1/2 为地下室

C. 外墙为变截面的，按照外墙上口外围计算全面积

D. 地下室外墙结构应包括保护墙

36. 根据《建筑工程建筑面积计算规范》GB/T 50353，下列应计算全面积的是（ ）。(2022 年)

A. 有顶盖无围护设施的架空走廊　　B. 有围护设施的檐廊

C. 结构净高为 2.15m 有顶盖的采光井　　D. 依附于自然层的室外楼梯

37. 某住宅楼建筑图如图所示，根据相关规范，阳台建筑面积计算正确的是（ ）。(2022 年)

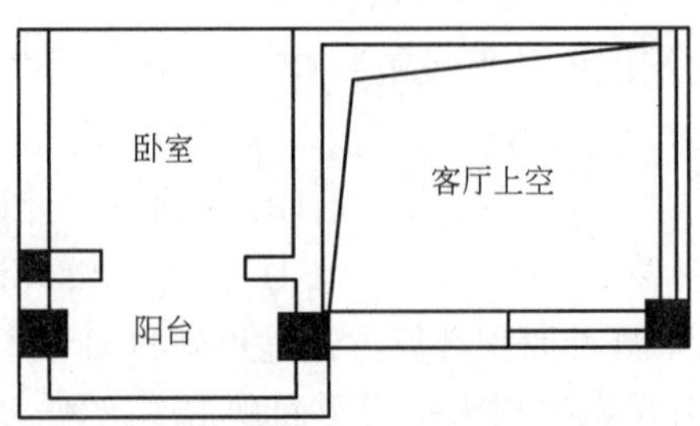

题 37 图　某住宅楼建筑图

A. 全面积　　　　　　　　　　　　　　B. 计算 1/2 面积

C. 按结构柱中心线为界分别计算　　　　D. 按结构柱外边线为界分别计算

38. 根据《建筑工程建筑面积计算规范》GB/T 50353，场馆看台下的建筑空间，应计算 1/2 面积的部位是（　　）。(2022 年补考)

A. 结构层高在 2. 10m 以下

B. 结构层高在 1. 20m 及以上至 2. 10m 以下

C. 结构净高在 2. 10m 以下

D. 结构净高在 1. 20m 及以上至 2. 10m 以下

39. 根据《建筑工程建筑面积计算规范》GB/T 50353，下列关于走廊、檐廊、门廊的建筑面积，说法正确的是（　　）。(2022 年补考)

A. 大厅内设置的走廊应按走廊结构底板水平投影面积的 1/2 计算建筑面积

B. 架空走廊无顶盖无围护设施的，可计算 1/2 建筑面积

C. 檐廊结构高度超过 2. 20m，无围护设施（或柱），不能计算建筑面积

D. 门廊应按其围护结构（设施）外围水平面积计算建筑面积

40. 根据《建筑工程建筑面积计算规范》GB/T 50353，结构净高 2. 20m 的飘窗能够计算建筑面积的必要条件是窗台与室内楼地面的（　　）。(2022 年补考)

A. 结构高差小于等于 0. 45m　　　　　B. 建筑高差小于等于 0. 45m

C. 结构高差小于 0. 45m　　　　　　　D. 建筑高差小于 0. 45m

41. 根据《建筑工程建筑面积计算规范》GB/T 50353 规定，下列建筑结构部位应按 1/2 计算建筑面积的是（　　）。(2023 年)

A. 建筑物内设有二层及以上局部楼层时，有围护结构且结构层高在 2. 20m 及以上的部位

B. 建筑物架空层及坡地建筑物吊脚架空层，结构层高在 2. 20m 及以上的部位

C. 形成建筑空间的坡屋顶，结构净高在 1. 20m 及以上至 2. 10m 以下的部位

D. 建筑物半地下室结构层高在 2. 20m 及以上的部位

42. 根据《建筑工程建筑面积计算规范》GB/T 50353 规定，下列关于建筑面积计算的说法，正确的是（　　）。(2023 年)

A. 建筑物门厅、大厅内设置的结构层高在 2. 20m 及以上的走廊，按走廊结构底板水平投影面积 1/2 计算建筑面积

B. 建筑物间的架空走廊，无围护结构、有围护设施的，按其结构底板水平投影面积计算 1/2 面积

C. 立体车库，无围护结构、有围护设施的，按其围护设施外围水平面积计算建筑面积

D. 有围护结构的舞台灯光控制室，结构层高在 2. 2m 以下的，不计算建筑面积

43. 根据《建筑工程建筑面积计算规范》GB/T 50353 规定，下列关于建筑物附属部分建筑面积计算的说法，正确的是（　　）。(2023 年)

A. 附属在建筑物外墙，结构层高在 2. 20m 及以上的落地窗，应按其围护结构外围水平面积计算 1/2 面积

B. 结构层高在 2. 20m 以下的门斗应按其围护结构外围水平面积计算全面积

C. 有柱雨篷应按其结构板水平投影面积计算全面积

D. 无柱雨篷的结构外边线至外墙结构外边线的宽度在 2. 10m 及以上的，应按雨篷结构板的水平投影面积的 1/2 计算建筑面积

44. 根据《建筑工程建筑面积计算规范》GB/T 50353 规定，下列关于建筑物结构部分建筑面积计算的说法，正确的是（　　）。(2023 年)

A. 设在建筑物顶部有围护结构，结构层高在 2. 20m 及以上的电梯机房，应计算 1/2 面积

B. 围护结构不垂直于水平面，结构净高在 2. 10m 及以上的楼层，应按其底板面的外墙外围水平面积计算全面积

C. 建筑物有顶盖的采光井，结构净高在 2. 10m 以下的，不计算面积

D. 室外楼梯应并入所依附建筑物的自然层，并应按其水平投影面积计算全面积

（二）多选题

1. 以下有关建筑面积指标的计算，正确的有（　　）。(2014 年)

A. $建筑容积率=\frac{底层建筑面积}{建筑占地面积}\times 100\%$　　B. $建筑容积率=\frac{建筑总面积}{建筑占地面积}\times 100\%$

C. $建筑密度=\frac{建筑总面积}{建筑占地面积}\times 100\%$　　D. $建筑密度=\frac{建筑底层面积}{建筑占地面积}\times 100\%$

E. $建筑容积率=\frac{建筑占地面积}{建筑总面积}\times 100\%$

2. 关于建筑面积计算，说法正确的有（　　）。(2014 年)

A. 露天游泳池按设计图示外围水平投影面积的 1/2 计算

B. 建筑物内的储水罐平台按平台投影面积计算

C. 有永久顶盖的室外楼梯，按楼梯水平投影面积计算

D. 建筑物主体结构内的阳台按其结构外围水平面积计算

E. 宽度超过 2. 10m 的雨篷按结构板的水平投影面积 1/2 计算

3. 根据《建筑工程建筑面积计算规范》GB/T 50353 规定，关于建筑面积计算正确的为（　　）。(2015 年)

A. 建筑物顶部有围护结构的电梯机房不单独计算

B. 建筑物顶部层高为 2. 10m 的有围护结构的水箱间不计算

C. 围护结构不垂直于水平面的楼层，应按其底板面外墙外围水平面积计算

D. 建筑物室内提物井不计算

E. 建筑物室内楼梯按自然层计算

4. 根据《建筑工程建筑面积计算规范》GB/T 50353 规定，关于建筑面积计算正确的为（　　）。(2015 年)

A. 过街楼底层的建筑物通道按通道底板水平面积计算

B. 建筑物露台按围护结构外围水平面积计算

C. 挑出宽度 1. 80m 的无柱雨篷不计算

D. 建筑物室外台阶不计算

E. 挑出宽度超过 1.00m 的空调室外机隔板不计算

5. 根据《建筑工程建筑面积计算规范》GB/T 50353，应计算 1/2 建筑面积的有（　　）。（2016 年）

A. 高度不足 2.20m 的单层建筑物
B. 净高不足 1.20m 的坡屋顶部分
C. 层高不足 2.20m 的地下室
D. 有永久顶盖无围护结构建筑物檐廊
E. 外挑高度不足 2.10m 的雨篷

6. 根据《建筑工程建筑面积计算规范》GB/T 50353，不计算建筑面积的是（　　）。（2016 年）

A. 建筑物室外台阶
B. 空调室外机搁板
C. 屋顶可上人露台
D. 与建筑物不相连的有顶盖车棚
E. 建筑物内的变形缝

7. 根据《建筑工程建筑面积计算规范》GB/T 50353，不计算建筑面积的有（　　）。（2017 年）

A. 建筑物首层地面有围护设施的露台
B. 兼顾消防与建筑物相同的室外钢楼梯
C. 与建筑物相连的室外台阶
D. 与室内相通的变形缝
E. 形成建筑空间，结构净高 1.50m 的坡屋顶

8. 根据《房屋建筑与装饰工程工程量计算规范》GB 50854，不计算建筑面积的有（　　）。（2018 年）

A. 结构层高为 2.10m 的门斗
B. 建筑物内的大型上料平台
C. 无围护结构的观光电梯
D. 有围护结构的舞台灯光控制室
E. 过街楼底层的开放公共空间

9. 根据《房屋建筑与装饰工程工程量计算规范》GB 50854，不计算建筑面积的有（　　）。（2019 年）

A. 结构层高 2.0m 的管道层
B. 层高为 3.3m 的建筑物通道
C. 有顶盖但无围护结构的车棚
D. 建筑物顶部有围护结构，层高 2.0m 的水箱间
E. 有围护结构的专用消防钢楼梯

10. 根据《建筑工程建筑面积计算规范》GB/T 50353，不计算建筑面积的为（　　）。（2020 年）

A. 厚度为 200mm 的石材勒脚
B. 规格为 400mm×400mm 的附墙装饰柱
C. 挑出宽度为 2.19m 的雨篷
D. 顶盖高度超过两个楼层的无柱雨篷
E. 突出外墙 200mm 的装饰性幕墙

11. 根据《房屋建筑与装饰工程工程量计算规范》GB 50854，建筑物的计算规则，正确的有（　　）。（2021 年）

A. 当室内公共楼梯间两侧自然层不同时，楼梯间以楼层多的层数计算
B. 在剪力墙包围之内的阳台，按其结构底板水平投影面积计算全面积
C. 建筑物的外墙保温层，按其空铺保温材料的垂直投影面积计算

D. 当高低跨的建筑物局部相通时，其变形缝的面积计算在低跨面积内

E. 有顶盖无围护结构的货棚，按其顶盖水平投影面积的 1/2 计算

12. 根据《建筑工程建筑面积计算规范》GB/T 50353，下列应计算建筑面积的是（　　）。(2022 年)

A. 主体结构外的阳台　　B. 结构层高为 1.8m 的设备层

C. 屋顶有围护结构的水箱间　　D. 挑出宽度 2.0m 有柱雨篷

E. 建筑物以外的地下人防通道

13. 根据《建筑工程建筑面积计算规范》GB/T 50353，建筑物计算建筑面积时，其范围应包括附属建筑物的（　　）。(2022 年补考)

A. 有柱雨篷　　B. 无围护设施的架空走廊

C. 无围护结构的观光电梯　　D. 室外钢楼梯

E. 有横梁的屋顶花架

14. 根据《房屋建筑与装饰工程工程量计算规范》GB 50854 规定，下列建筑物最底层结构层高的说法正确的是（　　）。(2023 年)

A. 从混凝土底板的上表面，算至上层楼板结构层的上表面

B. 无混凝土底板、有地面构造的，从地面构造中最上一层混凝土垫层或混凝土找平层上表面，算至上层楼板结构层上表面

C. 从混凝土底板的下表面，算至上层楼板结构层的上表面

D. 从混凝土底板上反梁下表面，算至上层楼板结构层上表面

E. 从混凝土底板上反梁上表面，算至上层楼板结构层上表面

三、真题解析

Ⅰ 建筑面积的概念

（一）单选题

【答案】 A

【解析】 使用面积与辅助面积的总和称为“有效面积”。使用面积是指建筑物各层平面布置中，可直接为生产或生活使用的净面积总和。室内净面积在民用建筑中，也称“居住面积”。例如，住宅建筑中的居室、客厅、书房等。卫生间属于辅助面积。结构面积是指建筑物各层平面布置中的墙体、柱等结构所占面积的总和（不包括抹灰厚度所占面积）。建筑面积还可以分为使用面积、辅助面积和结构面积。

（二）多选题

暂无。

Ⅱ 建筑面积的作用

（一）单选题

暂无。

（二）多选题

暂无。

Ⅲ 建筑面积计算规则与方法

（一）单选题

1.【答案】C

【解析】层高不足 2.2m 的地下室，应计算 1/2 面积。

2.【答案】D

【解析】有永久性顶盖无围护结构的场馆看台应按其顶盖水平投影面积的 1/2 计算。

3.【答案】D

【解析】建筑物内的管道井应按建筑物的自然层计算。

4.【答案】D

【解析】建筑物的建筑面积应按自然层外墙结构外围水平面积之和计算。结构层高在 2.20m 及以上的，应计算全面积；结构层高在 2.20m 以下的，应计算 1/2 面积。参见《建筑工程建筑面积计算规范》GB/T 50353。

5.【答案】D

【解析】建筑物内设有局部楼层时，对于局部楼层的二层及以上楼层，有围护结构的应按其围护结构外围水平面积计算，无围护结构的应按其结构底板水平面积计算，且结构层高在 2.20m 及以上的，应计算全面积，结构层高在 2.20m 以下的，应计算 1/2 面积。参见《建筑工程建筑面积计算规范》GB/T 50353。

6.【答案】B

【解析】地下室、半地下室应按其结构外围水平面积计算。结构层高在 2.20m 及以上的，应计算全面积；结构层高在 2.20m 以下的，应计算 1/2 面积。参见《建筑工程建筑面积计算规范》GB/T 50353。

7.【答案】C

【解析】建筑物的门厅、大厅应按一层计算建筑面积，门厅、大厅内设置的走廊应按走廊结构底板水平投影面积计算建筑面积。结构层高在 2.20m 及以上的，应计算全面积；结构层高在 2.20m 以下的，应计算 1/2 面积。参见《建筑工程建筑面积计算规范》GB/T 50353。

8.【答案】A

【解析】有围护结构的舞台灯光控制室，应按其围护结构外围水平面积计算。结构层高在 2.20m 及以上的，应计算全面积；结构层高在 2.20m 以下的，应计算 1/2 面积。参见《建筑工程建筑面积计算规范》GB/T 50353。

9.【答案】A

【解析】高低跨内相连通时变形缝计入低跨面积内；勒脚不计算建筑面积；与室内相通的变形缝，应按其自然层合并在建筑物建筑面积内计算。

10.【答案】C

【解析】对于场馆看台下的建筑空间，结构净高在 2.10m 及以上的部位应计算全面积；结构净高在 1.20m 及以上至 2.10m 以下的部位应计算 1/2 面积；结构净高在 1.20m 以下的部位不应计算建筑面积。此题目答案与新规范有出入，相比较而言选项 C 是最正确的选项。

11.【答案】A

【解析】对于建筑物间的架空走廊，有顶盖和围护结构的，应按其围护结构外围水平面积计算全面积；无围护结构、有围护设施的，应按其结构底板水平投影面积计算 1/2 面积。

12.【答案】C

【解析】室外楼梯应并入所依附建筑物自然层，并应按其水平投影面积的 1/2 计算建筑面积。

13.【答案】C

【解析】形成建筑空间的坡屋顶，结构净高在 2.1m 及以上的部位应计算全面积；结构净高在 1.2m 及以上至 2.1m 以下的部位应计算 1/2 面积；结构净高在 1.2m 以下的部位不应计算建筑面积。

14.【答案】B

【解析】建筑物间的架空走廊，有顶盖和围护结构的，应按其围护结构外围水平面积计算全面积；无围护结构、有围护设施的，应按其结构底板水平投影面积计算 1/2 面积。

15.【答案】D

【解析】围护结构不垂直于水平面的楼层，应按其底板面的外墙外围水平面积计算。结构净高在 2.10m 及以上的部位，应计算全面积；结构净高在 1.20m 及以上至 2.10m 以下的部位，应计算 1/2 面积；结构净高在 1.20m 以下的部位，不应计算建筑面积。

16.【答案】C

【解析】室外楼梯应并入所依附建筑物自然层，并应按其水平投影面积的 1/2 计算建筑面积。

17.【答案】B

【解析】立体车库、立体仓库、立体书库，结构层高在 2.20m 及以上的，应计算全面积；结构层高在 2.20m 以下的，应计算 1/2 面积。

18.【答案】C

【解析】场馆看台下的建筑空间，结构净高在 2.10m 及以上的部位应计算全面积；结构净高在 1.20m 及以上至 2.10m 以下的部位应计算 1/2 面积；结构净高在 1.20m 以下的部位不应计算建筑面积。室内单独设置的有围护设施的悬挑看台，应按看台结构底板水平投影面积计算建筑面积。有顶盖无围护结构的场馆看台应按其顶盖水平投影面积的 1/2 计算面积。

19.【答案】B

【解析】在主体结构内的阳台，应按其结构外围水平面积计算全面积，在主体结构外的阳台，应按其结构底板水平投影面积计算 1/2 面积。

20.【答案】A

【解析】有顶盖无围护结构的车棚、货棚、站台、加油站、收费站等，应按其顶盖水平投影面积的 1/2 计算建筑面积。

21.【答案】C

【解析】选项 AD，计算全面积；选项 B，按照 2.2m 划分。

22.【答案】C

【解析】以幕墙作为围护结构的建筑物，应按幕墙外边线计算建筑面积。幕墙以其在建筑物中所起的作用和功能来区分，直接作为外墙起围护作用的幕墙，按其外边线计算建筑面积；设置在建筑物墙体外起装饰作用的幕墙，不计算建筑面积。

23.【答案】D

【解析】有柱雨篷应按其结构板水平投影面积的 1/2 计算建筑面积。

24.【答案】A

【解析】室外楼梯应并入所依附建筑物自然层，并应按其水平投影面积的 1/2 计算建筑面积。室外楼梯不论是否有顶盖都需要计算建筑面积。

25.【答案】C

【解析】围护结构是指围合建筑空间的墙体、门、窗。栏杆、栏板属于围护设施。

26.【答案】A

【解析】出入口外墙外侧坡道有顶盖的部位，应按其外墙结构外围水平面积的 1/2 计算面积。建筑面积 $=1/2\times2.2\times4.4=4.84m^2$。

27.【答案】D

【解析】有柱雨篷应按其结构板水平投影面积的 1/2 计算建筑面积；无柱雨篷的结构外边线至外墙结构外边线的宽度在 2.10m 及以上的，应按雨篷结构板的水平投影面积的 1/2 计算建筑面积。

28.【答案】B

【解析】围护结构不垂直于水平面的楼层，应按其底板面的外墙外围水平面积计算。结构净高在 2.10m 及以上的部位，应计算全面积；结构净高在 1.20m 及以上至 2.10m 以下的部位，应计算 1/2 面积；结构净高在 1.20m 以下的部位，不应计算建筑面积。

29.【答案】D

【解析】室外楼梯应并入所依附建筑物自然层，并应按其水平投影面积的 1/2 计算建筑面积。利用室外楼梯下部的建筑空间不得重复计算建筑面积；利用地势砌筑的为室外踏步，不计算建筑面积。

30.【答案】B

【解析】与室内相通的变形缝，应按其自然层合并在建筑物建筑面积内计算。对于高低联跨的建筑物，当高低跨内部连通时，其变形缝应计算在低跨面积内。

31.【答案】D

【解析】有围护设施的室外走廊（挑廊），应按其结构底板水平投影面积计算 1/2 面积；有围护设施（或柱）的檐廊，应按其围护设施（或柱）外围水平面积计算 1/2 面积。没有围护设施的，不计算建筑面积。

32.【答案】C

【解析】选项 A，设在建筑物顶部的、有围护结构的楼梯间、水箱间、电梯机房等，结构层高在 2.20m 及以上的应计算全面积；结构层高在 2.20m 以下的，应计算 1/2 面积。选项 B，室外楼梯应并入所依附建筑物自然层，并应按其水平投影面积的 1/2 计算建筑面积。选项 D，建筑物的室内楼梯（形成井道、没有形成井道）、电梯井、提物井、管道井、通风排气竖井、烟道，应并入建筑物的自然层计算建筑面积。

33.【答案】A

【解析】建筑部件指的是依附于建筑物外墙外不与户室开门连通，起装饰作用的敞开式挑台（廊）、平台，以及不与阳台相通的空调室外机搁板（箱）等设备平台部件。

34.【答案】B

【解析】地下室、半地下室应按其结构外围水平面积计算。结构层高在2.20m及以上的，应计算全面积；结构层高在2.20m以下的，应计算1/2面积。

35.【答案】B

【解析】地下室、半地下室应按其结构外围水平面积计算。结构层高在2.20m及以上的，应计算全面积；结构层高在2.20m以下的，应计算1/2面积。室内地坪面低于室外地坪面的高度超过室内净高的1/2者为地下室；室内地坪面低于室外地坪面的高度超过室内净高的1/3，且不超过1/2者为半地下室。地下室、半地下室按“结构外围水平面积”计算，而不按“外墙上口”取定。当外墙为变截面时，按地下室、半地下室楼地面结构标高处的外围水平面积计算。地下室的外墙结构不包括找平层、防水（潮）层、保护墙等。地下空间未形成建筑空间的，不属于地下室或半地下室，不计算建筑面积。

36.【答案】C

【解析】选项A，建筑物间的架空走廊，有顶盖和围护结构的，应按其围护结构外围水平面积计算全面积；无围护结构、有围护设施的，应按其结构底板水平投影面积计算1/2面积。选项B，有围护设施（或柱）的檐廊，应按其围护设施（或柱）外围水平面积计算1/2面积。选项D，室外楼梯应并入所依附建筑物自然层，并应按其水平投影面积的1/2计算建筑面积。

37.【答案】D

【解析】框架结构：柱梁体系之内为主体结构内，柱梁体系之外为主体结构外。

38.【答案】D

【解析】场馆看台下的建筑空间，结构净高在2.10m及以上的部位应计算全面积；结构净高在1.20m及以上至2.10m以下的部位应计算1/2面积结构；净高在1.20m以下的部位不应计算建筑面积。

39.【答案】C

【解析】选项A，结构层高在2.20m及以上的，应计算全面积；结构层高在2.20m以下的，应计算1/2建筑面积；选项B，不计算建筑面积；选项D，门廊应按其顶板水平投影面积的1/2计算建筑面积。

40.【答案】C

【解析】凸（飘）窗须同时满足两个条件方能计算建筑面积：一是结构高差在0.45m以下；二是结构净高在2.10m及以上。

41.【答案】C

【解析】形成建筑空间的坡屋顶，结构净高在2.10m及以上的部位应计算全面积；结构净高在1.20m及以上至2.10m以下的部位应计算1/2面积；结构净高在1.20m以下的部位不应计算建筑面积。

42.【答案】B

【解析】建筑物间的架空走廊，有顶盖和围护结构的，应按其围护结构外围水平面积计算全面积；无围护结构、有围护设施的，应按其结构底板水平投影面积计算1/2面积。架空走廊指专门设置在建筑物的二层或二层以上，作为不同建筑物之间水平交通的空间。架空走廊建筑面积计算分为两种情况：一是有围护结构且有顶盖的，计算全面积；二是无围护结构、有围护设施的，无论是否有顶盖，均计算1/2面积。有围护结构的，按围护结构计算面积；无围护结构的，按底板计算面积。

43.【答案】D

【解析】无柱雨篷的结构外边线至外墙结构外边线的宽度在2.10m及以上的，应按雨篷结构板的水平投影面积的1/2计算建筑面积。

雨篷分为有柱雨篷和无柱雨篷。有柱雨篷，没有出挑宽度的限制，也不受跨越层数的限制，均计算建筑面积。无柱雨篷，其结构板不能跨层，并受出挑宽度的限制，设计出挑宽度大于或等于2.10m时才计算建筑面积。出挑宽度是指雨篷结构外边线至外墙结构外边线的宽度，弧形或异型时，取最大宽度。

44.【答案】B

【解析】围护结构不垂直于水平面的楼层，应按其底板面的外墙外围水平面积计算。结构净高在2.10m及以上的部位，应计算全面积；结构净高在1.20m及以上至2.10m以下的部位，应计算1/2面积；结构净高在1.20m以下的部位，不应计算建筑面积。

（二）多选题

1.【答案】BD

【解析】建筑容积率$=\dfrac{\text{建筑总面积}}{\text{建筑占地面积}}\times100\%$；建筑密度$=\dfrac{\text{建筑底层面积}}{\text{建筑占地面积}}\times100\%$。

2.【答案】DE

【解析】有永久顶盖的室外楼梯，按楼梯水平投影面积计算；宽度超过2.10m的雨篷按结构板的水平投影面积1/2计算。

3.【答案】CE

【解析】选项AB错误，设在建筑物顶部的、有围护结构的楼梯间、水箱间、电梯机房等，结构层高在2.20m及以上的应计算全面积；结构层高在2.20m以下的，应计算1/2面积；选项D错误，建筑物内的室内楼梯间、电梯井、观光电梯井、提物井、管道井、通风排气竖井、垃圾道、附墙烟囱应按建筑物的自然层计算。

4.【答案】CDE

【解析】选项A错误，骑楼、过街楼底层的开放公共空间和建筑物通道，不计算建筑面积；选项B错误，露台、露天游泳池、花架、屋顶的水箱及装饰性结构构件，不计算建筑面积。

5.【答案】AC

【解析】选项B错误，结构净高在1.20m以下的部位不应计算建筑面积；选项D错误，有围护设施（或柱）的檐廊，应按其围护设施（或柱）外围水平面积计算1/2面积；选项E错误，无柱雨篷的结构外边线至外墙结构外边线的宽度在2.10m及以上的，应按雨篷结构板的水平投影面积的1/2计算建筑面积。

6.【答案】ABC

【解析】建筑物室外台阶、主体结构外的空调室外机搁板、露台不计算建筑面积。有顶盖无围护结构的车棚、货棚、站台、加油站、收费站等，应按其顶盖水平投影面积的1/2计算建筑面积。与室内相通的变形缝，应按其自然层合并在建筑物建筑面积内计算。

7.【答案】AC

【解析】不计算建筑面积的范围：①与建筑物内不相连通的建筑部件。建筑部件指的是依附于建筑物外墙外，不与户室开门连通，起装饰作用的敞开式挑台（廊）、平台，以及不与阳台相通的空调室外机搁板（箱）等设备平台部件。“与建筑物内不相连通”是指没有正常的出入口。即：通过门进出的，视为“连通”，通过窗或栏杆等翻出去的，视为“不连通”。②骑楼、过街楼底层的开放公共空间和建筑物通道。骑楼指建筑底层沿街面后退且留出公共人行空间的建筑物。过街楼指跨越道路上空并与两边建筑相连接的建筑物。建筑物通道指为穿过建筑物而设置的空间。③舞台及后台悬挂幕布和布景的天桥、挑台等。这里指的是影剧院的舞台及为舞台服务的可供上人维修、悬挂幕布、布置灯光及布景等搭设的天桥和挑台等构件设施。④露台、露天游泳池、花架、屋顶的水箱及装饰性结构构件。露台是设置在屋面、首层地面或雨篷上的供人室外活动的有围护设施的平台。⑤建筑物内的操作平台、上料平台、安装箱和罐体的平台。建筑物内不构成结构层的操作平台、上料平台（包括：工业厂房、搅拌站和料仓等建筑中的设备操作控制平台、上料平台等），属于为室内构筑物或设备服务的独立上人设施，因此不计算建筑面积。⑥勒脚、附墙柱（附墙柱是指非结构性装饰柱）、垛、台阶、墙面抹灰、装饰面、镶贴块料面层、装饰性幕墙，主体结构外的空调室外机搁板（箱）、构件、配件，挑出宽度在2.10m以下的无柱雨篷和顶盖高度达到或超过两个楼层的无柱雨篷。⑦窗台与室内地面高差在0.45m以下且结构净高在2.10m以下的凸（飘）窗，窗台与室内地面高差在0.45m及以上的凸（飘）窗。⑧室外爬梯、室外专用消防钢楼梯。专用的消防钢楼梯是不计算建筑面积的。当钢楼梯是建筑物通道，兼顾消防用途时，则应计算建筑面积。⑨无围护结构的观光电梯。⑩建筑物以外的地下人防通道，独立的烟囱、烟道、地沟、油（水）罐、气柜、水塔、贮油（水）池、贮仓、栈桥等构筑物。

8.【答案】BCE

【解析】选项A错误，门斗应按其围护结构外围水平面积计算建筑面积，结构层高在2.20m及以上的，应计算全面积；结构层高在2.20m以下的，应计算1/2面积。选项D错误，有围护结构的舞台灯光控制室，应按其围护结构外围水平面积计算。结构层高在2.20m及以上的，应计算全面积；结构层高在2.20m以下的，应计算1/2面积。

9.【答案】BE

【解析】建筑物通道不计算建筑面积；专用的消防钢楼梯不计算建筑面积。

10.【答案】ABDE

【解析】勒脚、附墙柱（附墙柱是指非结构性装饰柱）、垛、台阶、墙面抹灰、装饰面、镶贴块料面层、装饰性幕墙，主体结构外的空调室外机搁板（箱）、构件、配件挑出宽度在

2.10m 以下的无柱雨篷和顶盖高度达到或超过两个楼层的无柱雨篷不计算建筑面积。

11. 【答案】ADE

【解析】当室内公共楼梯间两侧自然层不同时，以楼层多的层数计算。阳台在剪力墙包围之内，则属于主体结构内阳台，在主体结构内的阳台，应按其结构外围水平面积计算全面积；在主体结构外的阳台，应按其结构底板水平投影面积计算 1/2 面积。建筑物的外墙外保温层，应按其保温材料的水平截面积计算，并计入自然层建筑面积。与室内相通的变形缝，应按其自然层合并在建筑物建筑面积内计算。对于高低连跨的建筑物，当高低跨内部连通时，其变形缝应计算在低跨面积内。有顶盖无围护结构的车棚、货棚、站台、加油站、收费站等，应按其顶盖水平投影面积的 1/2 计算建筑面积。

12. 【答案】ABCD

【解析】选项 E，不计算建筑面积的范围：建筑物以外的地下人防通道，独立的烟囱、烟道、地沟、油（水）罐、气柜、水塔、贮油（水）池、贮仓、栈桥等构筑物。

13. 【答案】AD

【解析】露台、露天游泳池、花架、屋顶的水箱及装饰性结构构件不计算建筑面积。

14. 【答案】ABE

【解析】建筑物最底层，从“混凝土构造”的上表面，算至上层楼板结构层上表面（分两种情况：一是有混凝土底板的，从底板上表面算起，如底板上有上反梁，则应从上反梁上表面算起；二是无混凝土底板、有地面构造的，以地面构造中最上一层混凝土垫层或混凝土找平层上表面算起）。

第三节 工程量计算规则与方法

一、名师考点

参见表 5-4。

表 5-4 本节考点

教材点		知识点
一	土石方工程	土方工程、石方工程、回填
二	地基处理与边坡支护工程	地基处理、基坑与边坡支护
三	桩基础工程	打桩、灌注桩
四	砌筑工程	砖砌体、砌块砌体、石砌体、垫层
五	混凝土及钢筋混凝土工程	现浇混凝土基础、现浇混凝土柱、现浇混凝土梁、现浇混凝土墙、现浇混凝土板、现浇混凝土楼梯、现浇混凝土其他构件、后浇带、预制混凝土、钢筋工程、螺栓、铁件
六	金属结构工程	钢网架、钢屋架、钢托架、钢桁架、钢架桥、钢柱、钢梁、钢板楼板、墙板、钢构件、金属制品

续表

教材点		知识点
七	木结构	木屋架、木构件、屋面木基层
八	门窗工程	木门、金属门、金属卷帘（闸）门、厂库房大门、特种门、其他门、木窗、金属窗、门窗套、窗台板、窗帘、窗帘盒、窗帘轨
九	屋面及防水工程	瓦、型材屋面及其他屋面、屋面防水及其他、墙面防水、防潮、楼（地）面防水、防潮
十	保温、隔热、防腐工程	保温、隔热、防腐面层、其他防腐
十一	楼地面装饰工程	整体面层及找平层、块料面层、橡塑面层、其他材料面层、踢脚线、楼梯面层、台阶装饰、零星装饰项目
十二	墙、柱面装饰与隔断、幕墙工程	墙面抹灰、柱（梁）面抹灰、零星抹灰、墙面块料面层、柱（梁）面镶贴块料、零星镶贴块料、墙饰面、柱（梁）饰面、幕墙工程、隔断
十三	天棚工程	天棚抹灰、吊顶、采光天棚、天棚其他装饰
十四	油漆、涂料、裱糊工程	门油漆、窗油漆、木扶手及其他板条、线条油漆、木材面油漆、金属面油漆、抹灰面油漆、刷喷涂料、裱糊
十五	其他装饰工程	柜类、货架、压条、装饰线、扶手、栏杆、栏板装饰、暖气罩、浴厕配件、雨篷、旗杆、招牌、灯箱、美术字
十六	拆除工程	砖砌体拆除，混凝土及钢筋混凝土构件拆除，木构件拆除，抹灰面拆除，块料面层拆除，龙骨及饰面拆除，屋面拆除，铲除油漆涂料裱糊面、栏杆栏板、轻质隔断隔墙拆除，门窗拆除，金属构件拆除，管道及卫生洁具拆除，灯具、玻璃拆除，其他构件拆除，开孔（打洞）
十七	措施项目	脚手架工程、混凝土模板及支架（撑）、垂直运输、超高施工增加、大型机械设备进出场及安拆、施工排水、降水、安全文明施工及其他措施项目

二、真题回顾

Ⅰ　土石方工程

（一）单选题

1. 某建筑首层建筑面积 $500m^2$，场地较为平整，其自然地面标高为+87.500m，设计室外地面标高为+87.150m，则其场地土方清单列项和工程量分别是（　　）。（2014 年）

A. 按平整场地列项：$500m^2$　　B. 按一般土方列项：$500m^2$

C. 按平整场地列项：$175m^3$　　D. 按一般土方列项：$175m^3$

2. 某建筑工程挖土方工程量需要通过现场签证核定，已知用斗容量为 $1.5m^3$ 的轮胎式装载机运土 500 车，则挖土工程量应为（　　）。（2014 年）

A. $501.92m^3$　　B. $576.92m^3$

C. $623.15m^3$　　D. $750m^3$

3. 根据《房屋建筑与装饰工程工程量计算规范》GB 50854 规定，关于土方的项目列项或工程量计算正确的为（　　）。（2015 年）

A. 建筑物场地厚度为 350mm 的挖土应按平整场地项目列项

B. 挖一般土方的工程量通常按开挖虚方体积计算

C. 基础土方开挖需区分沟槽、基坑和一般土方项目分别列项

D. 冻土开挖工程量需按虚方体积计算

4. 某管沟工程，设计管底垫层宽度为 2000mm，开挖深度为 2.00m，管径为 1200mm，工作面宽为 400mm，管道中心线长为 180m，管沟土方工程量计算正确的为（　　）。(2015 年)

A. 432m³　　　　B. 576m³

C. 720m³　　　　D. 1008m³

5. 根据《房屋建筑与装饰工程工程量计算规范》GB 50854 规定，关于石方的项目列项或工程量计算正确的为（　　）。(2015 年)

A. 山坡凿石按一般石方列项

B. 考虑石方运输，石方体积需折算为虚方体积计算

C. 挖管沟石方均按一般石方列项

D. 基坑底面积超过 120m² 的按一般石方列项

6. 根据《房屋建筑与装饰工程工程量计算规范》GB 50854，在三类土中挖基坑不放坡的坑深可达（　　）。(2016 年)

A. 1.2m　　　　B. 1.3m

C. 1.5m　　　　D. 2.0m

7. 根据《房屋建筑与装饰工程工程量计算规范》GB 50854，若开挖设计长为 20m，宽为 6m，深度为 0.8m 的土方工程，在清单中列项应为（　　）。(2016 年)

A. 平整场地　　　　B. 挖沟槽

C. 挖基坑　　　　D. 挖一般土方

8. 根据《房屋建筑与装饰工程工程量计算规范》GB 50854，关于挖管沟石方工程量计算，说法正确的是（　　）。(2016 年)

A. 按设计图示尺寸以管道中心线长度计算

B. 按设计图示尺寸以截面积计算

C. 有管沟设计时按管底以上部分体积计算

D. 无管沟设计时按延长米计算

9. 根据《房屋建筑与装饰工程工程量计算规范》GB 50854，关于土石方回填工程量计算，说法正确的是（　　）。(2016 年)

A. 回填土方项目特征应包括填方来源及运距

B. 室内回填应扣除间隔墙所占体积

C. 场地回填按设计回填尺寸以面积计算

D. 基础回填不扣除基础垫层所占面积

10. 根据《房屋建筑与装饰工程工程量计算规范》GB 50854，某建筑物场地土方工程，设计基础长 27m，宽为 8m，周边开挖深度均为 2m，实际开挖后场内堆土量为 570m³，则土方工程量为（　　）。(2017 年)

A. 平整场地 216m²　　B. 沟槽土方 655m³

C. 基坑土方 528m³　　D. 一般土方 438m³

11. 根据《房屋建筑与装饰工程工程量计算规范》GB 50854，石方工程量计算正确的是（　　）。(2018 年)

A. 挖基坑石方按设计图示尺寸基础底面面积乘以埋深度以体积计算

B. 挖沟槽石方按设计图示以沟槽中心线长度计算

C. 挖一般石方按设计图示开挖范围的水平投影面积计算

D. 挖管沟石方按设计图示以管道中心线长度计算

12. 某建筑物砂土场地，设计开挖面积为 20m×7m，自然地面标高为-0.200m，设计室外地坪标高为-0.300m，设计开挖底面标高为-1.200m。根据《房屋建筑与装饰工程工程量计算规范》GB 50854，土方工程清单工程量计算应（　　）。(2019 年)

A. 执行挖一般土方项目，工程量为 140m³

B. 执行挖一般土方项目，工程量为 126m³

C. 执行挖基坑土方项目，工程量为 140m³

D. 执行挖基坑土方项目，工程量为 126m³

13. 某较为平整的软岩施工场地，设计长度为 30m，宽为 10m，开挖深度为 0.8m。根据《房屋建筑与装饰工程工程量计算规范》GB 50854，开挖石方清单工程量为（　　）。(2019 年)

A. 沟槽石方工程量 300m³　　B. 基坑石方工程量 240m³

C. 挖管沟石方工程量 30m³　　D. 一般石方工程量 240m³

14. 根据《房屋建筑与装饰工程工程量计算规范》GB 50854，挖 480mm 宽的钢筋混凝土直埋管道沟槽，每侧工作面宽度应为（　　）。(2020 年)

A. 200mm　　B. 250mm

C. 400mm　　D. 500mm

15. 根据《房屋建筑与装饰工程工程量计算规范》GB 50854，关于回填工程量计算方法，正确的是（　　）。(2021 年)

A. 室内回填按主墙间净面积乘以回填厚度，扣除间隔墙所占体积计算

B. 场地回填按回填面积乘以平均回填厚度计算

C. 基础回填为挖方工程量减去室内地坪以下埋设的基础体积

D. 回填项目特征描述中应包括密实度和废弃料品种

16. 某土方工程量清单编制，挖土量 10000m³，回填土数量 6000m³；已知土方天然密实体积：夯实后体积 = 1：0.87，则回填方及余方弃置清单工程量分别为（　　）m³。(2022 年)

A. 6000、4000　　B. 6896.55、3103.45

C. 6000、3103.45　　D. 6896.55、4000

17. 关于土方回填，下列说法正确的是（　　）。(2022 年)

A. 室内回填工程量按各类墙体间的净面积乘以回填厚度

B. 室外回填工程量按挖方清单项目工程量减去室外地坪以下埋设的基础体积

C. 对填方密实度要求，必须在项目特征中进行详尽描述

D. 对填方材料的品种和粒径要求，必须在项目特征中进行详尽描述

18. 根据《房屋建筑与装饰工程工程量计算规范》GB 50854，建筑物场地厚度 250m 的挖土，项目编码列项应为（　　）。(2022 年补考)

A. 基础土方　　B. 沟槽土方

C. 一般土方　　D. 平整场地

19. 某土方工程量清单编制，按设计图纸计算，其挖方图示数量为 10000m³，回填方图示数量为 6000m³；已知土方的天然密实体积：夯实后体积 = 1 : 0.87，则回填方及余方弃置的清单工程量分别为（　　）m³。(2022 年补考)

A. 6000、4000　　B. 6896.55、3103.45

C. 6000、3103.45　　D. 6896.55、4000

（二）多选题

1. 某工程石方清单为暂估项目，施工过程中需要通过现场签证确认实际完成工作量，挖方全部外运。已知开挖范围为底长 25m，底宽 9m，使用斗容量为 10m³ 的汽车平装外运 55 车，则关于石方清单列项和工程量，说法正确的有（　　）。(2014 年)

A. 按挖一般石方列项　　B. 按挖沟槽石方列项

C. 按挖基坑石方列项　　D. 工程量 357.14m³

E. 工程量 550.00m³

2. 某坡地建筑基础，设计基底垫层宽为 8.0m，基础中心线长为 22.0m，开挖深度为 1.6m，地基为中等风化软岩，根据《房屋建筑与装饰工程工程量计算规范》GB 50854 规定，关于基础石方的项目列项或工程量计算正确的为（　　）。(2015 年)

A. 按挖沟槽石方列项　　B. 按挖基坑石方列项

C. 按挖一般石方列项　　D. 工程量为 281.6m³

E. 工程量为 22.0m

3. 根据《房屋建筑与装饰工程工程量计算规范》GB 50854，关于土方工程量计算与项目列项，说法正确的有（　　）。(2016 年)

A. 建筑物场地挖、填度≤±300mm 的挖土应按一般土方项目编码列项计算

B. 平整场地工程量按设计图示尺寸以建筑物首层建筑面积计算

C. 挖一般土方应按设计图示尺寸以挖掘前天然密实体积计算

D. 挖沟槽土方工程量按沟槽设计图示中心线长度计算

E. 挖基坑土方工程量按设计图示尺寸以体积计算

4. 根据《房屋建筑与装饰工程工程量计算规范》GB 50854，石方工程量计算正确的有（　　）。(2019 年)

A. 挖一般石方按设计图示尺寸以建筑首层面积计算

B. 挖沟槽石方按沟槽设计底面积乘以挖石深度以体积计算

C. 挖基坑石方按基坑底面积乘以自然地面测量标高至设计地坪高的平均厚度以体积计算

D. 挖管沟石方按设计图示以管道中心线长度以“m”计算

E. 挖管沟石方按设计图示截面积乘以长度以体积计算

5. 根据《房屋建筑与装饰工程工程量计算规范》GB 50854，土方工程工程量计算正确的为（　　）。(2020 年)

A. 建筑场地厚度≤±300mm 的挖、填、运、找平，均按平整场地计算

B. 设计底宽≤7m，底长<3 倍底宽的土方开挖，按挖沟槽土方计算

C. 设计底宽>7m，底长>3 倍底宽的土方开挖，按一般土方计算

D. 设计底宽>7m，底长<3 倍底宽的土方开挖，按挖基坑土方计算

E. 土方工程量均按设计尺寸以体积计算

6. 根据《房屋建筑与装饰工程工程量计算规范》GB 50854，关于土方工程，下列说法正确的是（　　）。(2022 年)

A. 管沟土方按设计图示尺寸以管道中心线长度计算，不扣除各类井所占长度

B. 工作面所增加的土方工程量是否计算，应按各省级建设主管部门规定实施

C. 虚方指未经碾压、堆积时间不大于 2 年的土壤

D. 桩间挖土不扣除桩的体积，但应在项目特征中加以描述

E. 基础土方开挖深度应按基础垫层底表面标高至设计室外地坪标高确定

7. 根据《房屋建筑与装饰工程工程量计算规范》GB 50854 规定，关于土石方工程量计算，说法正确的是（　　）。(2022 年补考)

A. 平整场地按建筑物首层建筑面积计算

B. 基础土方挖土深度按照垫层底表面标高至设计室外地坪标高计算

C. 一般土方因工作面和放坡增加的工程量是否并入各土方工程量内，按各省建设主管部门的规定实施

D. 虚方指未经碾压、堆积时间≤1 年的土壤

E. 桩间挖土应扣除桩的体积，并在项目中加以描述

Ⅱ　地基处理与边坡支护工程

（一）单选题

1. 对某建筑地基设计要求强夯处理，处理范围为 40.0m×56.0m，需要铺设 400mm 厚土工合成材料，并进行机械压实，根据《房屋建筑与装饰工程工程量计算规范》GB 50854 规定，正确的项目列项或工程量计算是（　　）。(2015 年)

A. 铺设土工合成材料的工程量为 896m³　　B. 铺设土工合成材料的工程量为 2240m²

C. 强夯地基工程量按一般土方项目列项　　D. 强夯地基工程量为 896m³

2. 根据《房屋建筑与装饰工程工程量计算规范》GB 50854 规定，关于地基处理工程量计算正确的为（　　）。(2015 年)

A. 振冲桩（填料）按设计图示处理范围以面积计算

B. 砂石桩按设计图示尺寸以桩长（不包括桩尖）计算

C. 水泥粉煤灰碎石桩按设计图示尺寸以体积计算

D. 深层搅拌桩按设计图示尺寸以桩长计算

3. 根据《房屋建筑与装饰工程工程量计算规范》GB 50854 规定，关于基坑支护工程

量计算正确的为（　　）。(2015 年)

A. 地下连续墙按设计图示墙中心线长度以“m”计算

B. 预制钢筋混凝土板桩按设计图示数量以“根”计算

C. 钢板桩按设计图示数量以“根”计算

D. 喷射混凝土按设计图示面积乘以喷层厚度以体积计算

4. 根据《房屋建筑与装饰工程工程量计算规范》GB 50854，关于地基处理，说法正确的是（　　）。(2016 年)

A. 铺设土工合成材料按设计长度计算

B. 强夯地基按设计图示处理范围乘以深度以体积计算

C. 填料振冲桩按设计图示尺寸以体积计算

D. 砂石桩按设计数量以根计算

5. 根据《房屋建筑与装饰工程工程量计算规范》GB 50854，关于地基处理工程量，计算正确的是（　　）。(2017 年)

A. 换填垫层按设计图示尺寸以体积计算

B. 强夯地基按设计图示处理范围乘以处理深度以体积计算

C. 填料振冲桩以填料体积计算

D. 水泥粉煤灰碎石桩按设计图示尺寸以体积计算

6. 根据《房屋建筑与装饰工程工程量计算规范》GB 50854，基坑支护的锚杆工程量应（　　）。(2018 年)

A. 按设计图示尺寸以支护体体积计算　　B. 按设计图示尺寸以支护面积计算

C. 按设计图示尺寸以钻孔深度计算　　D. 按设计图示尺寸以质量计算

7. 根据《房屋建筑与装饰工程工程量计算规范》GB 50854，地基处理的换填垫层项目特征中，应说明材料种类及配比、压实系数和（　　）。(2020 年)

A. 基坑深度　　B. 基底土分类

C. 边坡支护形式　　D. 掺加剂品种

8. 根据《房屋建筑与装饰工程工程量计算规范》GB 50854，关于地下连续墙项目工程量计算，说法正确的为（　　）。(2020 年)

A. 工程量按设计图示围护结构展开面积计算

B. 工程量按连续墙中心线长度乘以高度以面积计算

C. 钢筋网的制作及安装不另计算

D. 工程量按设计图示墙中心线长乘以厚度乘以槽深以体积计算

9. 根据《房屋建筑与装饰工程工程量计算规范》GB 50854，在地基处理项目中可以按“m^3”计量的桩为（　　）。(2021 年)

A. 砂石桩　　B. 石灰桩

C. 粉喷桩　　D. 深层搅拌桩

10. 某深层水泥搅拌桩，设计桩长 18m，设计桩底标高 -19.000m，自然地坪标高 -0.300m，设计室外地坪标高为 -0.100m，则该桩的空桩长度为（　　）m。(2022 年)

A. 0.7　　B. 0.9

C. 1. 1　　　　D. 1. 3

11. 根据《房屋建筑与装饰工程工程量计算规范》GB 50854 规定，下列关于灰土挤密桩地基处理工程量计算的说法，正确的是（　　）。(2023 年)

A. 按设计图示尺寸以桩长（不包括桩尖）计算

B. 项目特征中的空桩长度主要用于确定孔深

C. 孔深为桩顶面至设计桩底的深度

D. 按设计图示尺寸以"m^3"计算

（二）多选题

根据《房屋建筑与装饰工程工程量计算规范》GB 50854，地基处理与边坡支护工程中，可用"m^3"作计量单位的有（　　）。(2022 年)

A. 砂石桩　　　　B. 石灰桩

C. 振冲桩（填料）　　　　D. 深层水泥搅拌桩

E. 注浆地基

Ⅲ　桩基础工程

（一）单选题

1. 根据《房屋建筑与装饰工程工程量计算规范》GB 50854 规定，关于桩基础的项目列项或工程量计算，正确的为（　　）。(2015 年)

A. 预制钢筋混凝土管桩试验桩应在工程量清单中单独列项

B. 预制钢筋混凝土方桩试验桩工程量应并入预制钢筋混凝土方桩项目

C. 现场截（凿）桩头工程量不单独列项，并入桩工程量计算

D. 挖孔桩土方按设计桩长（包括桩尖）以"m"计算

2. 根据《房屋建筑与装饰工程工程量计算规范》GB 50854，打桩工程量计算正确的是（　　）。(2017 年)

A. 打预制钢筋混凝土方桩，按设计图示尺寸桩长以"m"计算，送桩工程量另计

B. 打预制钢筋混凝土管桩，按设计图示数量以"根"计算，截桩头工程量另计

C. 钢管桩按设计图示截面积乘以桩长，以实体积计算

D. 钢板桩按不同板幅以设计长度计算

3. 根据《房屋建筑与装饰工程工程量计算规范》GB 50854，钻孔压浆桩的工程量应（　　）。(2018 年)

A. 按设计图示尺寸以桩长计算　　　　B. 按设计图示尺寸以注浆体积计算

C. 以钻孔深度（含空钻长度）计算　　　　D. 按设计图示尺寸以体积计算

4. 根据《房屋建筑与装饰工程工程量计算规范》GB 50854，打预制钢筋混凝土方桩清单工程量计算说法正确的是（　　）。(2019 年)

A. 打桩按打入实体长度（不包括桩尖）计算，以"m"计量

B. 截桩头按设计桩截面乘以桩头长度以体积计算，以"m^3"计量

C. 接桩按接头数量计算，以"个"计量

D. 送桩按送入长度计算，以"m"计量

5. 根据《房屋建筑与装饰工程工程量计算规范》GB 50854，打桩项目工作内容应包括（　　）。(2020年)

A. 送桩　　B. 承载力检测

C. 桩身完整性检测　　D. 截（凿）桩头

6. 国标清单中打预制管桩，需要单独列项的（　　）。(2022年补考)

A. 送桩　　B. 接桩

C. 桩尖制作　　D. 凿桩头

(二) 多选题

暂无。

Ⅳ　砌筑工程

(一) 单选题

1. 根据《房屋建筑与装饰工程工程量计算规范》GB 50854 规定，关于砖砌体工程量计算说法正确的为（　　）。(2015年)

A. 砖基础工程量中不含基础砂浆防潮层所占体积

B. 使用同一种材料的基础与墙身以设计室内地面为分界

C. 实心砖墙的工程量中不应计入凸出墙面的砖垛体积

D. 坡屋面有屋架的外墙高由基础顶面算至屋架下弦底面

2. 根据《房屋建筑与装饰工程工程量计算规范》GB 50854 规定，关于砌块墙高度计算正确的为（　　）。(2015年)

A. 外墙从基础顶面算至平屋面板底面

B. 女儿墙从屋面板顶面算至压顶顶面

C. 围墙从基础顶面算至混凝土压顶上表面

D. 外山墙从基础顶面算至山墙最高点

3. 根据《房屋建筑与装饰工程工程量计算规范》GB 50854 规定，关于石砌体工程量计算正确的为（　　）。(2015年)

A. 挡土墙按设计图示中心线长度计算

B. 勒脚工程量按设计图示尺寸以延长米计算

C. 石围墙内外地坪标高之差为挡土墙墙高时，墙身与基础以较低地坪标高为界

D. 石护坡工程量按设计图示尺寸以体积计算

4. 根据《房屋建筑与装饰工程工程量计算规范》GB 50854，关于砌墙工程量计算，说法正确的是（　　）。(2016年)

A. 扣除凹进墙内的管槽、暖气槽所占体积

B. 扣除伸入墙内的梁头、板头所占体积

C. 扣除凸出墙面砖垛体积

D. 扣除檩头、垫木所占体积

5. 根据《房屋建筑与装饰工程工程量计算规范》GB 50854，砖基础工程量计算正确的是（　　）。(2017年)

A. 外墙基础断面积（含大放脚）乘以外墙中心线长度以体积计算

B. 内墙基础断面积（大放脚部分扣除）乘以内墙净长线以体积计算

C. 地圈梁部分体积并入基础计算

D. 靠墙暖气沟挑檐体积并入基础计算

6. 根据《房屋建筑与装饰工程工程量计算规范》GB 50854，实心砖墙工程量计算正确的是（　　）。(2017 年)

A. 凸出墙面的砖垛单独列项

B. 框架梁间内墙按梁间墙体积计算

C. 围墙扣除柱所占体积

D. 平屋顶外墙算至钢筋混凝土板顶面

7. 根据《房屋建筑与装饰工程工程量计算规范》GB 50854，砌筑工程垫层工程量应（　　）。(2017 年)

A. 按基坑（槽）底设计图示尺寸以面积计算

B. 按垫层设计宽度乘以中心线长度以面积计算

C. 按设计图示尺寸以体积计算

D. 按实际铺设垫层面积计算

8. 根据《房屋建筑与装饰工程工程量计算规范》GB 50854，关于砌筑工程量计算，正确的是（　　）。(2018 年)

A. 砖地沟按设计图示尺寸以水平投影面积计算

B. 砖地坪按设计图示尺寸以体积计算

C. 石挡墙按设计图示尺寸以面积计算

D. 石坡道按设计图示尺寸以面积计算

9. 根据《房屋建筑与装饰工程工程量计算规范》GB 50854，关于砌块墙清单工程量计算，正确的是（　　）。(2019 年)

A. 墙体内拉结筋不另列项计算

B. 压砌钢筋网片不另列项计算

C. 勾缝应列入工作内容

D. 垂直灰缝灌细石混凝土工程量不另列项计算

10. 工程计量单位正确的是（　　）。(2020 年)

A. 换土垫层以“m^2”为计量单位

B. 砌块墙以“m^2”为计量单位

C. 混凝土以“m^3”为计量单位

D. 墙面抹灰以“m^3”为计量单位

11. 根据《房屋建筑与装饰工程工程量计算规范》GB 50854，建筑基础与墙体均为砖砌体，且有地下室，则基础与墙体的划分界线为（　　）。(2020 年)

A. 室内地坪设计标高

B. 室外地面设计标高

C. 地下室地面设计标高

D. 自然地面标高

12. 根据《房屋建筑与装饰工程工程量计算规范》GB 50854，对于砌块墙砌筑，下列说法正确的是（　　）。(2020 年)

A. 砌块上、下错缝不满足搭砌要求时应加两根 $\phi 8$ 钢筋拉结

B. 错缝搭接拉结钢筋工程量不计

C. 垂直灰缝灌注混凝土工程量不计

D. 垂直灰缝宽大于 30mm 时应采用 C20 细石混凝土灌实

13. 根据《房屋建筑与装饰工程工程量计算规范》GB 50854，关于石砌体工程量计算，正确的为（　　）。(2020 年)

A. 石台阶项目包括石梯带和石梯膀

B. 石坡道按设计图示尺寸以水平投影面积计算

C. 石护坡按设计图示尺寸以垂直投影面积计算

D. 石挡土墙按设计图示尺寸以挡土面积计算

14. 根据《房屋建筑与装饰工程工程量计算规范》GB 50854，关于实心砖墙工程量计算方法，正确的为（　　）。(2021 年)

A. 不扣除沿椽木、木砖及凹进墙内的暖气槽所占的体积

B. 框架间墙工程量区分内外墙，按墙体净尺寸以体积计算

C. 围墙柱体积并入围墙体积内计算

D. 有混凝土压顶围墙的高度算至压顶上表面

15. 根据《房屋建筑与装饰工程工程量计算规范》GB 50854，关于石砌体工程量说法正确的是（　　）。(2021 年)

A. 石台阶按设计图示尺寸以水平投影面积计算

B. 石梯膀按石挡土墙项目编码列项

C. 石砌体工作内容中不包括勾缝，应单独列项计算

D. 石基础中靠墙暖气沟的挑檐并入基础体积计算

16. 根据《房屋建筑与装饰工程工程量计算规范》GB 50584，0.5 厚和 1.5 厚砖墙按清单规定厚度分别为（　　）mm。(2022 年)

A. 115，365　　　　B. 120，370

C. 120，365　　　　D. 115，370

17. 下列哪个属于零星砌砖？（　　）(2022 年补考)

A. 窗台线　　　　B. 地沟

C. 砖砌检查　　　　D. 砖胎模

18. 根据《房屋建筑与装饰工程工程量计算规范》GB 50854 规定，下列关于石砌体工程量计算的说法，正确的是（　　）。(2023 年)

A. 石砌体勾缝按设计图示尺寸以长度“m”计算

B. 石勒脚按设计图示尺寸以面积“m^2”计算

C. 石挡土墙按设计图示尺寸以体积“m^3”计算

D. 石台阶按设计图示尺寸以水平投影面积“m^2”计算

(二) 多选题

根据《房屋建筑与装饰工程工程量计算规范》GB 50854，下列砖砌体工程量计算正确的有（　　）。(2021 年)

A. 空斗墙中门窗洞口立边、屋檐处的实砌部分一般不增加

B. 填充墙项目特征需要描述填充材料种类及厚度

C. 空花墙按设计图示尺寸以空花部分外形体积计算，扣除空洞部分体积

D. 空斗墙的窗间墙、窗台下、楼板下的实砌部分并入墙体体积

E. 小便槽、地垄墙可按长度计算

V 混凝土及钢筋混凝土工程

（一）单选题

1. 根据《房屋建筑与装饰工程工程量计算规范》GB 50584 规定，关于现浇混凝土柱工程量计算，说法正确的是（　　）。(2014 年)

A. 有梁板矩形独立柱工程量按柱设计截面积乘以自柱基底面至板面高度以体积计算

B. 无梁板矩形柱工程量按柱设计截面积乘以自楼板上表面至柱帽上表面高度以体积计算

C. 框架柱工程量按柱设计截面积乘以自柱基底面至柱顶面高度以体积计算

D. 构造柱按设计尺寸自柱底面至顶面全高以体积计算

2. 已知某现浇钢筋混凝土梁长 6400mm，截面为 800mm×1200mm，设计用 ϕ12mm 箍筋，单位理论重量为 0. 888kg/m，单根箍筋两个弯钩增加长度共 160mm，钢筋保护层厚度为 25mm，箍筋间距为 200mm，则 10 根梁的箍筋工程量为（　　）。(2014 年)

A. 1. 112t　　　　B. 1. 117t

C. 1. 146t　　　　D. 1. 193t

3. 根据《房屋建筑与装饰工程工程量计算规范》GB 50584 规定，关于预制混凝土构件工程量计算，说法正确的是（　　）。(2014 年)

A. 预制组合屋架，按设计图示尺寸以体积计算，不扣除预埋铁件所占体积

B. 预制网架板，按设计图示尺寸以体积计算，不扣除孔洞占体积

C. 预制空心板，按设计图示尺寸以体积计算，不扣除空心板孔洞所占体积

D. 预制混凝土楼梯，按设计图示尺寸以体积计算，不扣除空心踏步板孔洞体积

4. 根据《房屋建筑与装饰工程工程量计算规范》GB 50854 规定，关于现浇混凝土基础的项目列项或工程量计算正确的为（　　）。(2015 年)

A. 箱式满堂基础中的墙按现浇混凝土墙列项

B. 箱式满堂基础中的梁按满堂基础列项

C. 框架式设备基础的基础部分按现浇混凝土墙列项

D. 框架式设备基础的柱和梁按设备基础列项

5. 根据《房屋建筑与装饰工程工程量计算规范》GB 50854 规定，关于现浇混凝土柱的工程量计算正确的为（　　）。(2015 年)

A. 有梁板的柱按设计图示截面积乘以柱基上表面或楼板上表面至上一层楼板底面之间的高度以体积计算

B. 无梁板的柱按设计图示截面积乘以柱基上表面或楼板上表面至柱帽下表面之间的高度以体积计算

C. 框架柱按柱基上表面至柱顶高度以“m”计算

D. 构造柱按设计柱高以“m”计算

6. 根据《房屋建筑与装饰工程工程量计算规范》GB 50854 规定，关于现浇混凝土板

的工程量计算正确的为（　　）。(2015 年)

A. 栏板按设计图示尺寸以面积计算

B. 雨篷按设计外墙中心线外图示体积计算

C. 阳台板按设计外墙中心线外图示面积计算

D. 散水按设计图示尺寸以面积计算

7. 根据《房屋建筑与装饰工程工程量计算规范》GB 50854，关于现浇混凝土柱高计算，说法正确的是（　　）。(2016 年)

A. 有梁板的柱高自楼板上表面至上一层楼板下表面之间的高度计算

B. 无梁板的柱高自楼板上表面至上一层楼板下表面之间的高度计算

C. 框架柱的柱高自柱基上表面至柱顶高度减去各层板厚的高度计算

D. 构造柱按全高计算

8. 根据《房屋建筑与装饰工程工程量计算规范》GB 50854，关于预制混凝土构件工程量计算，说法正确的是（　　）。(2016 年)

A. 如以构件数量作为计量单位，特征描述中必须说明单件体积

B. 异形柱应扣除构件内预埋铁件所占体积，铁件另计

C. 大型板应扣除单个尺寸≤300mm×300mm 的孔洞所占体积

D. 空心板不扣除空洞体积

9. 后张法施工预应力混凝土，孔道长度为 12.00m，采用后张混凝土自锚低合金钢筋。钢筋工程量计算的每孔钢筋长度为（　　）。(2016 年)

A. 12.00m　　B. 12.15m

C. 12.35m　　D. 13.00m

10. 根据《房屋建筑与装饰工程工程量计算规范》GB 50854，某钢筋混凝土梁长为 12000mm。设计保护层厚为 25mm，钢筋为 ϕ10@300，则该梁所配钢筋数量应为（　　）。(2016 年)

A. 40 根　　B. 41 根

C. 42 根　　D. 300 根

11. 根据《房屋建筑与装饰工程工程量计算规范》GB 50854，混凝土框架柱工程量应（　　）。(2017 年)

A. 按设计图示尺寸扣除板厚所占部分以体积计算

B. 区别不同截面以长度计算

C. 按设计图示尺寸不扣除梁所占部分以体积计算

D. 按柱基上表面至梁底面部分以体积计算

12. 根据《房屋建筑与装饰工程工程量计算规范》GB 50854，现浇混凝土墙工程量应（　　）。(2017 年)

A. 扣除突出墙面部分体积　　B. 不扣除面积为 0.33m^2 孔洞体积

C. 将伸入墙内的梁头计入　　D. 扣除预埋铁件体积

13. 根据《房屋建筑与装饰工程工程量计算规范》GB 50854，现浇混凝土工程量计算正确的是（　　）。(2017 年)

A. 雨篷与圈梁连接时其工程量以梁中心为分界线

B. 阳台梁与圈梁连接部分并入圈梁工程量

C. 挑檐板按设计图示水平投影面积计算

D. 空心板按设计图示尺寸以体积计算，空心部分不予扣除

14. 根据《混凝土结构设计规范》GB 50010，设计使用年限为 50 年的二 b 环境类别条件下，混凝土梁柱最外层钢筋保护层最小厚度应为（　　）。(2017 年)

A. 25mm　　B. 35mm

C. 40mm　　D. 50mm

15. 根据《混凝土结构工程施工规范》GB 50666，一般构件的箍筋加工时，应使（　　）。(2017 年)

A. 弯钩的弯折角度不小于 45°　　B. 弯钩的弯折角度不小于 90°

C. 弯折后平直段长度不小于 2.5d　　D. 弯折后平直段长度不小于 3d

16. 根据《房屋建筑与装饰工程工程量计算规范》GB 50854，预制混凝土构件工程量计算正确的是（　　）。(2018 年)

A. 过梁按照设计图示尺寸以中心线长度计算

B. 平板按照设计图示以水平投影面积计算

C. 楼梯按照设计图示尺寸以体积计算

D. 井盖板按设计图示尺寸以面积计算

17. 根据《房屋建筑与装饰工程工程量计算规范》GB 50854，钢筋工程中钢筋网片工程量（　　）。(2018 年)

A. 不单独计算

B. 按设计图示以数量计算

C. 按设计图示面积乘以单位理论质量计算

D. 按设计图示尺寸以“片”计算

18. 根据《房屋建筑与装饰工程工程量计算规范》GB 50854，现浇混凝土短肢剪力墙工程量计算正确的是（　　）。(2019 年)

A. 短肢剪力墙按现浇混凝土异形墙列项

B. 各肢截面高度与厚度之比大于 5 时按现浇混凝土矩形柱列项

C. 各肢截面高度与厚度之比小于 4 时按现浇混凝土墙列项

D. 各肢截面高度与厚度之比为 4.5 时，按短肢剪力墙列项

19. 根据《房屋建筑与装饰工程工程量计算规范》GB 50854，现浇混凝土构件清单工程量计算正确的是（　　）。(2019 年)

A. 建筑物散水工程量并入地坪不单独计算

B. 室外台阶工程量并入室外楼梯工程量

C. 压顶工程量可按设计图示尺寸以体积计算，以“m^3”计量

D. 室外坡道工程量不单独计算

20. 关于混凝土保护层厚度，下列说法正确的是（　　）。(2019 年)

A. 现浇混凝土柱中钢筋的混凝土保护层厚度指纵向主筋至混凝土外表面的距离

B. 基础中钢筋的混凝土保护层厚度应从垫层顶面算起，且不应小于 30mm

C. 混凝土保护层厚度与混凝土结构设计使用年限无关

D. 混凝土构件中受力钢筋的保护层厚度不应小于钢筋的公称直径

21. 根据《房屋建筑与装饰工程工程量计算规范》GB 50854，钢筋工程量计算正确的是（　　）。(2019 年)

A. 钢筋机械连接需单独列项计算工程量

B. 设计未标明连接的均按每 12m 计算 1 个接头（此选项 2023 年版教材删除）

C. 框架梁贯通钢筋长度不含两端锚固长度

D. 框架梁贯通钢筋长度不含搭接长度

22. 根据《房屋建筑与装饰工程工程量计算规范》GB 50854，现浇混凝土过梁工程量计算正确的是（　　）。(2020 年)

A. 伸入墙内的梁头计入梁体积

B. 墙内部分的梁垫按其他构件项目列项

C. 梁内钢筋所占体积予以扣除

D. 按设计图示中心线计算

23. 根据《房屋建筑与装饰工程工程量计算规范》GB 50854，现浇混凝土雨篷工程量计算正确的为（　　）。(2020 年)

A. 并入墙体工程量，不单独列项　　B. 按水平投影面积计算

C. 按设计图示尺寸以墙外部分体积计算　D. 扣除伸出墙外的牛腿体积

24. 根据《房屋建筑与装饰工程工程量计算规范》GB 50854，现浇混凝土构件工程量计算正确的为（　　）。(2020 年)

A. 坡道按设计图示尺寸以"m^3"计算

B. 架空式台阶按现浇楼梯计算

C. 室外地坪按设计图示面积乘以厚度以"m^3"计算

D. 地沟按设计图示结构截面积乘以中心线长度以"m^3"计算

25. 根据《房屋建筑与装饰工程工程量计算规范》GB 50854，预制混凝土三角形屋架应（　　）。(2020 年)

A. 按组合屋架列项　　B. 按薄腹屋架列项

C. 按天窗屋架列项　　D. 按折线形屋架列项

26. 根据《房屋建筑与装饰工程工程量计算规范》GB 50854，关于混凝土柱工程量计算正确的为（　　）。(2021 年)

A. 有梁板的柱高，自柱基上表面至柱顶标高计算

B. 无梁板的柱高，自柱基上表面至柱帽上表面计算

C. 框架柱的柱高，自柱基上表面至柱顶高度计算

D. 构造柱嵌接墙体部分并入墙体工程量计算

27.《房屋建筑与装饰工程工程量计算规范》GB 50584，关于混凝土墙的工程量，下列说法正确的是（　　）。(2022 年)

A. 现浇混凝土墙包括直行墙、异形墙、短肢剪力墙和挡土墙

B. 墙垛突出墙面部分并入墙体体积内

C. 短肢剪力墙厚度小于等于 250mm

D. 短肢剪力墙截面高度与厚度之比最小值小于 4

28.《房屋建筑与装饰工程工程量计算规范》GB 50584，关于钢筋工程量，下列说法正确的是（　　）。(2022 年)

A. 钢筋网片按钢筋规格不同以“m^2”计算

B. 混凝土保护层厚度是结构构件中最外层钢筋外边缘至混凝土外表面的距离

C. 碳素钢丝采用镦头锚具时，钢丝束长度按孔道长度增加 0. 5m 计算

D. 声测管按设计图示尺寸以“m”计算

29. 根据《房屋建筑与装饰工程工程量计算规范》GB 50854，下列现浇混凝土项目工程量计算规则正确的是（　　）。(2022 年补考)

A. 依附于现浇矩形柱上的牛腿部分工程量，应单独列项计算

B. 有梁板工程量应区分梁、板，分别列项计算

C. 雨篷的工程量应包括伸出墙外的牛腿和雨篷反挑檐的体积

D. 空心板体积计算时不扣除空心部分体积，但应在项目特征中进行描述

30. 根据《房屋建筑与装饰工程工程量计算规范》GB 50854，关于现浇混凝土墙说法正确的是（　　）。(2022 年补考)

A. 现浇混凝土墙分为直形墙、异形墙、短肢剪力墙和挡土墙

B. 工程量计算时，墙垛及突出墙面部分并入墙体体积计算

C. 短肢剪力墙的截面厚度不应大于 200mm

D. 各肢截面高度与厚度之比小于 4 时，按短肢剪力墙列项

31. 根据相关规定，设计使用年限为 100 年的混凝土结构，最外层钢筋的保护层厚度不应小于混凝土保护层最小厚度表规定取值的（　　）。(2022 年补考)

A. 1. 2　　　　B. 1. 3

C. 1. 4　　　　D. 1. 5

32. 根据《房屋建筑与装饰工程工程量计算规范》GB 50854 规定，下列关于现浇混凝土工程量计算的说法，正确的是（　　）。(2023 年)

A. 当整体楼梯与现浇楼板无梯梁连接时，楼梯工程量以最后一个踏步边缘加 300mm 为界

B. 电缆沟按设计图示尺寸以“m^3”计算

C. 楼梯扶手按设计图示尺寸以水平投影面积“m^3”计算

D. 后浇带工程量按设计图示的中心线长度以延长米计算

33. 根据《混凝土结构工程施工规范》GB 50666 规定，下列关于箍筋计算方法，正确的是（　　）。(2023 年)

A. 箍筋单根长度=箍筋的外皮尺寸周长+2×弯钩增加长度

B. 双肢箍单根长度=箍筋的外皮尺寸周长+2×混凝土保护层厚度

C. 双肢箍单根长度=构件周长-2×混凝保护层厚度+2×弯钩增加长度

D. 箍筋根数=箍筋分布长度/箍筋间距-1

（二）多选题

1. 根据《房屋建筑与装饰工程工程量计算规范》GB 50854 规定，关于现浇混凝土墙工程量计算，说法正确的有（　　）。(2014 年)

A. 一般的短肢剪力墙，按设计图示尺寸以体积计算

B. 直形墙、挡土墙按设计图示尺寸以体积计算

C. 弧形墙按墙厚不同以展开面积计算

D. 墙体工程量应扣除预埋铁件所占体积

E. 墙垛及突出墙面部分的体积不计算

2. 根据《房屋建筑与装饰工程工程量计算规范》GB 50854 规定，关于现浇混凝土构件工程量计算正确的为（　　）。(2015 年)

A. 电缆沟、地沟按设计图示尺寸以面积计算

B. 台阶按设计图示尺寸以水平投影面积或体积计算

C. 压顶按设计图示尺寸以水平投影面积计算

D. 扶手按设计图示尺寸以体积计算

E. 检查井按设计图示尺寸以体积计算

3. 根据《房屋建筑与装饰工程工程量计算规范》GB 50854 规定，关于钢筋保护工程量计算正确的为（　　）。(2015 年)

A. ϕ20mm 钢筋一个半圆弯钩的增加长度为 125mm

B. ϕ16mm 钢筋一个 90°弯钩的增加长度为 56mm

C. ϕ20mm 钢筋弯起 45°，弯起高度为 450mm，一侧弯起增加的长度为 186.3mm

D. 通常情况下混凝土板的钢筋保护层厚度不小于 15mm

E. 箍筋根数=构件长度/箍筋间距+1

4. 根据《房屋建筑与装饰工程工程量计算规范》GB 50854，现浇混凝土构件工程量计算正确的有（　　）。(2017 年)

A. 构造柱按柱断面尺寸乘以全高以体积计算，嵌入墙体部分不计

B. 框架柱工程量按柱基上表面至柱顶以高度计算

C. 梁按设计图示尺寸以体积计算，主梁与次梁交界处按主梁体积计算

D. 混凝土弧形墙按垂直投影面积乘以墙厚以体积计算

E. 挑檐板按设计图示尺寸体积计算

5. 根据《房屋建筑与装饰工程工程量计算规范》GB 50854，现浇混凝土板清单工程量计算正确的有（　　）。(2019 年)

A. 压型钢板混凝土楼板扣除钢板所占体积

B. 空心板不扣除空心部分体积

C. 雨篷反挑檐的体积并入雨篷内一并计算

D. 悬挑板不包括伸出墙外的牛腿体积

E. 挑檐板按设计图示尺寸以体积计算

6. 根据《房屋建筑与装饰工程工程量计算规范》GB 50854，下列关于现浇混凝土其他构件工程量计算规则，正确的是（　　）。(2021 年)

A. 架空式混凝土台阶，按现浇楼梯计算

B. 围墙压顶，按设计图示尺寸的中心线以延长米计算

C. 坡道按设计图示尺寸斜面积计算

D. 台阶按设计图示尺寸的展开面积计算

E. 电缆沟、地沟按设计图示尺寸的中心线长度计算

Ⅵ 金属结构工程

（一）单选题

1. 根据《房屋建筑与装饰工程工程量计算规范》GB 50854 规定，关于金属结构工程量计算，说法正确的是（　　）。(2014 年)

A. 钢管柱牛腿工程量列入其他项目中

B. 钢网架按设计图示尺寸以质量计算

C. 金属结构工程量应扣除孔眼、切边质量

D. 金属结构工程量应增加铆钉、螺栓质量

2. 根据《房屋建筑与装饰工程工程量计算规范》GB 50854，关于金属结构工程量计算，说法正确的是（　　）。(2016 年)

A. 钢桁架工程量应增加铆钉质量

B. 钢桁架工程量中应扣除切边部分质量

C. 钢屋架工程量中螺栓质量不另计算

D. 钢屋架工程量中应扣除孔眼质量

3. 根据《房屋建筑与装饰工程工程量计算规范》GB 50854，球型节点钢网架工程量（　　）。(2017 年)

A. 按设计图示尺寸以质量计算

B. 按设计图示尺寸以“榀”计算

C. 按设计图示尺寸以铺设水平投影面积计算

D. 按设计图示构件尺寸以总长度计算

4. 根据《房屋建筑与装饰工程工程量计算规范》GB 50854，钢屋架工程量计算应（　　）。(2018 年)

A. 不扣除孔眼的质量　　B. 按设计用量计算螺栓质量

C. 按设计用量计算铆钉质量　　D. 按设计用量计算焊条质量

5. 根据《房屋建筑与装饰工程工程量计算规范》GB 50854，压型钢板楼板工程量应（　　）。(2018 年)

A. 按设计图示尺寸以体积计算

B. 扣除所有柱垛及孔洞所占面积

C. 按设计图示尺寸以铺设水平投影面积计算

D. 按设计图示尺寸以质量计算

6. 根据《房屋建筑与装饰工程工程量计算规范》GB 50854，关于钢网架清单项目，下列说法正确的是（　　）。(2019 年)

A. 钢网架项目特征中应明确探伤和防火要求

B. 钢网架铆钉应按设计图示个数以数量计量

C. 钢网架中螺栓按个数以数量计量

D. 钢网架按设计图示尺寸扣除孔眼部分以质量计算

7. 根据《房屋建筑与装饰工程工程量计算规范》GB 50854，金属结构钢管柱清单工程量计算时，不予计量的是（　　）。(2019 年)

A. 节点板　　B. 螺栓

C. 加强环　　D. 牛腿

8. 根据《房屋建筑与装饰工程工程量计算规范》GB 50854，压型钢板楼板清单工程量计算应（　　）。(2019 年)

A. 按设计图示数量计算，以“t”计量

B. 按设计图示规格计算，以“块”计量

C. 不扣除孔洞部分

D. 按设计图示以铺设水平投影面积计算，以“m^2”计量

9. 根据《房屋建筑与装饰工程工程量计算规范》GB 50584，钢网架项目特征必须进行描述的是（　　）。(2022 年)

A. 安装高度　　B. 单件质量

C. 螺栓种类　　D. 油漆品种

10. 根据《房屋建筑与装饰工程工程量计算规范》GB 50854 规定，下列关于金属结构工程量计算的说法，正确的是（　　）。(2023 年)

A. 压型钢板楼板按设计图示尺寸以铺设水平投影面积“m^2”计算

B. 压型钢板墙板按设计图示尺寸以质量“t”计算

C. 钢走道按设计图示尺寸以铺设面积“m^2”计算

D. 钢栏杆按设计图示尺寸以延长米“m”计算

11. 根据《房屋建筑与装饰工程工程量计算规范》GB 50854 规定，下列关于金属制品工程量计算的说法，正确的是（　　）。(2023 年)

A. 成品空调金属百页护栏按设计图示尺寸以质量计算

B. 成品雨篷以“m”计量时，按设计图示接触边长计算

C. 砌块墙钢丝网加固按设计图示尺寸以质量计算

D. 抹灰钢丝网加固不另编码列项

12. 根据《房屋建筑与装饰工程工程量计算规范》GB 50854 规定，下列关于金属结构工程量计算说法，正确的是（　　）。(2023 年)

A. 钢屋架工程量中，焊条、铆钉、螺栓等另增加质量

B. 空腹钢柱上的牛腿及悬臂梁等并入钢柱工程量内

C. 钢管柱上的节点板、加强环、内衬管、牛腿按零星构件项目单独列项

D. 制动梁、制动板、制动架、车挡按零星构件项目单独列项

(二) 多选题

根据《房屋建筑与装饰工程工程量计算规范》GB 50854 规定，关于金属结构工程量

计算正确的为（　　）。(2015 年)

A. 钢吊车梁工程量应计入制动板、制动梁、制动桁架和车挡的工程量

B. 钢梁工程量中不计算铆钉、螺栓工程量

C. 压型钢板墙板工程量不计算包角、包边

D. 钢板天沟按设计图示尺寸以长度计算

E. 成品雨篷按设计图示尺寸以质量计算

Ⅶ 木结构

(一) 单选题

1. 根据《房屋建筑与装饰工程工程量计算规范》GB 50854 规定，有关木结构工程量计算，说法正确的是（　　）。(2014 年)

A. 木屋架的跨度应按与墙或柱的支撑点间的距离计算

B. 木屋架的马尾、折角工程量不予计算

C. 钢木屋架钢拉杆、连接螺栓不单独列项计算

D. 木柱区分不同规格以高度计算

2. 根据《房屋建筑与装饰工程工程量计算规范》GB 50854，钢木屋架工程应（　　）。(2018 年)

A. 按设计图示数量以"榀"计算

B. 按设计图示尺寸以体积计算

C. 按设计图示尺寸以下弦中心线长度计算

D. 按设计图示尺寸以上部屋面斜面积计算

(二) 多选题

根据《房屋建筑与装饰工程工程量计算规范》GB 50854，非标准图设计木屋架项目特征中应描述（　　）。(2019 年)

A. 跨度　　B. 材料品种及规格

C. 运输和吊装要求　　D. 刨光要求

E. 防护材料种类

Ⅷ 门窗工程

(一) 单选题

1. 根据《房屋建筑与装饰工程工程量计算规范》GB 50854 规定，关于厂库房大门工程量计算，说法正确的是（　　）。(2014 年)

A. 防护铁丝门按设计数量以质量计算

B. 金属格栅门按设计图示门框以面积计算

C. 钢制花饰大门按设计图示数量以质量计算

D. 全钢板大门按设计图示洞口尺寸以面积计算

2. 根据《房屋建筑与装饰工程工程量计算规范》GB 50854 规定，关于金属窗工程量计算，说法正确的是（　　）。(2014 年)

A. 彩板钢窗按设计图示尺寸以框外围展开面积计算

B. 金属纱窗按框的外围尺寸以面积计算

C. 金属百叶窗按框外围尺寸以面积计算

D. 金属橱窗按设计图示洞口尺寸以面积计算

3. 根据《房屋建筑与装饰工程工程量计算规范》GB 50854，关于门窗工程量计算，说法正确的是（　　）。(2016 年)

A. 木质门带套工程量应按套外围面积计算

B. 门窗工程量计量单位与项目特征描述无关

C. 门窗工程量按图示尺寸以面积为单位时，项目特征必须描述洞口尺寸

D. 门窗工作量按数量以“樘”为单位时，项目特征必须描述洞口尺寸

4. 根据《房屋建筑与装饰工程工程量计算规范》GB 50854，屋面防水及其他工程量计算正确的是（　　）。(2017 年)

A. 屋面卷材防水按设计图示尺寸以面积计算，防水搭接及附加层用量按设计尺寸计算

B. 屋面排水管设计未标注尺寸，考虑弯折处的增加以长度计算

C. 屋面铁皮天沟按设计图示尺寸以展开面积计算

D. 屋面变形缝按设计尺寸以铺设面积计算

5. 根据《房屋建筑与装饰工程工程量计算规范》GB 50854，门窗工程量计算正确的是（　　）。(2018 年)

A. 木门框按设计图示洞口尺寸以面积计算

B. 金属纱窗按设计图示洞口尺寸以面积计算

C. 石材窗台板按设计图示以水平投影面积计算

D. 木门的门锁安装按设计图示数量计算

6. 根据《房屋建筑与装饰工程工程量计算规范》GB 50854，金属门清单工程量计算正确的是（　　）。(2019 年)

A. 门锁、拉手按金属门五金一并计算，不单独列项

B. 按设计图示洞口尺寸以质量计算

C. 按设计门框或扇外围图示尺寸以质量计算

D. 钢质防火门和防盗门不按金属门列项

7. 根据《房屋建筑与装饰工程工程量计算规范》GB 50854，以“樘”计量的金属橱窗项目特征中必须描述（　　）。(2019 年)

A. 洞口尺寸　　B. 玻璃面积

C. 窗设计数量　　D. 框外围展开面积

8. 根据《房屋建筑与装饰工程工程量计算规范》GB 50854，木门综合单价计算不包括（　　）。(2020 年)

A. 折页、插销安装　　B. 门碰珠、弓背拉手安装

C. 弹簧折页安装　　D. 门锁安装

9. 根据《房屋建筑与装饰工程工程量计算规范》GB 50854，关于木质门及金属门工程量清单项目所包含的五金配件，下列说法正确的是（　　）。(2022 年补考)

A. 木质门五金安装中未包括地弹簧安装

B. 木质门五金安装中包括了门锁安装

C. 金属门五金安装中未包括电子锁安装

D. 金属门五金安装中包括了装饰拉手安装

（二）多选题

根据《房屋建筑与装饰工程工程量计算规范》GB 50854，下列关于门窗工程计算正确的有（　　）。（2021 年）

A. 金属门五金应单独列项计算

B. 木门门锁已包含在五金中，不另计算

C. 金属橱窗、飘窗以“樘”计量，项目特征必须描述框外围展开面积

D. 木质门，按门外围尺寸的面积计量

E. 防护铁丝门，刷防护涂料应包括在综合单价中

Ⅸ　屋面及防水工程

（一）单选题

1. 根据《房屋建筑与装饰工程工程量计算规范》GB 50854 规定，有关楼地面防水防潮工程量计算，说法正确的是（　　）。（2014 年）

A. 按设计图示尺寸以面积计算

B. 按主墙间净面积计算，搭接和反边部分不计

C. 反边高度≤300mm 部分不计算

D. 反边高度>300mm 部分计入楼地面防水

2. 根据《房屋建筑与装饰工程工程量计算规范》GB 50854 规定，关于屋面防水工程量计算，说法正确的是（　　）。（2014 年）

A. 斜屋面卷材防水按水平投影面积计算

B. 女儿墙、伸缩缝等处卷材防水弯起部分不计

C. 屋面排水管按设计图示数量以“根”计算

D. 屋面变形缝卷材防水按设计图示尺寸以长度计算

3. 根据《房屋建筑与装饰工程工程量计算规范》GB 50854，屋面防水工程量计算，说法正确的是（　　）。（2016 年）

A. 斜屋面卷材防水，工程量按水平投影面积计算

B. 平屋面涂膜防水，工程量不扣除烟囱所占面积

C. 平屋面女儿墙弯起部分卷材防水不计工程量

D. 平屋面伸缩缝卷材防水不计工程量

4. 根据《房屋建筑与装饰工程工程量计算规范》GB 50854，斜屋面防水工程量应（　　）。（2018 年）

A. 按设计图示尺寸以水平投影面积计算　B. 按设计图示尺寸以斜面积计算

C. 扣除房上烟囱、风帽底座所占面积　D. 扣除屋面小气窗、斜沟所占面积

5. 根据《房屋建筑与装饰工程工程量计算规范》GB 50854，屋面防水工程量计算正确的为（　　）。（2020 年）

A. 斜屋面按水平投影面积计算

B. 女儿墙处弯起部分应单独列项计算

C. 防水卷材搭接用量不另行计算

D. 屋面伸缩缝弯起部分单独列项计算

6. 根据《房屋建筑与装饰工程工程量计算规范》GB 50854，关于屋面工程量计算方法，正确的为（　　）。(2021 年)

A. 瓦屋面按设计图示尺寸以水平投影面积计算

B. 膜结构屋面按设计图示尺寸以斜面积计算

C. 瓦屋面若是在木基层上铺瓦，木基层包含在综合单价中

D. 型材屋面的金属檩条工作内容包含了檩条制作、运输和安装

7. 根据《房屋建筑与装饰工程工程量计算规范》GB 50584，屋面卷材工程量计算，下列说法正确的是（　　）。(2022 年)

A. 应扣除屋面小气窗所占面积　　B. 不扣除斜沟的所占面积

C. 屋面卷材空铺层所占面积另行计算　D. 屋面女儿墙的弯起部分不计算

8. 根据《房屋建筑与装饰工程工程量计算规范》GB 50854 规定，下列关于屋面防水及其他工程量计算的说法，正确的是（　　）。(2023 年)

A. 平屋顶找坡屋面卷材防水按水平投影面积计算

B. 屋面刚性层按设计图示尺寸面积乘以厚度以"m^3"计算

C. 屋面变形缝按设计图示尺寸宽度乘以长度以"m^2"计算

D. 屋面排水管按设计图示尺寸断面面积乘以高度以"m^3"计算

9. 根据《房屋建筑与装饰工程工程量计算规范》GB 50854 规定，下列关于楼面防水工程量计算的说法，正确的是（　　）。(2023 年)

A. 楼面防水按主墙间净空面积乘以厚度以"m^3"计算

B. 楼面防水反边高度大于 300mm 按墙面防水计算

C. 楼面变形缝按设计图示尺寸以面积"m^2"计算

D. 楼面防水找平层不另编码列项

(二) 多选题

1. 根据《房屋建筑与装饰工程工程量计算规范》GB 50854，墙面防水工程量计算正确的有（　　）。(2018 年)

A. 墙面涂膜防水按设计图示尺寸以质量计算

B. 墙面砂浆防水按设计图示尺寸以体积计算

C. 墙面变形缝按设计图示尺寸以长度计算

D. 墙面卷材防水按设计图示尺寸以面积计算

E. 墙面防水搭接用量按设计图示尺寸以面积计算

2. 根据《房屋建筑与装饰工程工程量计算规范》GB 50854，屋面及防水工程工程量计算正确的有（　　）。(2019 年)

A. 屋面排水管按檐口至设计室外散水上表面垂直距离计算

B. 斜屋面卷材防水按屋面水平投影面积计算

C. 屋面排气管按设计图示以数量计算

D. 屋面檐沟防水按设计图示尺寸以展开面积计算

E. 屋面变形缝按设计图示以长度计算

3. 根据《房屋建筑与装饰工程工程量计算规范》GB 50854 规定，关于楼面防水说法正确的是（　　）。

A. 工程量按主墙间净空面积计算

B. 扣除柱及凸出墙面的垛所占面积

C. 反边高度为 350mm，其反边全部算作墙面防水

D. 楼面变形缝不计算，在综合单价中考虑

E. 防水搭接不另计算，但附加层需另行计算

X　保温、隔热、防腐工程

（一）单选题

1. 根据《房屋建筑与装饰工程工程量计算规范》GB 50854 规定，有关防腐工程量计算，说法正确的是（　　）。（2014 年）

A. 隔离层平面防腐，门洞开口部分按图示面积计入

B. 隔离层立面防腐，门洞口侧壁部分不计算

C. 砌筑沥青浸渍砖，按图示水平投影面积计算

D. 立面防腐涂料，门洞侧壁按展开面积并入墙面积内

2. 根据《房屋建筑与装饰工程工程量计算规范》GB 50854，与墙相连的墙间柱保温隔热工程量计算正确的为（　　）。（2020 年）

A. 按设计图示尺寸以“m^2”单独计算

B. 按设计图示尺寸以“m”单独计算

C. 不单独计算，并入保温墙体工程量内

D. 按设计图示柱展开面积“m^2”单独计算

3. 根据《房屋建筑与装饰工程工程量计算规范》GB 50854，关于保温隔热工程量，计算方法正确的为（　　）。（2021 年）

A. 柱帽保温隔热包含在柱保温工程量内

B. 池槽保温隔热按其他保温隔热项目编码列项

C. 保温隔热墙面工程量计算时，门窗洞口侧壁不增加面积

D. 保温隔热梁按设计图示梁断面周长乘以保温层长度以面积计算

4. 根据《房屋建筑与装饰工程工程量计算规范》GB 50854，关于防腐工程说法正确的是（　　）。（2022 年补考）

A. 防腐踢脚线，应按楼地面装饰工程“踢脚线”项目编码列项

B. 平面防腐清单工程量应按实际涂刷面积进行计算

C. 防腐涂料需刮腻子时，应按油漆工程“满刮腻子”项目编码列项

D. 砌筑沥青浸渍砖，应按砌筑工程中“特种砖砌体”项目编码列项

5. 根据《房屋建筑与装饰工程工程量计算规范》GB 50854 规定，下列关于保温隔热工程量计算的说法，正确的是（　　）。(2023 年)

A. 保温隔热屋面按设计图示尺寸面积乘以厚度以“m^3”计算

B. 保温隔热墙面按设计图示尺寸面积乘以厚度以“m^3”计算

C. 梁保温按设计图示梁断面保温层中心线展开长度乘以保温层长度以“m^2”计算

D. 保温隔热楼地面按设计图示尺寸面积乘以厚度以“m^3”计算

（二）多选题

根据《房屋建筑与装饰工程工程量计算规范》GB 50854，关于墙面变形缝、防水、防潮工程量计算正确的为（　　）。(2020 年)

A. 墙面卷材防水按设计图示尺寸以面积计算

B. 墙面防水搭接及附加层用量应另行计算

C. 墙面砂浆防水项目中钢丝网不另行计算

D. 墙面变形缝按设计图示立面投影面积计算

E. 墙面变形缝若做双面，按设计图示长度尺寸乘以 2 计算

Ⅺ　楼地面装饰工程

（一）单选题

1. 根据《房屋建筑与装饰工程工程量计算规范》GB 50854，石材踢脚线工程量应（　　）。(2018 年)

A. 不予计算

B. 并入地面面层工程量

C. 按设计图示尺寸以长度计算

D. 按设计图示长度乘以高度以面积计算

2. 根据《房屋建筑与装饰工程工程量计算规范》GB 50854，楼地面装饰工程中，门洞、空圈、暖气包槽、壁龛应并入相应工程量的是（　　）。(2021 年)

A. 碎石材楼地面　　B. 水磨石楼地面

C. 细石混凝土楼地面　　D. 水泥砂浆楼地面

3. 根据《房屋建筑与装饰工程工程量计算规范》GB 50854，关于楼梯装饰工程说法正确的是（　　）。(2022 年补考)

A. 楼梯与楼地面相连时，应算至最上一层踏步边沿加 300mm

B. 如遇细石混凝土找平，应另单独列项计算

C. 楼梯防滑条不另单独计算，在综合单价中考虑

D. 楼梯侧边镶贴块料饰品，并入楼梯工程量内计算

4. 根据《房屋建筑与装饰工程工程量计算规范》GB 50854 规定，下列关于地面装饰工程量计算的说法，正确的是（　　）。(2023 年)

A. 整体地面工程量扣除墙厚不大于 120m 的间墙所占面积

B. 整体地面垫层不需单独列项计算

C. 整体地面找平层单独列项计算

D. 橡塑面层地面中的找平层需要另外计算

(二) 多选题

1. 根据《房屋建筑与装饰工程工程量计算规范》GB 50854，关于装饰工程量计算，说法正确的有（　　）。(2016 年)

A. 自流坪地面按设计图示尺寸以面积计算

B. 整体面层按设计图示尺寸以面积计算

C. 块料踢脚线可按延长米计算

D. 石材台阶面装饰设计图示以台阶最上踏步外沿以外水平投影面积计算

E. 塑料板楼地面按设计图示尺寸以面积计算

2. 根据《房屋建筑与装饰工程工程量计算规范》GB 50854，楼地面装饰工程量计算正确的有（　　）。(2018 年)

A. 现浇水磨石楼地面按设计图示尺寸以面积计算

B. 细石混凝土楼地面按设计图示尺寸以体积计算

C. 块料台阶面按设计图示尺寸以展开面积计算

D. 金属踢脚线按延长米计算

E. 石材楼地面按设计图示尺寸以面积计算

3. 楼地面整体装饰面层有（　　）。(2022 年补考)

A. 现浇水磨石楼地面　　B. 细石混凝土楼地面

C. 橡胶楼地面　　D. 菱苦土整体楼地面

E. 自流坪楼地面

Ⅻ　墙、柱面装饰与隔断、幕墙工程

(一) 单选题

1. 根据《房屋建筑与装饰工程工程量计算规范》GB 50854，关于抹灰工程量说法正确的是（　　）。(2016 年)

A. 墙面抹灰工程量应扣除墙与构件交接处面积

B. 有墙裙的内墙抹灰按主墙间净长乘以墙裙顶至天棚底高度以面积计算

C. 内墙裙抹灰不单独计算

D. 外墙抹灰按外墙展开面积计算

2. 根据《房屋建筑与装饰工程工程量计算规范》GB 50854，墙面抹灰工程量计算正确的为（　　）。(2020 年)

A. 墙面抹灰中墙面勾缝不单独列项

B. 有吊顶天棚的内墙面抹灰抹至吊顶以上部分应另行计算

C. 墙面水刷石按墙面装饰抹灰编码列项

D. 墙面抹石膏灰浆按墙面装饰抹灰编码列项

3. 根据《房屋建筑与装饰工程工程量计算规范》GB 50854，幕墙工程量计算正确的为（　　）。(2020 年)

A. 应扣除与带骨架幕墙同种材质的窗所占面积

B. 带肋全玻幕墙玻璃肋工程量应单独计算

C. 带骨架幕墙按设计图示框内围尺寸以面积计算

D. 带肋全玻幕墙按展开面积计算

4. 根据《房屋建筑与装饰工程工程量计算规范》GB 50854，关于抹灰工程量计算方法正确的是（　　）。(2021 年)

A. 柱面勾缝按设计图示尺寸以长度计算

B. 柱面抹麻刀石灰浆按柱面装饰抹灰列项

C. 飘窗凸出外墙面增加的抹灰在综合单价中考虑，不另计算

D. 有吊顶天棚的内墙面抹灰，抹至吊顶以上部分在综合单价中考虑

5. 根据《房屋建筑与装饰工程工程量计算规范》GB 50854 规定，下列关于墙面抹灰工程量计算的说法，正确的是（　　）。(2023 年)

A. 外墙裙抹灰按其延长米长度以“m”计算

B. 内墙抹灰按主墙间的净长乘以高度（墙裙部分不予扣除）以“m^2”计算

C. 内墙裙抹灰按内墙净长线以“m”计算

D. 墙面勾缝按设计图示尺寸以面积“m^2”计算

（二）多选题

根据《房屋建筑与装饰工程工程量计算规范》GB 50854，关于柱面抹灰工程量计算正确的为（　　）。(2020 年)

A. 柱面勾缝忽略不计

B. 柱面抹麻刀石灰浆按柱面装饰抹灰编码列项

C. 柱面一般抹灰按设计截面周长乘以高度以面积计算

D. 柱面勾缝按设计断面周长乘以高度以面积计算

E. 柱面砂浆找平按设计截面周长乘以高度以面积计算

XIII　天棚工程

（一）单选题

1. 根据《房屋建筑与装饰工程工程量计算规范》GB 50854 规定，有关保温、隔热工程量计算，说法正确的是（　　）。(2014 年)

A. 与天棚相连的梁的保温工程量并入天棚工程量

B. 与墙相连的柱的保温工程量按柱工程量计算

C. 门窗洞口侧壁的保温工程量不计

D. 梁保温工程量按设计图示尺寸以梁的中心线长度计算

2. 根据《房屋建筑与装饰工程工程量计算规范》GB 50854 规定，关于天棚装饰工程量计算，说法正确的是（　　）。(2014 年)

A. 灯带（槽）按设计图示尺寸以框外围面积计算

B. 灯带（槽）按设计图示尺寸以延长米计算

C. 送风口按设计图示尺寸以结构内边线面积计算

D. 回风口按设计图示尺寸以面积计算

3. 根据《房屋建筑与装饰工程工程量计算规范》GB 50854，天棚抹灰工程量计算正确的是（　　）。(2018 年)

A. 扣除检查口和管道所占面积

B. 板式楼梯底面抹灰按水平投影面积计算

C. 扣除间壁墙、垛和柱所占面积

D. 锯齿形楼梯底板抹灰按展开面积计算

4. 根据《房屋建筑与装饰工程工程量计算规范》GB 50854，天棚工程量计算正确的为（　　）。(2020 年)

A. 采光天棚工程量按框外围展开面积计算

B. 天棚工程量按设计图示尺寸以水平投影面积计算

C. 天棚骨架并入天棚工程量，不单独计算

D. 吊顶龙骨单独列项计算工程量

5. 根据《房屋建筑与装饰工程工程量计算规范》GB 50854，关于天棚工程量计算方法，正确的为（　　）。(2021 年)

A. 带梁天棚梁两侧抹灰面积并入天棚面积内计算

B. 板式楼梯底面抹灰按设计图示尺寸以水平投影面积计算

C. 吊顶天棚中的灯带按照设计图示尺寸以长度计算

D. 吊顶天棚的送风口和回风口，按框外围展开面积计算

6. 根据《房屋建筑与装饰工程工程量计算规范》GB 50584，关于天棚抹灰工程量的计算说法正确的是（　　）。(2022 年)

A. 天棚抹灰按设计图示水平展开面积计算

B. 采光天棚骨架并入不单独列项

C. 锯齿形楼梯底板按斜面积计算

D. 天棚抹灰不扣除检查口面积

（二）多选题

暂无。

XIV　油漆、涂料、裱糊工程

（一）单选题

1. 根据《房屋建筑与装饰工程工程量计算规范》GB 50854，关于涂料工程量计算，说法正确的是（　　）。(2016 年)

A. 木材构件喷刷防火涂料按设计图示以面积计算

B. 金属构件刷防火涂料按构件单面外围面积计算

C. 空花格、栏杆刷涂料按设计图示尺寸以双面面积计算

D. 线条刷涂料按设计展开面积计算

2. 根据《房屋建筑与装饰工程工程量计算规范》GB 50854，下列油漆工程量可以按“m^2”计量的是（　　）。(2021 年)

A. 木扶手油漆　　B. 挂衣板油漆

C. 封檐板油漆　　　　D. 木栅栏油漆

3. 根据《房屋建筑与装饰工程工程量计算规范》GB 50584，关于油漆工程量，下列说法正确的是（　　）。(2022 年)

A. 木门油漆以“樘”计量，项目特征应描述相应的洞口尺寸

B. 木门油漆工作内容中未包含“刮腻子”，应单独计算

C. 壁柜油漆按设计图示尺寸以油漆部分的投影面积计算

D. 金属面油漆应包含在相应钢构件制作的清单内，不单独列项

4. 根据《房屋建筑与装饰工程工程量计算规范》GB 50854 规定，下列关于油漆工程量计算的说法，正确的是（　　）。(2023 年)

A. 窗油漆中“刮腻子”单独计算

B. 暖气罩油漆工程量按设计图示尺寸以面积“m^2”计算

C. 木栅栏油漆，按设计图示尺寸以双面外围面积“m^2”计算

D. 木栏杆扶手油漆单独编码列项计算

(二) 多选题

暂无。

XV　其他装饰工程

(一) 单选题

根据《房屋建筑与装饰工程工程量计算规范》GB 50854 规定，有关拆除工程工程量计算正确的是（　　）。(2014 年)

A. 砖砌体拆除以其立面投影面积计算

B. 墙柱面龙骨及饰面拆除按延长米计算

C. 窗台板拆除以水平投影面积计算

D. 栏杆、栏板拆除按拆除部位面积计算

(二) 多选题

暂无。

XVI　拆除工程

(一) 单选题

1. 根据《房屋建筑与装饰工程工程量计算规范》GB 50854，混凝土构件拆除清单工程量计算正确的是（　　）。(2019 年)

A. 可按拆除构件的虚方工程量计算，以“m^3”计量

B. 可按拆除部位的面积计算，以“m^2”计量

C. 可按拆除构件的运输工程量计算，以“m^3”计量

D. 按拆除构件的质量计算，以“t”计量

2. 根据《房屋建筑与装饰工程工程量计算规范》GB 50854，对于混凝土及钢筋混凝土构件拆除，下列不是项目特征必须描述的内容的是（　　）。(2022 年补考)

A. 构件名称　　　　B. 构件规格尺寸

C. 构件混凝土强度　　　　D. 构件表面附着物种类

（二）多选题

根据《房屋建筑与装饰工程工程量计算规范》GB 50854 规定，关于钢筋混凝土构件工程量清单项目计算，下列说法正确的有（　　）。（2023 年）

A. 按拆除构件的体积计算

B. 按拆除部位的面积计算

C. 按拆除部位的延长米计算

D. 项目特征描述中说明构件表面的附着物种类

E. 以“m^2”作为计量单位时，需要描述构件的规格尺寸

XVII 措施项目

（一）单选题

1. 以下关于脚手架的说法正确的是（　　）。（2021 年）

A. 综合脚手架按建筑面积计算，适用于房屋加层

B. 外脚手架、里脚手架按搭设的水平投影面积计算

C. 整体提升式脚手架按所服务对象的垂直投影面积计算

D. 同一建筑物有不同檐高时，按平均高度计算

2. 根据《房屋建筑与装饰工程工程量计算规范》GB 50854，关于措施项目，下列说法正确的为（　　）。（2021 年）

A. 安全文明施工措施中的临时设施项目包括对地下建筑物的临时保护设施

B. 单层建筑物檐高超过 20m，可按建筑面积计算超高施工增加

C. 垂直运输项目工作内容包括行走式垂直运输机轨道的铺设、拆除和摊销

D. 施工排水、降水措施项目中包括临时排水沟、排水设施安砌、维修和拆除

真题讲解

3. 根据《房屋建筑与装饰工程工程量计算规范》GB 50584，下列措施项目，以“项”计量单位的是（　　）。（2022 年）

A. 超高施工增加　　B. 大型机械设备进出场

C. 施工降水　　D. 非夜间施工照明

4. 根据《房屋建筑与装饰工程工程量计算规范》GB 50854，关于措施项目中的脚手架工程量，说法正确的是（　　）。（2022 年补考）

A. 综合脚手架仅针对房屋建筑的土建工程，装饰装修部分按单项脚手架列项

B. 综合脚手架的项目特征中应包括施工工期

C. 整体提升架已包括了 5m 高的防护架体设施

D. 综合脚手架工程量中应包括突出屋面的楼梯间面积

5. 根据《房屋建筑与装饰工程工程量计算规范》GB 50854，下列属于安全文明施工措施项目的是（　　）。（2022 年补考）

A. 夜间施工　　B. 二次搬运

C. 临时设施　　D. 已完工程及设备

（二）多选题

1. 根据《房屋建筑与装饰工程工程量计算规范》GB 50854 规定，以下关于措施项目工程量计算，说法正确的有（　　）。(2014 年)

A. 垂直运输费用，按施工工期日历天数计算

B. 大型机械设备进出场及安拆，按使用数量计算

C. 施工降水成井，按设计图示尺寸以钻孔深度计算

D. 超高施工增加，按建筑物总建筑面积计算

E. 雨篷混凝土模板及支架，按外挑部分水平投影面积计算

2.《房屋建筑与装饰工程工程量计算规范》GB 50854 对以下措施项目详细列明了项目编码、项目特征、计量单位和计算规则的有（　　）。(2015 年)

A. 夜间施工　　B. 已完工程及设备保护

C. 超高施工增加　　D. 施工排水、降水

E. 混凝土模板及支架

3. 根据《房屋建筑与装饰工程工程量计算规范》GB 50854，关于综合脚手架，说法正确的有（　　）。(2016 年)

A. 工程量按建筑面积计算

B. 用于屋顶加层时应说明加层高度

C. 项目特征应说明建筑结构形式和檐口高度

D. 同一建筑物有不同的檐高时，分别按不同檐高列项

E. 项目特征必须说明脚手架材料

4. 根据《房屋建筑与装饰工程工程量计算规范》GB 50854，措施项目工程量计算正确的有（　　）。(2017 年)

A. 里脚手架按建筑面积计算

B. 满堂脚手架按搭设水平投影面积计算

C. 混凝土墙模板按模板与墙接触面积计算

D. 混凝土构造柱模板按图示外露部分计算模板面积

E. 超高施工增加费包括人工、机械降效、供水加压以及通信联络设备费用

5. 根据《房屋建筑与装饰工程工程量计算规范》GB 50854，措施项目工程量计算有（　　）。(2018 年)

A. 垂直运输按使用机械设备数量计算

B. 悬空脚手架按搭设的水平投影面积计算

C. 排水、降水工程量，按排水、降水日历天数计算

D. 整体提升架按所服务对象的垂直投影面积计算

E. 超高施工增加按建筑物超高部分的建筑面积计算

真题讲解

6. 根据《房屋建筑与装饰工程工程量计算规范》GB 50854，安全文明施工措施包括的内容有（　　）。(2020 年)

A. 地上、地下设施保护　　B. 环境保护

C. 安全施工　　D. 临时设施

E. 文明施工

7. 根据《房屋建筑与装饰工程工程量计算规范》GB 50854，同一建筑物有不同檐高时，下列项目应按不同檐高分别列项的有（　　）。(2022 年)

A. 垂直运输　　B. 超高施工增加

C. 二次搬运费　　D. 大型机械进出场

E. 脚手架工程

8. 根据《房屋建筑与装饰工程工程量计算规范》GB 50584 规定，下列关于超高施工增加和垂直运输措施项目工程量计算，说法正确的有（　　）。(2023 年)

A. 单层建筑物檐口高度超过 20m，多层建筑物超过 6 层才计算超高施工增加

B. 垂直运输机械的场外运输及安拆按大型机械设备进出场及安拆编码列项计算

C. 垂直运输设备基础，应单独编码列项计算

D. 超高施工增加按建筑物超高部分的建筑面积“m^2”计算

E. 同一建筑物有不同檐高时，垂直运输按建筑物的不同檐高分别编码列项计算

9. 根据《房屋建筑与装饰工程工程量计算规范》GB 50584 规定，下列属于冬雨期施工项目工作内容的有（　　）。(2023 年)

A. 冬期施工防寒措施及清扫积雪　　B. 雨季防雨施工措施及排降雨

C. 风期施工措施　　D. 临时排水沟

E. 冬雨期施工工人劳保用品及施工降效

三、真题解析

Ⅰ　土石方工程

（一）单选题

1. **【答案】** D

【解析】 因为厚度=87.5−87.15=0.35（m）>0.3m，所以应按一般土方列项。工程量应为 500×0.35=175（m^3）。

2. **【答案】** B

【解析】 挖土方工程量=1.5×500/1.3=576.92（m^3）。

3. **【答案】** C

【解析】 厚度>±300mm 的竖向布置挖土或山坡切土应按一般土方项目编码列项，故选项 A 错误。挖一般土方按设计图示尺寸以体积计算，故选项 B 错误。冻土按设计图示尺寸开挖面积乘以厚度以体积计算，故选项 D 错误。

4. **【答案】** C

【解析】 管沟土方工程量=2×2×180=720（m^3）。

5. **【答案】** A

【解析】 按设计图示尺寸以体积计算，单位：m^3。当挖土厚度>±300mm 的竖向布置挖石或山坡凿石应按挖一般石方项目编码列项。挖石应按自然地面测量标高至设计地坪标高的平均厚度确定。管沟石方按设计图示以管道中心线长度计算，单位：m；或按设计

图示截面积乘以长度以体积计算，单位：m^3。有管沟设计时，平均深度以沟垫层底面标高至交付施工场地标高计算；无管沟设计时，直埋管深度应按管底外表面标高至交付施工场地标高的平均高度计算。

6. 【答案】C

【解析】参见表5-5。

表5-5 放坡系数

土类别	放坡起点（m）	人工挖土	机械挖土		
			坑内作业	坑上作业	顺沟槽在坑上作业
一、二类土	1.20	1：0.5	1：0.33	1：0.75	1：0.5
三类土	1.50	1：0.33	1：0.25	1：0.67	1：0.33
四类土	2.00	1：0.25	1：0.10	1：0.33	1：0.25

注：1. 沟槽、基坑中土类别不同时，分别按其放坡起点、放坡系数、依不同土类别厚度加权平均计算。
2. 计算放坡时，在交接处的重复工程量不予扣除，原槽、坑作基础垫层时，放坡自垫层上表面开始计算。

7. 【答案】B

【解析】沟槽、基坑、一般土方的划分为：底宽≤7m且底长>3倍底宽为沟槽；底长≤3倍底宽且底面积≤150m^2为基坑；超出上述范围则为一般土方。20>3×6；7>底宽6。

8. 【答案】A

【解析】选项B错误，应当是按设计图示管底垫层面积乘以深度以体积计算；选项C错误，有管沟设计时，以沟壑层底面标高至交付施工场地标高乘以面积以体积计算；选项D错误，无管沟设计时，直埋管深度应按管底外表面标高至交付施工场地标高的平均高度乘以面积以体积计算。

9. 【答案】A

【解析】选项B错误，室内回填：主墙间净面积乘以回填厚度，不扣除间隔墙；选项C错误，场地回填按回填面积乘以平均回填厚度；选项D错误，基础回填按挖方清单项目工程量减去自然地坪以下埋设的基础体积，包括基础垫层及其他构筑物。

10. 【答案】D

【解析】沟槽、基坑、一般土方的划分为：底宽≤7m且底长>3倍底宽为沟槽；底长≤3倍底宽且底面积≤150m^2为基坑；超出上述范围则为一般土方。所以该题目为一般土方。

11. 【答案】D

【解析】挖沟槽（基坑）石方按设计图示尺寸沟槽（基坑）底面积乘以挖石深度以体积计算，A、B选项错误；挖一般石方按设计图示尺寸以体积计算，C选项错误；挖管沟石方按设计图示以管道中心线长度计算，或按设计图示截面积乘以长度以体积计算，D选项正确。

12. 【答案】C

【解析】沟槽、基坑、一般土方的划分为：底宽小于或等于7m，底长大于3倍底宽为沟槽；底长小于或等于3倍底宽、底面积小于或等于150m^2为基坑；超出上述范围则为一般土方。20×7×(1.2-0.2)=140（m^3）。

13.【答案】D

【解析】沟槽、基坑、一般石方的划分为：底宽小于或等于7m，底长大于3倍底宽为沟槽；底长小于或等于3倍底宽、底面积小于或等于150m^2为基坑；超出上述范围则为一般石方。30×10×0.8=240（m^3）。

14.【答案】C

【解析】管沟结构宽度480mm≤500mm，混凝土及钢筋混凝土管道的施工每侧工作面宽度为400mm。

15.【答案】B

【解析】选项A，室内回填：主墙间净面积乘以回填厚度，不扣除间隔墙。选项C，基础回填：挖方清单项目工程量减去自然地坪以下埋设的基础体积（包括基础垫层及其他构筑物）。选项D，回填土方项目特征描述：密实度要求、填方材料品种、填方粒径要求、填方来源及运距。

16.【答案】C

【解析】回填方，按设计图示尺寸以体积"m^3"计算。余方弃置，按挖方清单项目工程量减利用回填方体积（正数）"m^3"计算。挖一般土方，按设计图示尺寸以体积"m^3"计算。挖土方工程量清单数量为10000m^3，回填土工程量清单数量为6000m^3，利用回填方为6000/0.87=6896.55（m^3），余土弃置=10000-6896.55=3103.45（m^3）。

17.【答案】B

【解析】选项A，室内回填工程量按主墙间净面积乘以回填厚度，不扣除间隔墙。选项C，填方密实度要求，在无特殊要求的情况下，项目特征可描述为满足设计和规范的要求。选项D，填方材料品种可以不描述，但应注明由投标人根据设计要求验方后方可填入，并符合相关工程的质量规范要求。填方粒径要求，在无特殊要求的情况下，项目特征可以不描述。

18.【答案】D

【解析】建筑物场地厚度小于或等于±300mm的挖、填、运、找平，应按平整场地项目编码列项。厚度大于±300mm的竖向布置挖土或山坡切土应按一般土方项目编码列项。

19.【答案】C

【解析】回填方，按设计图示尺寸以体积"m^3"计算。余方弃置，按挖方清单项目工程量减利用回填方体积（正数）"m^3"计算。挖一般土方，按设计图示尺寸以体积"m^3"计算。挖土方工程量清单数量为10000m^3，回填土工程量清单数量为6000m^3，利用回填方为6000/0.87=6896.55（m^3），余土弃置=10000-6896.55=3103.45（m^3）。

（二）多选题

1.【答案】AD

【解析】底面积=25×9=225（m^2）>150m^2，应按挖一般石方列项，工程量=550/1.54=357.14（m^3）。

2.【答案】CD

【解析】挖沟槽（基坑）石方：按设计图示尺寸沟槽（基坑）底面积乘以挖石深度

以体积计算，单位：m^3。沟槽、基坑、一般石方的划分为：底宽≤7m 且底长>3 倍底宽为沟槽；底长≤3 倍底宽且底面积≤150m^2 为基坑；超出上述范围则为一般石方。工程量=8×22×1.6=281.6（m^3）。

3.【答案】BCE

【解析】建筑物场地挖、填度≤±300mm 的挖土应按平整场地项目编码列项计算；挖沟槽土方工程量按沟槽设计图示尺寸以基础垫层底面积乘以挖土深度计算。

4.【答案】BDE

【解析】挖一般石方按设计图示尺寸以体积计算。挖石方应按自然地面测量标高至设计地坪标高的平均厚度确定。挖沟槽（基坑）石方按设计图示尺寸沟槽（基坑）底面积乘以挖石深度以体积计算。管沟石方按设计图示以管道中心线长度计算，或按设计图示截面积乘以长度以体积计算。有管沟设计时，平均深度以沟垫层底面标高至交付施工场地标高计算；无管沟设计时，直埋管深度应按管底外表面标高至交付施工场地标高的平均高度计算。

5.【答案】AC

【解析】建筑场地厚度小于或等于±300mm 的挖、填、运、找平，应按平整场地项目编码列项。厚度大于±300mm 的竖向布置挖土或山坡切土应按一般土方项目编码列项。沟槽、基坑、一般土方的划分为：底宽小于或等于 7m，底长大于 3 倍底宽为沟槽；底长小于或等于 3 倍底宽、底面积小于或等于 150m^2 为基坑；超出上述范围则为一般土方。

6.【答案】ABD

【解析】A 选项，管沟土方以“m”计量，按设计图示尺寸以管道中心线长度计算；以“m^3”计量，按设计图示管底垫层面积乘以挖土深度计算。不扣除各类井的长度，井的土方并入。B 选项，挖沟槽、基坑、一般土方因工作面和放坡增加的工程量（管沟工作面增加的工程量），是否并入各土方工程量中，按各省、自治区、直辖市或行业建设主管部门的规定实施。C 选项，虚方指未经碾压、堆积时间≤1 年的土壤。D 选项，桩间挖土不扣除桩的体积，并在项目特征中加以描述。E 选项，基础土方开挖深度应按基础垫层底表面标高至交付施工场地标高确定，无交付施工场地标高时，应按自然地面标高确定。

7.【答案】ACD

【解析】选项 B，基础土方开挖深度应按基础垫层底标高至交付施工场地标高确定，无交付施工场地标高时，应按自然地面标高确定。选项 E，桩间挖土不扣除桩的体积，并在项目特征中加以描述。

Ⅱ 地基处理与边坡支护工程

（一）单选题

1.【答案】B

【解析】铺设土工合成材料：按设计图示尺寸以面积计算，单位 m^2；预压地基、强夯地基：按设计图示处理范围以面积计算，单位 m^2；振冲密实（不填料）：按设计图示处理范围以面积计算，单位 m^2。

2.【答案】D

【解析】振冲桩（填料）以“m”计量，按设计图示尺寸以桩长计算或以“m^3”计量，按设计桩截面乘以桩长以体积计算。砂石桩按设计图示尺寸以桩长（包括桩尖）计算，单位为 m；或按设计桩截面乘以桩长（包括桩尖）以体积计算，单位为 m^3。水泥粉煤灰碎石桩按设计图示尺寸以桩长（包括桩尖）计算，单位为 m。深层搅拌桩按设计图示尺寸以桩长计算，单位为 m。

3.【答案】B

【解析】地下连续墙按设计图示墙中心线长乘以厚度乘以槽深以体积计算，单位为 m^3。钢板桩按设计图示尺寸以质量计算，单位为 t；或按设计图示墙中心线长乘以桩长以面积计算，单位为 m^2。预制钢筋混凝土板桩按设计图示尺寸以桩长（包括桩尖）计算，单位为 m；或按设计图示数量计算，单位为根。喷射混凝土（水泥砂浆）按设计图示尺寸以面积计算。

4.【答案】C

【解析】选项 A 错误，铺设土工合成材料按设计图示尺寸以面积计算；选项 B 错误，强夯地基按设计图示处理范围以面积计算；选项 D 错误，砂石桩按设计图示尺寸以柱长（包括柱尖）计算，或按设计柱截面乘以柱长（包括柱尖）以体积计算。

5.【答案】A

【解析】换填垫层按设计图示尺寸以体积计算。强夯地基按设计图示处理范围以面积计算。振冲桩（填料）以“m”计量，按设计图示尺寸以桩长计算或以“m^3”计量，按设计桩截面乘以桩长以体积计算。水泥粉煤灰碎石桩按设计图示尺寸以桩长（包括桩尖）计算。

6.【答案】C

【解析】锚杆（锚索）、土钉，以“m”计量，按设计图示尺寸以钻孔深度计算；以“根”计量，按设计图示数量计算。

7.【答案】D

【解析】换填垫层项目特征描述：材料种类及配比、压实系数、掺加剂品种。

8.【答案】D

【解析】地下连续墙，按设计图示墙中心线长乘以厚度乘以槽深以体积“m^3”计算。

9.【答案】A

【解析】砂石桩以“m”计量，按设计图示尺寸以桩长（包括桩尖）计算；以“m^3”计量，按设计桩截面乘以桩长（包括桩尖）以体积计算。

10.【答案】A

【解析】孔深 = 19.000 − 0.300 = 18.7（m），空桩长度 = 孔深 − 桩长 = 18.7 − 18 = 0.7（m）。

11.【答案】B

【解析】水泥粉煤灰碎石桩、夯实水泥土桩、石灰桩、灰土挤密桩，按设计图示尺寸以桩长（包括桩尖）“m”计算。项目特征中的桩长应包括桩尖，空桩长度 = 孔深 − 桩长，孔深为自然地面至设计桩底的深度。

（二）多选题

【答案】ACE

【解析】选项A正确，砂石桩以“m”计量，按设计图示尺寸以桩长（包括桩尖）计算；以“m^3”计量，按设计桩截面乘以桩长（包括桩尖）以体积计算；选项B错误，水泥粉煤灰碎石桩、夯实水泥土桩、石灰桩、灰土（土）挤密桩，按设计图示尺寸以桩长（包括桩尖）“m”计算；选项C正确，振冲桩（填料）以“m”计量，按设计图示尺寸以桩长计算；以“m^3”计量，按设计桩截面乘以桩长以体积计算；选项D错误，深层水泥搅拌桩、粉喷桩、柱锤冲扩桩及高压喷射注浆桩，按设计图示尺寸以桩长“m”计算；选项E正确，注浆地基以“m”计量，按设计图示尺寸以钻孔深度计算；以“m^3”计量，按设计图示尺寸以加固体积计算。

Ⅲ 桩基础工程

（一）单选题

1. **【答案】** A

【解析】打试验桩和打斜桩应按相应项目单独列项。预制钢筋混凝土方桩、预制钢筋混凝土管桩按设计图示尺寸以桩长计算。截（凿）桩头按设计桩截面乘以桩头长度以体积计算，单位为m^3；或按设计图示数量计算，单位为根。挖孔桩土（石）方按设计图示尺寸（含护壁）截面积乘以挖孔深度以体积计算。

2. **【答案】** B

【解析】选项A，预制钢筋混凝土方桩、预制钢筋混凝土管桩按设计图示尺寸以桩长计算；或按设计图示截面积乘以桩长（包括桩尖）以体积计算；或按设计图示数量计算。打试验桩和打斜桩应按相应项目单独列项。选项C，钢管桩按设计图示尺寸以质量计算；或按设计图示数量计算。选项D，钢板桩以“t”计量，按设计图示尺寸以质量计算；以“m^2”计量，按设计图示墙中心线长乘以桩长以面积计算。

3. **【答案】** A

【解析】钻孔压浆桩以“m”计量，按设计图示尺寸以桩长计算；以“根”计量，按设计图示数量计算。

4. **【答案】** B

【解析】选项A，打入实体长度应当包含桩尖。选项CD，打桩的工程内容中包括了接桩和送桩，不需要单独列项，应在综合单价中考虑。

5. **【答案】** A

【解析】打桩的工程内容中包括了接桩和送桩，不需要单独列项，应在综合单价中考虑。

6. **【答案】** D

【解析】打桩的工作内容中包括了接桩和送桩，不需要单独列项，应在综合单价中考虑。截（凿）桩头需要单独列项，同时截（凿）桩头项目适用于“地基处理与边坡支护工程、桩基础工程”所列桩的桩头截（凿）。

（二）多选题

暂无。

Ⅳ 砌筑工程

（一）单选题

1. **【答案】** B

【解析】 基础与墙（柱）身使用同一种材料时，以设计室内地面为界（有地下室者，以地下室室内设计地面为界），以下为基础，以上为墙（柱）身。凸出墙面的砖垛并入墙体体积内计算。外墙高度计算时，斜（坡）屋面无檐口天棚者算至屋面板底；有屋架且室内外均有天棚者算至屋架下弦底另加 200mm；无天棚者算至屋架下弦底另加 300mm，出檐宽度超过 600mm 时按实砌高度计算；有钢筋混凝土楼板隔层者算至板顶；平屋面算至钢筋混凝土板底。

2. **【答案】** A

【解析】 砖围墙应以设计室外地坪为界，以下为基础，以上为墙身。女儿墙从屋面板上表面算至女儿墙顶面（如有混凝土压顶时算至压顶下表面）。

3. **【答案】** D

【解析】 挡土墙工程量按设计图示尺寸以体积计算。勒脚工程量按设计图示尺寸以体积计算。石围墙内外地坪标高不同时，应以较低地坪标高为界，以下为基础；内外标高之差为挡土墙时，挡土墙以上为墙身。石护坡工程量按设计图示尺寸以体积计算。

4. **【答案】** A

【解析】 选项 B 错误，应当不扣除梁头、板头所占体积；选项 C 错误，凸出墙面的砖垛并入墙体体积内计算；选项 D 错误，不扣除梁头、板头、檩头、垫木所占体积。

5. **【答案】** A

【解析】 砖基础工程量按设计图示尺寸以体积计算，包括附墙垛基础宽出部分体积，扣除地梁（圈梁）、构造柱所占体积，不扣除基础大放脚 T 形接头处的重叠部分及嵌入基础内的钢筋、铁件、管道、基础砂浆防潮层和单个面积≤0.3m^2 的孔洞所占体积，靠墙暖气沟的挑檐不增加。基础长度的确定：外墙基础按外墙中心线，内墙基础按内墙净长线计算。

6. **【答案】** B

【解析】 选项 A 错误，凸出墙面的砖垛并入墙体体积内计算。选项 C 错误，围墙的高度算至压顶上表面（如有混凝土压顶时算至压顶下表面），围墙柱并入围墙体积内计算。选项 D 错误，平屋顶算至钢筋混凝土板底。

7. **【答案】** C

【解析】 除混凝土垫层外，没有包括垫层要求的清单项目应按该垫层项目编码列项，其工程量按设计图示尺寸以体积计算。

8. **【答案】** D

【解析】 选项 A 错误，砖地沟按设计图示尺寸以中心线长度计算；选项 B 错误，砖地坪按设计图示尺寸以面积计算；选项 C 错误，石挡墙按设计图示尺寸以体积计算。

9. **【答案】** C

【解析】 选项 AB，砌体内加筋、墙体拉结筋的制作、安装，应按“混凝土及钢筋混凝土工程”中相关项目编码列项。选项D，砌体垂直灰缝宽大于30mm时，采用C20细石混凝土灌实。灌注的混凝土应按“混凝土及钢筋混凝土工程”相关项目编码列项。

10.【答案】C

【解析】选项A，换土垫层以“m^3”为计量单位。选项B，砌块墙以“m^3”为计量单位。选项D，墙面抹灰以“m^2”为计量单位。

11.【答案】C

【解析】基础与墙（柱）身的划分：基础与墙（柱）身使用同一种材料时，以设计室内地面为界（有地下室者，以地下室室内设计地面为界），以下为基础，以上为墙（柱）身。

12.【答案】D

【解析】选项A错误，砌块排列应上、下错缝搭砌，如果搭错缝长度满足不了规定的压搭要求，应采取压砌钢筋网片的措施，具体构造要求按设计规定；选项B错误，钢筋网片按“混凝土及钢筋混凝土工程”中相应编码列项；选项C错误，砌体垂直灰缝宽大于30mm时，采用C20细石混凝土灌实。灌注的混凝土应按“混凝土及钢筋混凝土工程”相关项目编码列项。

13.【答案】B

【解析】选项A错误，石台阶项目包括石梯带（垂带），不包括石梯膀；选项C错误，石护坡，按设计图示尺寸以体积“m^3”计算；选项D错误，石挡土墙，按设计图示尺寸以体积“m^3”计算。

14.【答案】C

【解析】选项A，扣除凹进墙内的壁龛、管槽、暖气槽、消火栓箱所占体积；选项B，框架间墙工程量计算不分内外墙按墙体净尺寸以体积计算；选项D，女儿墙：从屋面板上表面算至女儿墙顶面（如有混凝土压顶时算至压顶下表面）。

15.【答案】B

【解析】选项A，石台阶，按设计图示尺寸以体积计算；选项C，石砌体工作内容中包括了勾缝；选项D，石基础，按设计图示尺寸以体积计算，包括附墙垛基础宽出部分体积，不扣除基础砂浆防潮层及单个面积小于或等于0.3m^2的孔洞所占体积，靠墙暖气沟的挑檐不增加。

16.【答案】A

【解析】标准砖墙厚度见表5-6。

表5-6　标准砖墙厚度

砖数(厚度)	$\frac{1}{4}$	$\frac{1}{2}$	$\frac{3}{4}$	1	$1\frac{1}{2}$	2	$2\frac{1}{2}$	3
计算厚度(mm)	53	115	180	240	365	490	615	740

17.【答案】D

【解析】框架外表面的镶贴砖部分，按零星项目编码列项。空斗墙的窗间墙、窗台下、楼板下、梁头下等的实砌部分，按零星砌砖项目编码列项。台阶、台阶挡墙、梯带、锅台、炉灶、蹲台、池槽、池槽腿、砖胎模、花台、花池、楼梯栏板、阳台栏板、地垄墙、小于或等于 0.3m² 的孔洞填塞等，应按零星砌砖项目编码列项。

18.【答案】C

【解析】选项 A，石砌体工作内容中包括了勾缝。选项 B，石勒脚按设计图示尺寸以体积"m³"计算，扣除单个面积大于 0.3m² 的孔洞所占体积；选项 D，石台阶按设计图示尺寸以体积"m³"计算。

（二）多选题

【答案】BDE

【解析】空斗墙按设计图示尺寸以空斗墙外形体积"m³"计算。墙角、内外墙交接处、门窗洞口立边、窗台砖、屋檐处的实砌部分体积并入空斗墙体积内。填充墙项目特征需要描述填充材料种类及厚度。空花墙，按设计图示尺寸以空花部分外形体积"m³"计算，不扣除空洞部分体积。小便槽、地垄墙可按长度计算。

V 混凝土及钢筋混凝土工程

（一）单选题

1.【答案】D

【解析】构造柱按全高计算，嵌接墙体部分（马牙槎）并入柱身体积。

2.【答案】C

【解析】箍筋根数=6400/200+1=33（根），每根箍筋的长度=(1.2+0.8)×2−8×0.025−4×0.012+0.16=3.912（m），10 根梁的箍筋工程量=33×3.912×0.888×10=1.146（t）。

3.【答案】A

【解析】预制混凝土屋架按设计图示尺寸以体积计算，单位 m³。

4.【答案】A

【解析】箱式满堂基础及框架式设备基础中柱、梁、墙、板按现浇混凝土柱、梁、墙、板分别编码列项；箱式满堂基础底板按满堂基础项目列项，框架式设备基础的基础部分按设备基础列项。

5.【答案】B

【解析】现浇混凝土包括矩形柱、构造柱、异形柱，按设计图示尺寸以体积计算。有梁板的柱高，应自柱基上表面（或楼板上表面）至上一层楼板上表面之间的高度计算。无梁板的柱高，应自柱基上表面（或楼板上表面）至柱帽下表面之间的高度计算。框架柱的柱高应自柱基上表面至柱顶高度计算。构造柱按全高计算，嵌接墙体部分（马牙槎）并入柱身体积。

6.【答案】D

【解析】栏板按设计图示尺寸以体积计算。雨篷、悬挑板、阳台板，按设计图示尺寸以墙外部分体积计算。散水、坡道、室外地坪，按设计图示尺寸以面积计算。

7.【答案】D

【解析】选项 A 错误，有梁板的柱高，应自柱基上表面（或楼板上表面）至上一层楼板上表面之间的高度计算；选项 B 错误，无梁板的柱高，应自柱基上表面（或楼板上表面）至柱帽下表面之间的高度计算；选项 C 错误，框架柱的柱高应自柱基上表面至柱顶高度计算。

8. 【答案】A

【解析】选项 B，不扣除构件内钢筋、预埋铁件所占体积；选项 C，大型板应扣除单个尺寸≤300mm×300mm 的孔洞所占体积；选项 D，空心板扣除空洞体积。

9. 【答案】C

【解析】低合金钢筋采用后张混凝土自锚时，钢筋长度按孔道长度增加 0. 35m 计算。

10. 【答案】B

【解析】(12000−25×2)/300+1=39. 83+1，取整加 1 为 41。

11. 【答案】C

【解析】框架柱的柱高应自柱基上表面至柱顶高度计算。

12. 【答案】C

【解析】现浇混凝土墙按设计图示尺寸以体积计算。不扣除构件内钢筋、预埋铁件所占体积，扣除门窗洞口及单个面积大于 0. 3m^2 的孔洞所占体积，墙垛及突出墙面部分并入墙体体积内计算。伸入墙内的梁头、梁垫并入梁体积内，当梁与混凝土墙连接时，梁的长度应计算到混凝土墙的侧面。

13. 【答案】B

【解析】选项 A 错误，雨篷与圈梁（包括其他梁）连接时，以梁外边线为分界线。选项 C 错误，挑檐板按设计图示尺寸以体积计算。选项 D 错误，空心板按设计图示尺寸以体积计算，空心板应扣除空心部分体积。

14. 【答案】B

【解析】参见表 5-7。

表 5-7　　混凝土保护层最小厚度（mm）

环境类别	板、墙、壳	梁、柱、杆
一	15	20
二 a	20	25
二 b	25	35
三 a	30	40
三 b	40	50

注：1. 混凝土强度等级不大于 C25 时，表中保护层厚度数值应增加 5mm；
2. 钢筋混凝土基础宜设置混凝土垫层，基础中钢筋的混凝土保护层厚度应从垫层顶面算起，且不应小于 40mm。

15. 【答案】B

【解析】对一般结构构件，箍筋弯钩的弯折角度不应小于 90°。

16. 【答案】C

【解析】选项 A 错误，预制混凝土梁包括矩形梁、异形梁、过梁、拱形梁、鱼腹式吊车梁和其他梁，以“m^3”计量时，按设计图示尺寸以体积计算；以“根”计量时，按设计图示尺寸以数量计算。选项 B 错误，平板、空心板、槽形板、网架板、折线板、带肋板、大型板，以“m^3”计量时，按设计图示尺寸以体积计算，不扣除单个面积≤300mm×300mm 的孔洞所占体积，扣除空心板空洞体积，以“块”计量时，按设计图示尺寸以数量计算；选项 C 正确，预制混凝土楼梯以“m^3”计量时，按设计图示尺寸以体积计算，扣除空心踏步板空洞体积，以“块”计量时，按设计图数量计算；选项 D 错误，沟盖板、井盖板、井圈，以“m^3”计量时，按设计图示尺寸以体积计算，以“块”计量时，按设计图示尺寸以数量计算。

17. **【答案】**C

【解析】现浇混凝土钢筋、预制构件钢筋、钢筋网片、钢筋笼，其工程量应区分钢筋种类、规格，按设计图示钢筋（网）长度（面积）乘以单位理论质量计算。

18. **【答案】**D

【解析】选项 A，现浇混凝土墙包括直形墙、弧形墙、短肢剪力墙、挡土墙。选项 B，应当按短肢剪力墙列项。选项 C，应当按异形柱列项。

19. **【答案】**C

【解析】选项 AD，散水、坡道、室外地坪，按设计图示尺寸以面积“m^2”计算。选项 B，台阶按照面积或者体积计算。

20. **【答案】**D

【解析】选项 A，混凝土保护层是结构构件中钢筋外边缘至构件表面范围用于保护钢筋的混凝土。选项 B，钢筋混凝土基础宜设置混凝土垫层，基础中钢筋的混凝土保护层厚度应从垫层顶面算起，且不应小于 40mm。选项 C，混凝土保护层厚度与设计使用年限有关。

21. **【答案】**A

【解析】选项 B，根据钢筋直径来设定 12m 或 9m 一个接头，并非统一。选项 CD，上部贯通钢筋长度=通跨净长+两端支座锚固长度+搭接长度。

22. **【答案】**A

【解析】现浇混凝土梁包括基础梁、矩形梁、异形梁、圈梁、过梁、弧形梁（拱形梁）等项目，按设计图示尺寸以体积“m^3”计算，不扣除构件内钢筋、预埋铁件所占体积，伸入墙内的梁头、梁垫并入梁体积内。

23. **【答案】**C

【解析】雨篷、悬挑板、阳台板，按设计图示尺寸以墙外部分体积“m^3”计算，包括伸出墙外的牛腿和雨篷反挑檐的体积。

24. **【答案】**B

【解析】选项 AC 错误，散水、坡道、室外地坪，按设计图示尺寸以面积“m^2”计算；选项 D 错误，电缆沟、地沟按设计图示以中心线长度“m”计算。

25. **【答案】**D

【解析】三角形屋架按折线形屋架项目编码列项。

26. **【答案】**C

【解析】选项 A，有梁板的柱高，应自柱基上表面（或楼板上表面）至上一层楼板上表面之间的高度计算；选项 B，无梁板的柱高，应自柱基上表面（或楼板上表面）至柱帽下表面之间的高度计算；选项 D，构造柱嵌接墙体部分并入柱身体积。

27. 【答案】B

【解析】选项 A，现浇混凝土墙包括直形墙、弧形墙、短肢剪力墙、挡土墙；选项 CD，短肢剪力墙是指截面厚度不大于 300mm、各肢截面高度与厚度之比的最大值大于 4 但不大于 8 的剪力墙。

28. 【答案】B

【解析】选项 A，现浇构件钢筋、预制构件钢筋、钢筋网片、钢筋笼，按设计图示钢筋（网）长度（面积）乘单位理论质量“t”计算；选项 C，碳素钢丝采用镦头锚具时，钢丝束长度按孔道长度增加 0.35m 计算；选项 D，声测管，按设计图示尺寸以质量“t”计算。

29. 【答案】C

【解析】选项 A 错误，依附于柱上的牛腿和升板的柱帽，并入柱身体积计算；选项 B 错误，有梁板（包括主、次梁与板）按梁、板体积之和计算；选项 D 错误，空心板按设计图示尺寸以体积计算，空心板（GBF 高强薄壁蜂巢芯板等）应扣除空心部分体积。

30. 【答案】B

【解析】现浇混凝土墙包括直形墙、弧形墙、短肢剪力墙、挡土墙。短肢剪力墙是指截面厚度不大于 300mm，各肢截面高度与厚度之比的最大值大于 4 但不大于 8 的剪力墙。

31. 【答案】C

【解析】设计使用年限为 100 年的混凝土结构，最外层钢筋的保护层厚度不应小于混凝土保护层最小厚度表中数值的 1.4 倍。

32. 【答案】A

【解析】选项 B，电缆沟、地沟，按设计图示以中心线长度“m”计算。选项 C，扶手、压顶，以“m”计量，按设计图示的中心线延长米计算；以“m^3”计量按设计图示尺寸以体积计算。选项 D，后浇带工程量按设计图示尺寸以体积“m^3”计算。

33. 【答案】A

【解析】箍筋单根长度的计算采用箍筋的外皮尺寸并考虑弯钩的增加长度，可按下列公式计算：箍筋单根长度=箍筋的外皮尺寸周长+2×弯钩增加长度。

（二）多选题

1. 【答案】AB

【解析】直形墙、弧形墙、挡土墙、短肢剪力墙，按设计图示尺寸以体积计算；不扣除预埋铁件所占体积；墙垛及突出墙面部分的体积并入墙体体积计算。

2. 【答案】BDE

【解析】选项 A 错误，电缆沟、地沟，按设计图示以中心线长度计算。选项 C 错误，扶手、压顶，以“m”计量，按设计图示的中心线延长米计算；或者以“m^3”计量，按设计图示尺寸以体积计算。

3. 【答案】ABCD

【解析】选项 E 错误，箍筋根数=箍筋分布长度/箍筋间距+1。

4. 【答案】BCE

【解析】选项 A 错误，现浇混凝土柱包括矩形柱、构造柱、异形柱等项目，按设计图示尺寸以体积计算，不扣除构件内钢筋、预埋铁件所占体积。选项 D 错误，现浇混凝土墙包括直形墙、弧形墙、短肢剪力墙、挡土墙，按设计图示尺寸以体积计算，不扣除构件内钢筋、预埋铁件所占体积，扣除门窗洞口及单个面积大于 0.3m^2 的孔洞所占体积，墙垛及突出墙面部分并入墙体体积内计算。

5. 【答案】ACE

【解析】选项 B 错误，空心板应扣除空心部分体积；选项 D 错误，悬挑板包括伸出墙外的牛腿。

6. 【答案】ABE

【解析】架空式混凝土台阶，按现浇楼梯计算。扶手、压顶，以“m”计量，按设计图示的中心线延长米计算；以“m^3”计量，按设计图示尺寸以体积计算。散水、坡道、室外地坪，按设计图示尺寸以水平投影面积计算。台阶，以“m^2”计量，按设计图示尺寸水平投影面积计算；以“m^3”计量，按设计图示尺寸以体积计算。电缆沟、地沟，按设计图示以中心线长度“m”计算。

Ⅵ　金属结构工程

（一）单选题

1. 【答案】B

【解析】钢网架按设计图示尺寸以质量计算。

2. 【答案】C

【解析】选项 A，钢桁架工程量不增加铆钉质量；选项 B，不扣除切边的质量；选项 D，钢屋架工程量中不应扣除孔眼质量。

3. 【答案】A

【解析】钢网架工程量按设计图示尺寸以质量计算。

4. 【答案】A

【解析】钢屋架以“榀”计量时，按设计图示数量计算；以“t”计量时，按设计图示尺寸以质量计算，不扣除孔眼的质量，焊条、铆钉、螺栓等不另增加质量。

5. 【答案】C

【解析】压型钢板楼板，按设计图示尺寸以铺设水平投影面积计算，不扣除单个面积小于或等于 0.3m^2 柱、垛及孔洞所占面积。

6. 【答案】A

【解析】选项 B，焊条、铆钉等不另增加质量。选项 C，螺栓不另增加质量。选项 D，钢网架工程量按设计图示尺寸以质量“t”计算，不扣除孔眼的质量。

7. 【答案】B

【解析】钢管柱中，焊条、铆钉、螺栓等不另增加质量。

8. 【答案】D

【解析】压型钢板楼板，按设计图示尺寸以铺设水平投影面积“m^2”计算，不扣除单个面积<0.3m² 的柱、垛及孔洞所占面积。

9. **【答案】** A

【解析】 钢网架工程量按设计图示尺寸以质量“t”计算，不扣除孔眼的质量，焊条、铆钉等不另增加质量。项目特征描述：钢材品种、规格，网架节点形式、连接方式，网架跨度、安装高度，探伤要求，防火要求等。其中防火要求指耐火极限。

10. **【答案】** A

【解析】 选项 B，压型钢板墙板，按设计图示尺寸以铺挂面积“m^2”计算，不扣除单个面积小于或等于 0.3m^2 的梁、孔洞所占面积，包角、包边、窗台泛水等不另加面积。选项 CD，钢支撑、钢拉条、钢檩条、钢天窗架、钢挡风架、钢墙架、钢平台、钢走道、钢梯、钢栏杆、钢支架、零星钢构件，按设计图示尺寸以质量“t”计算。不扣除孔眼的质量，焊条、铆钉、螺栓等不另增加质量。

11. **【答案】** B

【解析】 选项 A 错误，成品空调金属百页护栏、成品栅栏、金属网栏，按设计图示尺寸以面积“m^2”计算。选项 C 错误，砌块墙钢丝网加固、后浇带金属网，按设计图示尺寸以面积“m^2”计算。选项 D 错误，抹灰钢丝网加固按砌块墙钢丝网加固项目编码列项。

12. **【答案】** B

【解析】 选项 A，实腹柱、空腹柱，按设计图示尺寸以质量“t”计算，不扣除孔眼的质量，焊条、铆钉、螺栓等不另增加质量，依附在钢柱上的牛腿及悬臂梁等并入钢柱工程量内。选项 C，钢管柱，按设计图示尺寸以质量“t”计算，不扣除孔眼的质量，焊条、铆钉、螺栓等不另增加质量，钢管柱上的节点板、加强环、内衬管、牛腿等并入钢管柱工程量内。选项 D，钢梁、钢吊车梁，按设计图示尺寸以质量“t”计算，不扣除孔眼的质量，焊条、铆钉、螺栓等不另增加质量，制动梁、制动板、制动桁架、车挡并入钢吊车梁工程量内。

（二）多选题

【答案】 ABC

【解析】 选项 D 错误，钢漏斗、钢板天沟，按设计图示尺寸以重量计算；选项 E 错误，成品雨篷按设计图示接触边以长度计算；或按设计图示尺寸以展开面积计算。

Ⅶ　木结构

（一）单选题

1. **【答案】** C

【解析】 钢木屋架按设计图示数量计算，钢拉杆、连接螺栓包括在报价内。

2. **【答案】** A

【解析】 木屋架包括木屋架和钢木屋架，钢木屋架工程量以“榀”计量，按设计图示数量计算。

（二）多选题

【答案】 ABDE

【解析】 按非标准图设计的项目特征需要描述木屋架的跨度、材料品种及规格、刨光要求、拉杆及夹板种类、防护材料种类。

Ⅷ 门窗工程

（一）单选题

1. **【答案】**D

【解析】全钢板大门按设计图示数量计算或按设计图示洞口尺寸以面积计算。

2. **【答案】**B

【解析】金属纱窗按设计图示数量计算或按框的外围尺寸以面积计算。

3. **【答案】**D

【解析】选项A，木质门、木质门带套，工程量可以按设计图示数量计算，单位为樘；或按设计图示洞口尺寸以面积计算。选项BC，木门项目特征描述时，当工程量是按图示数量以“樘”计量的，项目特征必须描述洞口尺寸，以“m^2”计量的，项目特征可不描述洞口尺寸。

4. **【答案】**C

【解析】选项A错误，屋面防水搭接及附加层用量不另行计算，在综合单价中考虑。选项B错误，屋面排水管，按设计图示尺寸以长度计算。如设计未标注尺寸，以檐口至设计室外散水上表面垂直距离计算。选项D错误，屋面变形缝，按设计图示以长度计算。

5. **【答案】**D

【解析】选项A错误，木门框以“樘”计量，按设计图示数量计算，以“m”计量，按设计图示框的中心线以延长米计算。选项B错误，金属纱窗工程量以“樘”计量，按设计图示数量计算，以“m^2”计量，按框的外围尺寸以面积计算。选项C错误，窗台板包括木窗台板、铝塑窗台板、石材窗台板、金属窗台板，工程量按设计图示尺寸以展开面积计算。选项D正确，门锁安装按设计图示数量计算。

6. **【答案】**A

【解析】选项B，按设计图示数量计算。选项C，门框或扇外围尺寸，以“m^2”计量。选项D，金属门包括金属（塑钢）门、彩板门、钢质防火门、防盗门，以“樘”计量。

7. **【答案】**D

【解析】金属橱窗、飘（凸）窗以“樘”计量，项目特征必须描述框外围展开面积。

8. **【答案】**D

【解析】五金安装应计算在综合单价中。需要注意的是，木门五金不含门锁，门锁安装单独列项计算。

9. **【答案】**D

【解析】木质门五金应包括：折页、插销、门碰珠、弓背拉手、搭机、木螺钉、弹簧折页（自动门）、管子拉手（自由门、地弹门）、地弹簧（地弹门）、角铁、门轧头（地弹门、自由门）等，五金安装应计算在综合单价中。需要注意的是，木质门五金不含门锁，门锁安装单独列项计算。金属门五金包括L形执手插锁（双舌）、执手锁（单舌）、门轨头、地锁、防盗门机、门眼（猫眼）、门碰珠、电子锁（磁卡锁）、闭门器、装饰拉手等，五金安装应计算在综合单价中。但应注意，金属门门锁已包含在门五金中，不需要另行计算。

（二）多选题

【答案】CE

【解析】金属门五金安装应计算在综合单价中。但应注意，金属门门锁已包含在门五金中，不需要另行计算。木门五金不含门锁，门锁安装单独列项计算。金属橱窗、飘（凸）窗以“樘”计量，项目特征必须描述框外围展开面积。木质门以“樘”计量，按设计图示数量计算；以“m^2”计量，按设计图示洞口尺寸以面积计算。防护铁丝门，刷防护涂料应包括在综合单价中。

Ⅸ 屋面及防水工程

（一）单选题

1.【答案】A

【解析】楼地面防水防潮工程量按设计图示尺寸以面积计算。

2.【答案】D

【解析】屋面变形缝卷材防水按设计图示尺寸以长度计算。

3.【答案】B

【解析】选项A，斜屋顶（不包括平屋顶找坡）按斜面积计算；选项C，平屋面女儿墙弯起部分卷材防水计工程量；选项D，平屋面伸缩缝卷材防水计工程量。

4.【答案】B

【解析】屋面卷材防水、屋面涂膜防水按设计图示尺寸以面积计算。斜屋顶（不包括平屋顶找坡）按斜面积计算，平屋顶按水平投影面积计算，不扣除房上烟囱、风帽底座、风道、屋面小气窗和斜沟所占面积。

5.【答案】C

【解析】屋面卷材防水、屋面涂膜防水，按设计图示尺寸以面积“m^2”计算。斜屋面（不包括平屋顶找坡）按斜面积计算，平屋顶按水平投影面积计算。不扣除房上烟囱、风帽底座、风道、屋面小气窗和斜沟所占面积。屋面的女儿墙、伸缩缝和天窗等处的弯起部分，并入屋面工程量内。

6.【答案】D

【解析】选项A，瓦屋面、型材屋面，按设计图示尺寸以斜面积计算；选项B，膜结构屋面，按设计图示尺寸以需要覆盖的水平投影面积计算；选项C，瓦屋面若是在木基层上铺瓦，项目特征不必描述粘结层砂浆的配合比，瓦屋面铺防水层，按屋面防水项目编码列项，木基层按木结构工程编码列项。

7.【答案】B

【解析】屋面卷材防水、屋面涂膜防水，按设计图示尺寸以面积“m^2”计算。斜屋顶（不包括平屋顶找坡）按斜面积计算，平屋顶按水平投影面积计算。不扣除房上烟囱、风帽底座、风道、屋面小气窗和斜沟所占面积。屋面的女儿墙、伸缩缝和天窗等处的弯起部分，并入屋面工程量内。

8.【答案】A

【解析】屋面卷材防水、屋面涂膜防水，按设计图示尺寸以面积“m^2”计算。斜屋顶（不包括平屋顶找坡）按斜面积计算，平屋顶按水平投影面积计算。不扣除房上烟囱、风帽底座、风道、屋面小气窗和斜沟所占面积。屋面的女儿墙、伸缩缝和天窗等处的弯起部分，并入屋面工程量内。

9.【答案】B

【解析】A 选项错，楼（地）面防水按主墙间净空面积计算。C 选项错，楼（地）面变形缝按设计图示尺寸以长度“m”计算。D 选项错，楼（地）面防水找平层按楼地面装饰工程“平面砂浆找平层”项目编码列项。

（二）多选题

1.【答案】CD

【解析】选项 ABE 错误，墙面卷材防水、墙面涂膜防水、墙面砂浆防水（潮），按设计图示尺寸以面积计算。墙面防水搭接及附加层用量不另行计算，在综合单价中考虑。

2.【答案】DE

【解析】选项 A 错误，屋面排水管，按设计图示尺寸以长度“m”计算。如设计未标注尺寸，再以檐口至设计室外散水上表面垂直距离计算。选项 B 错误，斜屋面卷材防水按斜面积计算。选项 C 错误，屋面排（透）气管，按设计图示尺寸以长度“m”计算。

3.【答案】AC

【解析】选项 B；楼（地）面防水反边高度小于或等于 300mm 算作地面防水，反边高度大于 300mm 算作墙面防水；D 选项，楼（地）面防水搭接及附加层用量不另行计算，在综合单价中考虑。

X 保温、隔热、防腐工程

（一）单选题

1.【答案】D

【解析】立面防腐，门、窗、洞口侧壁按展开面积计算。

2.【答案】C

【解析】保温隔热墙面，按设计图示尺寸以面积“m^2”计算。扣除门窗洞口以及面积大于 $0.3m^2$ 梁、孔洞所占面积；门窗洞口侧壁以及与墙相连的柱，并入保温墙体工程量。

3.【答案】B

【解析】选项 A，柱帽保温隔热应并入天棚保温隔热工程量内；选项 C，保温隔热墙面，按设计图示尺寸以面积“m^2”计算，扣除门窗洞口以及面积大于 $0.3m^2$ 的梁、孔洞所占面积；门窗洞口侧壁以及与墙相连的柱，并入保温墙体工程量；选项 D，梁按设计图示梁断面保温层中心线展开长度乘以保温层长度以面积计算。

4.【答案】A

【解析】防腐踢脚线，应按楼地面装饰工程“踢脚线”项目编码列项。选项 B 错误，平面防腐：扣除凸出地面的构筑物、设备基础等以及面积大于 $0.3m^2$ 孔洞、柱、垛所占面积，门洞、空圈、暖气包槽、壁龛的开口部分不增加面积。选项 C 错误，防腐涂料需要刮腻子时，项目特征应描述刮腻子的种类及遍数并包含在综合单价内，不另计算。选项 D 错误，砌筑沥青浸渍砖项目在其他防腐项目中列项。

5. 【答案】C

【解析】选项 A 错，保温隔热屋面按设计图示尺寸以面积“m^2”计算。选项 B 错，保温隔热墙面按设计图示尺寸以面积“m^2”计算。选项 D 错，保温隔热楼地面按设计图示尺寸以面积“m^2”计算。

（二）多选题

【答案】ACE

【解析】选项 A 正确，墙面卷材防水、墙面涂膜防水、墙面砂浆防水（防潮），按设计图示尺寸以面积“m^2”计算；选项 B 错误，墙面防水搭接及附加层用量不另行计算，在综合单价中考虑；选项 C 正确，墙面砂浆防水（防潮）项目特征描述防水层做法、砂浆厚度及配合比、钢丝网规格，要注意在其工作内容中已包含了挂钢丝网，即钢丝网不另行计算，在综合单价中考虑；选项 D 错误，墙面变形缝，按设计图示尺寸以长度“m”计算；选项 E 正确，墙面变形缝，若做双面，工程量乘以系数 2。

Ⅺ 楼地面装饰工程

（一）单选题

1. 【答案】D

【解析】踢脚线包括水泥砂浆踢脚线、石材踢脚线、块料踢脚线、塑料板踢脚线、木质踢脚线、金属踢脚线、防静电踢脚线。工程量以“m^2”计量，按设计图示长度乘以高度以面积计算；以“m”计量，按延长米计算。

2. 【答案】A

【解析】水泥砂浆楼地面、现浇水磨石楼地面、细石混凝土楼地面、菱苦土楼地面、自流坪楼地面，按设计图示尺寸以面积“m^2”计算。扣除凸出地面构筑物、设备基础、室内铁道、地沟等所占面积，不扣除间壁墙及小于或等于 0.3m^2 柱、垛、附墙烟囱及孔洞所占面积。门洞、空圈、暖气包槽、壁的开口部分不增加面积。

3. 【答案】C

【解析】石材楼梯面层、块料楼梯面层、拼碎块料面层、水泥浆楼梯面层、现浇水磨石楼梯面层、地毯楼梯面层、木板楼梯面层、橡胶板楼梯面层、塑料板楼梯面层，按设计图示尺寸以楼梯（包括踏步、休息平台及小于或等于 500mm 的楼梯井）水平投影面积“m^2”计算。楼梯与楼地面相连时，算至梯口梁内侧边沿；无梯口梁者，算至最上一层踏步边沿加 300mm。

4. 【答案】D

【解析】选项 A 错，整体面层工程量扣除突出地面构筑物、设备基础、室内铁道、地沟等所占面积，不扣除间壁墙及≤0.3m^2 柱、垛、附墙烟囱及孔洞所占面积。选项 BC 错，地面做法中，垫层需单独列项计算，而找平层综合在地面清单项目中，在综合单价中考虑，不需另行计算。

（二）多选题

1. 【答案】BCE

【解析】自流坪地面按设计图示尺寸以面积计算；石材台阶面装饰设计图示以台阶（包括最上层踏步边沿加 300mm）水平投影面积计算。

2.【答案】ADE

【解析】选项 B 错误，水泥砂浆楼地面、现浇水磨石楼地面、细石混凝土楼地面、菱苦土楼地面、自流坪楼地面，按设计图示尺寸以面积计算；选项 C 错误，台阶装饰包括石材台阶面、块料台阶面、拼碎块料台阶面、水泥砂浆台阶面、现浇水磨石台阶面、剁假石台阶面，工程量按设计图示尺寸以台阶（包括最上层踏步边沿加 300mm）水平投影面积计算。

3.【答案】ABDE

【解析】整体面层及找平层包括水泥砂浆楼地面、现浇水磨石楼地面、细石混凝土楼地面、菱苦土楼地面、自流坪楼地面、平面砂浆找平层。

Ⅻ 墙、柱面装饰与隔断、幕墙工程

（一）单选题

1.【答案】B

【解析】选项 A 错误，不扣除与构件交接处的面积；选项 C 错误，内墙裙抹灰面积按内墙净长乘以高度计算；选项 D 错误，外墙抹灰面积按外墙垂直投影面积计算。

2.【答案】C

【解析】选项 A 错误，墙面一般抹灰、墙面装饰抹灰、墙面勾缝、立面砂浆找平层，按设计图示尺寸以面积“m^2”计算；选项 B 错误，有吊顶天棚的内墙面抹灰，抹至吊顶以上部分在综合单价中考虑，不另计算；选项 D 错误，墙面抹石灰砂浆、水泥砂浆、混合砂浆、聚合物水泥砂浆、麻刀石灰浆、石膏灰浆等按墙面一般抹灰列项；选项 C 正确，墙面水刷石、斩假石、干粘石、假面砖等按墙面装饰抹灰列项。

3.【答案】D

【解析】选项 A 错误，与幕墙同种材质的窗并入幕墙工程量内，包含在幕墙综合单价中；不同种材料窗应另列项计算工程量。选项 B 错误，全玻（无框玻璃）幕墙，按设计图示尺寸以面积“m^2”计算。选项 D 正确，带肋全玻幕墙按展开面积计算。选项 C 错误，带骨架幕墙，按设计图示框外围尺寸以面积“m^2”计算。

4.【答案】D

【解析】选项 A，柱面勾缝，按设计图示柱断面周长乘以高度以面积计算。选项 B，柱（梁）面抹石灰砂浆、水泥砂浆、混合砂浆、聚合物水泥砂浆、麻刀石灰浆、石膏灰浆等按柱（梁）面一般抹灰编码列项；柱（梁）面水刷石、斩假石、干粘石、假面砖等按柱（梁）面装饰抹灰项目编码列项。选项 C，飘窗凸出外墙面增加的抹灰并入外墙工程量内。

5.【答案】D

【解析】选项 A 错，外墙裙抹灰按其长度乘以高度计算。选项 B 错，内墙抹灰按主墙间的净长乘以高度计算。无墙裙的内墙高度按室内楼地面至天棚底面计算；有墙裙的内墙高度按墙裙顶至天棚底面计算。选项 C 错，内墙裙抹灰按内墙净长乘以高度计算。

（二）多选题

【答案】CDE

【解析】选项A错误、选项D正确，柱面勾缝，按设计图示柱断面周长乘以高度以面积“m^2”计算。选项B错误，柱（梁）面抹石灰砂浆、水泥砂浆、混合砂浆、聚合物水泥砂浆、麻刀石灰浆、石膏灰浆等按柱（梁）面一般抹灰编码列项；柱（梁）面水刷石、斩假石、干粘石、假面砖等按柱（梁）面装饰抹灰项目编码列项。选项C、E正确，柱面一般抹灰、柱面装饰抹灰、柱面砂浆找平层，按设计图示柱断面周长乘高度以面积“m^2”计算。

XIII 天棚工程

（一）单选题

1.【答案】A

【解析】与天棚相连的梁的保温工程量按展开面积计算，并入天棚工程量。

2.【答案】A

【解析】灯带（槽）按设计图示尺寸以框外围面积计算。

3.【答案】D

【解析】天棚抹灰适用于各种天棚抹灰。按设计图示尺寸以水平投影面积计算。不扣除间壁墙、垛、柱、附墙烟囱、检查口和管道所占的面积，带梁天棚、梁两侧抹灰面积并入天棚面积内，板式楼梯底面抹灰按斜面积计算，锯齿形楼梯底板抹灰按展开面积计算。

4.【答案】A

【解析】选项A正确、选项B错误，采光天棚工程量按框外围展开面积计算；选项C错误，采光天棚骨架应单独按“金属结构”中相关项目编码列项；选项D错误，吊顶龙骨安装应在综合单价中考虑，不另列项计算工程量。

5.【答案】A

【解析】选项B，板式楼梯底面抹灰按斜面积计算，锯齿形楼梯底板抹灰按展开面积计算。选项C，灯带（槽），按设计图示尺寸以框外围面积“m^2”计算。选项D，送风口、回风口，按设计图示数量“个”计算。

6.【答案】D

【解析】天棚抹灰，按设计图示尺寸以水平投影面积“m^2”计算。不扣除间壁墙、垛、柱、附墙烟囱、检查口和管道所占的面积，带梁天棚的梁两侧抹灰面积并入天棚面积内，板式楼梯底面抹灰按斜面积计算，锯齿形楼梯底板抹灰按展开面积计算。

（二）多选题

暂无。

XIV 油漆、涂料、裱糊工程

（一）单选题

1.【答案】A

【解析】选项B错误，金属构件刷防火涂料可按设计图示尺寸以质量计算或按设计展开面积计算；选项C错误，空花格、栏杆刷涂料按设计图示尺寸以单面外围面积计算；选项D错误，线条刷涂料按设计图示尺寸以长度计算。

2. 【答案】D

【解析】木扶手油漆，窗帘盒油漆，封檐板及顺水板油漆，挂衣板及黑板框油漆，挂镜线、窗帘棍、单独木线油漆，按设计图示尺寸以长度“m”计算。

3. 【答案】A

【解析】A选项，木门油漆、金属门油漆，工程量以“樘”计量，按设计图示数量计量；以“m^2”计量，按设计图示洞口尺寸以面积计算；以“m^2”计量，项目特征可不必描述洞口尺寸。B选项，木门油漆、金属门油漆工作内容中包括“刮腻子”，应在综合单价中考虑，不另计算工程量。C选项，衣柜及壁柜油漆、梁柱饰面油漆、零星木装修油漆，按设计图示尺寸以油漆部分展开面积“m^2”计算。D选项，金属面油漆以“t”计量，按设计图示尺寸以质量计算；以“m^2”计量，按设计展开面积计算。

4. 【答案】B

【解析】A选项错误，窗油漆工作内容中包括“刮腻子”，应在综合单价中考虑，不另计算工程量；C选项错误，木间壁及木隔断油漆、玻璃间壁露明墙筋油漆、木栅栏及木栏杆（带扶手）油漆，按设计图示尺寸以单面外围面积“m^2”计算；D选项错误，木栏杆（带扶手）油漆、扶手油漆在综合单价中考虑，不单独列项计算工程量。

（二）多选题

暂无。

XV 其他装饰工程

（一）单选题

【答案】D

【解析】栏杆、栏板拆除按拆除部位面积或按拆除的延长米计算。

（二）多选题

暂无。

XVI 拆除工程

（一）单选题

1. 【答案】B

【解析】混凝土构件拆除、钢筋混凝土构件拆除以“m^3”计量，按拆除构件的混凝土体积计算；以“m^2”计量，按拆除部位的面积计算；以“m”计量，按拆除部位的延长米计算。

2. 【答案】B

【解析】混凝土及钢筋混凝土构件拆除以“m^3”作为计量单位时，可不描述构件的规格尺寸；以“m^2”作为计量单位时，则应描述构件的厚度：以“m”作为计量单位时，则必须描述构件的规格尺寸。

（二）多选题

【答案】ABCD

【解析】E选项错误，钢筋混凝土构件以“m^3”作为计量单位时，可不描述构件的规格尺寸；以“m^2”作为计量单位时，则应描述构件的厚度；以“m”作为计量单位时，则必须描述构件的规格尺寸。

XVII　措施项目

（一）单选题

1.【答案】C

【解析】综合脚手架适用于能够按《建筑工程建筑面积计算规范》GB/T 50353 计算建筑面积的建筑工程脚手架，不适用于房屋加层、构筑物及附属脚手架。外脚手架、里脚手架、整体提升架、外装饰吊篮，按所服务对象的垂直投影面积计算。同一建筑物有不同的檐高时，根据建筑物竖向切面分别以不同檐高编列清单项目。

2.【答案】C

【解析】选项 A，地上、地下设施及建筑物的临时保护设施属于措施项目，不属于安全文明施工费；选项 B，超高施工增加，按建筑物超高部分的建筑面积计算；选项 D，临时排水沟、排水设施安砌、维修、拆除，已包含在安全文明施工中，不包括在施工排水、降水措施项目中。

3.【答案】D

【解析】措施项目包括脚手架工程、混凝土模板及支架（撑）、垂直运输、超高施工增加、大型机械设备进出场及安拆、施工降水及排水、安全文明施工及其他措施项目。措施项目可以分为两类：一类是可以计算工程量的措施项目（即单价措施项目），如脚手架、混凝土模板及支架（撑）、垂直运输、超高施工增加、大型机械设备进出场及安拆、施工降水及排水等；另一类是不方便计算工程量的措施项目（即总价措施项目，可采用费率计取的措施项目），如安全文明施工费等。

4.【答案】D

【解析】选项 A，综合脚手架针对整个房屋建筑的土建和装饰装修部分；选项 B，项目特征描述建筑结构形式、檐口高度；选项 C，整体提升架包括 2m 高的防护架体设施；选项 D，突出主体建筑物屋顶的电梯机房、楼梯出口间、水箱间、瞭望塔、排烟机房等不计入檐口高度。

5.【答案】C

【解析】安全文明施工包含环境保护、文明施工、安全施工、临时设施。

（二）多选题

1.【答案】ABCE

【解析】垂直运输费用，按施工工期日历天数计算；大型机械设备进出场及安拆，按使用数量计算；施工降水成井，按设计图示尺寸以钻孔深度计算；雨篷混凝土模板及支架，按外挑部分尺寸的水平投影面积计算。

2.【答案】CDE

【解析】本规范中给出了脚手架、混凝土模板及支架、垂直运输、超高施工增加、大型机械设备进出场及安拆、施工降水及排水、安全文明施工及其他措施项目的计算规则或应包含范围。除安全文明施工及其他措施项目外，前 6 项都详细列出了项目编码、项目名称、项目特征、工程量计算规则、工作内容，其清单的编制与分部分项工程一致。

3. 【答案】ACD

【解析】综合脚手架不适用加层工程；脚手架的材质可以不作为项目特征内容。

4. 【答案】BCDE

【解析】选项 A 错误，外脚手架、里脚手架、整体提升架、外装饰吊篮，工程量按所服务对象的垂直投影面积计算。

5. 【答案】BCDE

【解析】选项 A，垂直运输可按建筑面积计算也可以按施工工期日历天数计算；选项 B，悬空脚手架、满堂脚手架按搭设的水平投影面积计算；选项 C，施工排水、降水工程量以昼夜（24h）为单位计量，按排水、降水日历天数计算；选项 D，外脚手架、里脚手架、整体提升架、外装饰吊篮，工程量按所服务对象的垂直投影面积计算；选项 E，超高施工增加按建筑物超高部分的建筑面积计算。

6. 【答案】BCDE

【解析】安全文明施工包含环境保护、文明施工、安全施工、临时设施。

7. 【答案】ABE

【解析】A 选项正确，垂直运输，同一建筑物有不同檐高时，按建筑物的不同檐高做纵向分割，分别计算建筑面积，以不同檐高分别编码列项。B 选项正确，超高施工增加，建筑物有不同檐高时，可按不同高度分别计算建筑面积，以不同檐高分别编码列项。E 选项正确，脚手架工程，同一建筑物有不同的檐高时，根据建筑物竖向切面分别按不同檐高编列清单项目。CD 选项错误，高度无关，单独编码列项即可。

8. 【答案】ABDE

【解析】AD 选项正确，单层建筑物檐口高度超过 20m，多层建筑物超过 6 层时（计算层数时，地下室不计入层数），可按超高部分的建筑面积计算超高施工增加。B 选项正确，垂直运输机械的场外运输及安拆按大型机械设备进出场及安拆编码列项计算工程量。C 选项错误，垂直运输设备基础应计入综合单价，不单独编码列项计算工程量。E 选项正确，同一建筑物有不同檐高时，按建筑物的不同檐高做纵向分割，分别计算建筑面积，以不同檐高分别编码列项。

9. 【答案】ABCE

【解析】冬雨期施工包含的工作内容及范围有：冬雨（风）期施工时增加的临时设施（防寒保温、防雨、防风设施）的搭设、拆除；冬雨（风）期施工时，对砌体、混凝土等采用的特殊加温、保温和养护措施；冬雨（风）期施工时，施工现场的防滑处理、对影响施工的雨雪的清除；包括冬雨（风）期施工时增加的临时设施、施工人员的劳动保护用品、冬雨（风）期施工劳动效率降低等。